U0219572

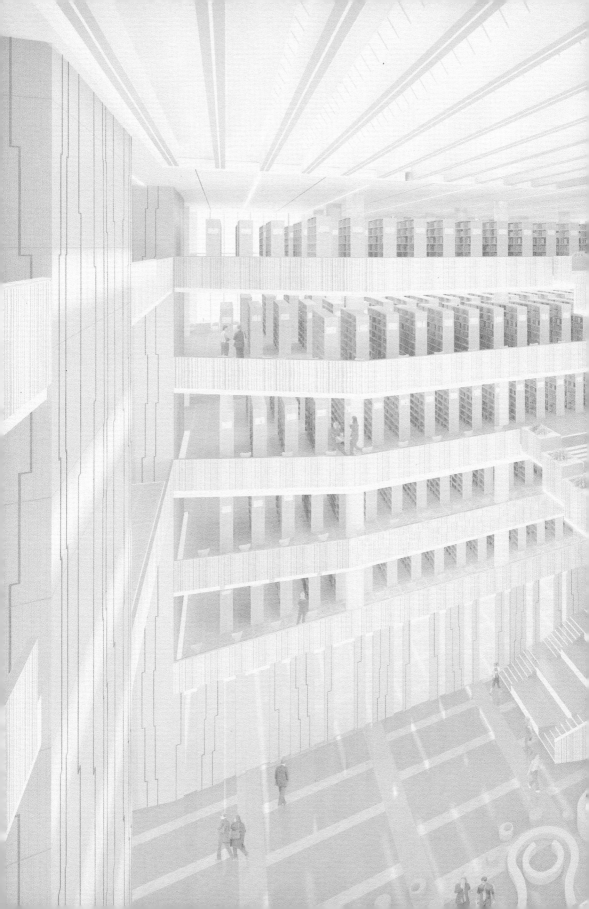

中国农业大学图书馆
"图书情报学"研究丛书

中外农业工程学科

发展比较研究

中国农业大学图书馆"图书情报学"研究丛书

中外农业工程学科发展比较研究

师丽娟　著

中国农业大学出版社
·北京·

内 容 简 介

本书以农业工程学科历史演进为主线,通过历史比较与国际比较,对中外农业工程学科发展模式与规律、知识结构演化、人才培养模式及课程体系的演变等进行了较为全面系统的研究,揭示了农业工程学科发展演变的规律与特征。

图书在版编目(CIP)数据

中外农业工程学科发展比较研究/师丽娟著.—北京:中国农业大学出版社,2017.6

ISBN 978-7-5655-1783-9

Ⅰ.①中… Ⅱ.①师… Ⅲ.①农业工程-学科发展-对比研究-中国、国外 Ⅳ.①S2-12

中国版本图书馆 CIP 数据核字(2017)第 023837 号

书　　名	中外农业工程学科发展比较研究		
作　　者	师丽娟　著		
策划编辑	潘晓丽	责任编辑	王艳欣
封面设计	郑　川	责任校对	王晓凤
出版发行	中国农业大学出版社		
社　　址	北京市海淀区圆明园西路 2 号	邮政编码	100193
电　　话	发行部 010-62818525,8625	读者服务部	010-62732336
	编辑部 010-62732617,2618	出　版　部	010-62733440
网　　址	http://www.cau.edu.cn/caup	E-mail	cbsszs @ cau.edu.cn
经　　销	新华书店		
印　　刷	涿州市星河印刷有限公司		
版　　次	2017 年 6 月第 1 版　2017 年 6 月第 1 次印刷		
规　　格	787×1 092　16 开本　23.5 印张　310 千字　插页 3		
定　　价	53.00 元		

图书如有质量问题本社发行部负责调换

总 序

　　传统意义上的图书馆一直担负着文献收集、保存、传播的功能,图书馆也因此成为人们查找和阅读文献的场所。从最早的 2 500 年前美索不达米亚的亚述巴尼拔图书馆,到 20 世纪 80 年代的图书馆,图书馆的主要变化表现为文献数量的不断增多、文献种类的不断丰富、馆舍空间的不断扩大、馆员队伍的不断壮大。图书介质虽然经历了泥版、羊皮版、竹简版到纸质版的革命,但自东汉蔡伦发明纸后的近 2 000 年中基本上没有变化,即纸质图书一统天下。但随着人类普及使用计算机后,世界的方方面面都在以前所未有的速度发生着日新月异的变化,同样也打破了图书馆千古不变的状态。进入 20 世纪 80 年代后,源自摄影的微缩胶片成为保存和阅读文献的一种新手段,但很快又被电子数字化形式保存和阅读文献的手段所取代。数字化文献资源后来居上,日益挑战纸质文献,大有成为未来图书馆文献主要形式的趋势,世界上已经出现了多家完全是数字化文献资源的无书图书馆,例如美国德雷塞尔大学(Drexel University)的无书图书馆和得克萨斯州贝尔县(Bexar County)的无书公共图书馆。数字化文献资源打破了图书馆原有的文献积累模式,一家藏量丰富的图书馆以往需要数十年乃至数百上千年时间才能积累起丰富的文献,今天可能几天就能买到上百万种的电子文献,甚至包括纸质市场上已经绝卖的文献。20 世纪 90 年代起,互联网和搜索引擎逐渐普及到了世界的各个角落,当数字化与互联网喜结良缘后,对于包括图书馆在内的各行各业都意味着一场革命,无论是主动参与还是被迫卷入,都将经历这场科技革命带来的洗礼。图书馆面临着转型发展,不能进入转型发展的图书馆必将逐步沦落;而实现转型发展的图书馆才能把丰富、高效、温馨的优质服务提供给用户。

目前高校图书馆面临着多方面的发展挑战,首先是以 IT 技术和信息通信技术为标志的第五次科技革命带来了生活和工作的可分散性和多样化,这些变化特征要求图书馆服务突破时间和空间限制,方兴未艾的数字化和网络化技术为此提供了可行性,图书馆开始向数字图书馆和移动图书馆发展,使得图书馆突破了时空限制,时时刻刻在用户身边。这方面的变化发展主要还是技术手段层面的,即由传统技术手段的图书馆向现代化电子技术手段的图书馆发展,由此当然也引发了适应新技术手段的管理模式变化,如操作流程简便化、主动推送服务、借还书提醒服务、手机端文献查询等。我国大多数高校图书馆已经处于这一技术进步及其管理优化的过程中。

其次是以网络搜索引擎为代表的社会公开信息网站对图书馆的挑战,越来越多的读者从谷歌、百度、新浪、雅虎等网站上搜寻和阅读文献,以前人们认为这些网络公开资源主要是非学术性的,学术性的资源还是需要依靠高校图书馆,但随着网络搜索技术的发展和全球信息资源的爆炸式累积,网络搜索引擎日益显示出巨大的优势,原有的认识和局限性正在逐渐被破除。绝大多数高校图书馆资金的有限性和资源种类的狭窄性导致的文献局限问题使得读者越来越多地转向社会网络资源网站,因为高校图书馆永远无法提供广泛多样的信息,而互联网却是一个开放的、包罗万象的无限信息空间。教育部 2012 年高校图书馆经费统计显示,532 家提供统计数据的高校图书馆中,有 207 家的年经费在 200 万元以下,扣除行政管理和硬件维修等非文献资源开支后,又有多少经费可以用于文献资源购置? 面对谷歌这样的巨鳄,高校图书馆应当做出怎样的适应性变化来完成自己的使命?资源丰富、实力强大、效率快捷的网络搜索引擎网站对高校图书馆作用的挑战意味着:高校图书馆再也不能局限于简单的文献收藏、保存和传播功能作用,甚至不能局限于文献资源中心这一传统优势的功能作用,必须拓展功能,图书馆转型发展的过程实际上也是一个拓展功能作用的过程。高校图书馆不仅应当依然具有文献资源中心和学习中心的功能,而且还应当成为高校的学术会议中心,成为文化展览中心,成为师生创意信息交流中心;不仅是一个文化活动中心,而且还应当是一个休闲和人际交往的活动中心,很多高校图书馆附设的咖啡屋已经成为师生最爱去的校园场所之一。这也就是说,传统图书馆一直以安静为基本特征,但现代图书馆不仅是一个仍然能找到安静的个人学习场所,同时还是一个能找到互动活力的学习场所和人际交流场所。近几年我国很多新建的高校图书馆在空间布局上都考虑了这些新的功能需求,尤其是高校图书馆中面对面的温馨人际氛围是社会网站不具备的,这也是图书馆受人喜欢的重要原因之一。高校图书馆应当利用自己的优势拓展教育、咨询、科研等功能,很多高校图书馆提供的科技查新、信息素质教育、学习共享、学科咨询等服务正是这些方面功能拓展的具体体现。有条件的高校图书馆应当进一步发挥自己所具有的图情研究优势,进行学科发展状况分析和科研动向研究,向校院领导和广大师生提供深层次的学科发展和科研动向分析结果,作为他们进行学校管理决策和学术决策的有效参考信息。

第三种发展挑战来自师生对图书馆服务的需求变化。过去高校师生对传统图书馆的要求基本上是能够借到所需要的图书文献就行了,并且高校图书馆几乎是师生基本的文献信息来源。但今天学术信息来源已经大大拓展,甚至很多文献信息首先是通过网络学术搜索或从开放资源网站获取;过去人们称图书馆是知识的宝库,今天更多的知识却是来自互联网。过去高校图书馆是学生除教室以外的主要学习场所,但随着居住条件的改善以及住所的分散化趋向,咖啡馆等阅读环境舒适的社会场所的普及,图书馆作为学习场所的作用明显降低。尽管人们依然普遍把图书馆视作学术宝藏的知识殿堂,但进入图书馆的读者却在不断减少,因为新一代师生的信息利用方式和工作方式已经有别于传统方式。在这些变化中,师生对图书馆简单服务的需求已经大大降低,而对图书馆高层次服务的需求却不断增强,特别是需要图书馆提供经过二次甚至多次加工后的信息和文献服务、提供满足读者个性化需求的信息和文献服务,这就要求图书馆能相应提升服务层次和水平。学术研究型图书馆过去只是少数实力雄厚的高校图书馆的选择,但今天将成为大多数高校图书馆的必然选择,因为简单的书刊文献服务已经到处可获。应对这种需求挑战已经大大超越了物质层面的技术和手段,而是要求图书馆馆员具有更高的综合素质和业务能力,这意味着高校图书馆馆员要从以往简单型管理服务的馆员转变为研究型学科服务的馆员,知识创造也成了时代赋予图书馆的新功能。

高校图书馆顺应这场革命性的转型发展需要很多的条件,比如观念、制度、资金、技术,等等,但其中图书馆馆员素质是一个极其关键的因素,没有一流的馆员,就难以提供一流的服务。如何提高现有馆员的综合素质和业务能力是很多图书馆在改善服务质量、拓宽服务范围、提升服务水平的过程中所面临的瓶颈之一。中国农业大学图书馆一直把培养和提高馆员综合素质和业务能力作为重点工作之一,采取了多种方式方法来提高馆员的素质和能力,以“请进来”的方式让专家们向馆员展示学术高台或研究前沿;以“走出去”的方式拓宽馆员的业务视野,带着自己的问题向兄弟院校图书馆学习业务长处和先进经验;以设立研究课题的方式鼓励馆员针对自身岗位工作中的问题展开调查研究,研以致用来帮助自己提高服务质量和帮助图书馆领导班子提高决策水平,同时增强自己的研究能力和提高研究水平。

任何一位伟人都是从无知婴童起步成长的,任何一名科学家都是从莘莘学子开始成长的,从以往简单型管理服务的馆员转变到研究型学科服务的馆员,同样需要一个循序渐进、逐步提高的过程。本丛书中的作者全是中国农业大学图书馆馆员,本丛书中的研究成果都是他们立足自身岗位工作的思考结晶,他们都在各自的基础上迈出了成长的步伐,他们的研究成果不仅对于中国农业大学图书馆提高服务质量和科学管理水平是重要的,而且对于很多遇到同类问题并在思考的图书馆馆员也是有参考价值的。我相信,在学习进取型的状态中,他们的后续研究会提供更好的研究成果,他们的综合素质和服务质量也会在潜移默化中得到提升。

何秀荣

中国农业大学图书馆馆长

二〇一七年春节于绿苑

前 言

农业工程是将工程技术理论和方法应用于农业生产、加工以及农村生活与生态环境维护和改善的一门综合性学科,工程技术对实现农业现代化起着重要作用。中外农业工程学科以其研究对象的相同而具有一定的共性,又因中国农业工程学科的形成与发展较晚而致中外学科所关注具体问题及发展阶段产生一定的差异。分析比较以美国为代表的欧美发达国家农业工程学科发展中的成功经验,可为中国农业工程学科建设提供参考与借鉴。为此,书中以中外农业工程学科历史演进为主线,从纵横两个维度对农业工程学科发展历程进行全方位研究,基于国内外学科发展规律,建构中国农业工程学科创新发展框架,为学科科研队伍建设与优秀人才培养提供支撑,以此推动中国现代农业的发展。本书主要研究内容与结论如下:

首先,运用积累变革规范理论,系统分析了中外农业工程学科创建、发展及变革历程,归纳总结了学科发展的阶段性特征。研究表明,中外学科遵循相同的发展规律,学科发展过程呈现出周期性波浪式前进的态势,是一个由量变到质变的过程。

其次,运用内生型与外生型发展理论,分别对中外学科启动时间、形成条件、推动力量、发展路径等进行了分析与比较。研究表明,欧美农业工程学科属于先发内生型发展模式,中国农业工程学科属于后发创新型发展模式。

第三,利用科学计量学方法与可视化知识图谱技术,从科学研究视角可视化揭示并比较分析了中外学科知识结构及其演化过程。研究表明,中外农业结构不同造就学科研究各有侧重;动力与机械等学科传统研究领域中外出现关注度相对下降现象;中国追赶国际学科前沿的步伐明显加快,但智能农业等新兴研究主题与发达国家相比仍存在一定差距,中国学科创新动力虽明显加强,仍需在原始创新方面进行重点突破。

第四,运用文献研究与实证分析方法,对中外学科人才培养模式与课程体系的发展与演变进行了分析和比较。结果表明,通才教育与专才教育两种模式的有机融合已成为必然趋势,中国农业工程学科应立足地域需求,创建多元化人才培养模式。国外通识教育强调知识的广度,课程内容更趋多元化,国内则强调思想政治理论方面的教育。中国应通过强化基础理论教学,文理并重,积极推进通识教育课程改革。

第五,探讨了中外高等工程教育最新变革趋势以及农业工程学科创新发展面临的环境。研究表明,中国"卓越工程师培养计划"与欧美 CDIO 工程教育模式指导思想高度一致,二者为农业工程学科创新发展提供了方向。农业工程学科的创新应遵循以社会需求为导向,以实际工程为背景,以工程技术为主线,提高学生工程意识、工程素质和工程实践能力培养,通过深化企业与高校合作机制,创新人才培养模式。

在上述研究的基础上,针对如何促进我国农业工程学科建设提出相关建议,并提出了进一步研究的设想。

本书是在作者博士论文基础上写作完成的。值此成书之际,首先感谢我的导师杨敏丽教授。老师不仅在学业上给予我耐心指导,在工作与生活上同样给予我很多的关心与照顾,正是老师的帮助和支持,我才克服一个个的困难和疑惑,直至书稿顺利完成。在此谨向杨敏丽老师致以最诚挚的谢意和崇高的敬意!

其次,我还要感谢德高望重的白人朴教授的关心与指导。入学伊始,先生对我论文选题、研究思路及研究方法的指导与帮助,以及做人、做事和做学问的教诲始终鞭策着我,使我不敢懈怠,坚持前行。同样,我要感谢中国农业大学经济管理学院何秀荣教授对我学业的关心与支持。感谢中国农业大学图书馆刘清水研究员、韩明杰研究员和李晨英研究员对我学习的鼓励与支持,给予我充分的自由与空间,并在软件分析技术上提供的无私支持与帮助。

同时,本书的写作也得到了668实验室小师弟、小师妹的热情帮助。感谢曹卫华博士、帕克博士、岳帅博士、张丽娜博士、贾敏硕士、吴琼硕士、史慧敏硕士和马腾飞硕士在读期间曾经给予我的帮助。谢谢你们!

感谢我的家人对我学习和研究工作的支持。

感谢所有曾经关心、支持和帮助过我的老师、同学、同事和朋友们,我所取得的每一点进步都得益于大家的热情帮助!

由于本人专业水平和研究能力有限,书中难免有不妥与疏漏之处,敬请各位专家与读者批评指正。

师丽娟

2016 年 7 月 30 日

目 录

第1章

绪　　论

1.1　研究背景与意义

　　1907 年,美国农业工程师学会(American Society of Agricultural Engineers,ASAE)的成立标志着农业工程学科作为一门独立工程学科地位的确立。学科的形成不仅推动了先进农业机械及农业工程技术在农业生产中的应用,而且促进了农业工程科研与教育在世界范围内的推广与发展。学科发展始终紧随时代步伐,随着社会需求不断调整自己的发展方向。20 世纪70 年代发达国家相继实现农业机械化与现代化,以农场水平为研究核心的传统农业工程学科使命结束的同时学科开始积极探索农场以外的发展方向。历经 30 余年,发达国家正在或者已经完成由传统农业工程向现代生物与农业工程学科的转变,学科研究领域由宏观向微观方向拓展的同时,信息化与智能化成为工程技术发展的主要方向。相比欧美发达国家,中国农业工程学科起步较晚。直到 1979 年农业工程学会成立,学科地位才得以明确。发展至今,学科战略研究方向得到不断凝练,学科建设与研究队伍得到了不断加强,人才培养质量得到了不断提高。学科不仅为发展现代农业提供了重要技术支撑,促进农业生产方式的飞跃变化,而且为发展现代农业(罗锡文,2010)培养了大批急需的人才。学科30余年的发展虽然取得了显著成绩,但距离满足我国全面实现农业机械化和农业现代化的需求仍存在一定的差距:

一是工程技术不能满足现代农业生产需求,关键技术领域创新能力不足。以拖拉机为例,现有产品类型虽然丰富,但在技术先进性、产品可靠性以及区域适应性上存在短板。尤其是大型拖拉机,在发动机的振动、噪声、排放与动力换挡变速箱等关键技术领域与国外仍存在差距,电子控制系统以及负荷传感液压系统等技术创新有待提高。从专利角度看,中国每年农业工程领域专利申请量很大,但彰显技术水平的发明专利比例并不高,能够充分体现技术水平的PCT(Patent Cooperation Treaty,专利合作条约)国际专利申请量更是屈指可数,与中国近年来PCT申请总量显著增长的趋势截然相反(国家知识产权局规划发展司,2011;赵建国,2012),由此也反映出农业工程技术原始创新能力不足,自主创新能力有待提高。

二是学科围绕专业培养的专业性人才与岗位对跨学科知识的需求存在矛盾。受学科早期专业口径设置过窄,课程体系较为单一的影响,虽历经多次改革,但学科在专业结构、人才培养模式、课程体系及教学方法等方面的改革与创新仍显滞后。面对科学技术的高速发展,专业岗位不仅要求毕业生具有较为深入的专业知识,对毕业生知识的广泛性、能力的全面性及对知识的创造性应用等提出了更高的要求。现有毕业生无论是在知识结构,还是在实践能力、创新精神及综合素质等方面,距离从事跨学科、跨专业的行业综合性工作要求还存在一定的差距。

三是发达国家学科已经开始转型,中国学科未来定位问题亟须明确。能源危机、气候变化以及水土资源短缺与农业生产有着密不可分的联系,发达国家学科走向现代工程技术与农业及生物系统的融合已成为一种必然的趋势,智能农业工程技术体系扮演越来越重要的角色。随着学科新理论与新技术的不断涌现,传统农业工程学科内涵已经发生了质的变化,农业工程学科的发展最终会走向以自然资源利用、生态环境保护和可持续农业为发展方向的农业与生物系统工程(中国科学技术协会,2011;ERABEE-TN,2010;B. Y. Tao 等,2006)。

农业工程技术作为连接农业工程基础科学与农业产业的桥梁,是建设现代农业和社会主义新农村最关键的科学技术领域之一,学科在推进农业工程科技创新,培养农业现代化建设急需人才方面发挥着举足轻重的作用。全方位比较分析以美国为代表的欧美发达国家农业工程学科发展中的成功经验,认识中外学科发展历史轨迹与现实需求的差异,找出中外学科发展路径的不同选择,可为加快中国农业工程学科发展提供参考与借鉴。

为此,客观、合理地总结中外学科历史演进与发展中存在的规律性特征,在此基础上准确提出中国农业工程学科定位与发展创新框架,既具有一定的理论价值,也具有较强的现实意义。

1.2 基本概念界定

1.2.1 学科

关于学科(discipline)一词的起源,有学者认为其来源于拉丁语的动词学习(discere),以及从它派生出来的名词学习者(discipulus)(薛天祥,2001)。从学科一词的源起可以看出,学科是以知识为中心衍生的一个概念。1992 年,国家技术监督局颁布的《中华人民共和国国家标准学科分类与代码表》(GB/T 13745—92)中解释为"学科是相对独立的知识体系"。而在国内外一些常见辞典中,学科更多地被解释为是学术的分类与教学的科目。如,1979 年上海辞书出版社出版的《辞海》、1997 年商务印书馆和牛津大学出版社联合出版的 *Oxford Advanced Learner's English-Chinese Dictionary*,以及 1998 年上海教育出版社出版的《教育大辞典》中,以知识体系为前提,定义学科:①学术的分类,即一定科学领域的总称或一门科学的分支;②教学的科目,即学校教育内容的基本单位,是学科课程的组成部分。

综上所述,无论是一门科学的分支还是教学的科目,学科兼属于知识体系的范畴。学科有广义与狭义之分。广义的学科是指"学术的分类",是一定科学领域或一门科学的分支,是指对同类问题所进行的专门科学研究(王友强,2008)。狭义的学科是指高等学校利用学问划分来组织高等学校教学、研究工作,以实现高等学校培养人才、发展学科、服务社会之职能的单位。在高等学校有时被当作专业教学的科目(鲍嵘,2002)。因此,关于学科我们可以做如下理解:学科作为一定科学领域或一门科学的分支,具有专门的知识体系。无论是学科的教学内容,还是学科的科研活动,都体现了学科的知识特性。本研究中的学科同时涵盖广义与狭义领域,即从科研与教学两个角度对农业工程学科形成、演进与发展特征和发展趋势加以探究。

1.2.2 农业工程学科

(1)农业工程

农业工程概念形成并发展于美国。20 世纪初,美国学者首次提出"农业工程"的概念,用以概括直接为农业生产提供一线服务的各项工程技术与装备。汪懋华(2001)认为,农业工程就是指为了解决某一农业(农村)问题而综合运用工程手段及技术的组装。

(2)农业工程学科

随着各项农业工程技术在农业生产各环节的推广应用,研究人员对各工程因素和生物因素之间相互关系的研究不断地深化和系统化,逐渐形成了具有独立理论、方法和研究内容的农业工程学科。有关农业工程学科的内涵,比较权威的提法包括:

①美国农业工程师学会(ASAE):ASAE 早在 1963 年就提出,农业工程学科是一门应用物理科学和生物科学来研究农业生产的特殊的工程学。至 20 世纪 90 年代,美国农业工程学术界就学科从基于应用的工程类学科向基于生物科学的工程类学科的变革达成普遍的共识(应义斌等,2003)。2005 年,ASAE 更名为美国农业与生物工程师学会(American Society of Agricultural and Biological Engineers,ASABE),进一步明确农业工程学科是将工程学理论应用于生物领域(包括动物与植物),设计、开发环境友好型方法,研究世界人口所需粮食、纤维、木材及可再生能源生产与管理的一门学科(ASABE,2012)。学科综合了基础理论、工程学科理论及相关应用技术来解决动物、植物及其与自然环境之间存在的问题,研究领域涉及有机体与环境之间的关系、工程设计开发及生物材料和有机系统的控制与开发利用等(R. L. Kushwaha,2007)。

②中国国家科委农业工程学科组:1979 年,学科组在农业工程学科会议上提出,农业工程学科是现代农业生物学与现代工程学之间的一门边缘性学科。它是研究农业有机体与工程手段之间相互作用的关系和规律,为提高能量和物质在农业生产中的转换效率,创造和改善农业生产全过程的环境因素,建立合理的生态系统,改善农业生产者的劳动条件,提供工程技术的科学依据(张季高,1984)。该定义参考了联合国粮农组织、美国及其他国家的提法,结合中国当时具体国情而拟定。

③中国农业工程学会:2007 年,中国农业工程学会进一步将农业工程学科归纳为(中国科学技术协会,2007):学科是综合物理、生物等基础科学和机械、电子等工程技术而形成的一门多学科交叉的综合性科学与技术。学科以复杂的农业系统为研究对象,研究农业生物、工程措施、环境变化等的

互作规律,并以先进的工程和工业手段促进农业生物的繁育、生长、转化和利用。农业工程学科的发展对于促进农业生产和增长方式以及农民生活方式的根本性变革,保护生态环境,集约节约使用自然资源和生产要素,实现经济社会可持续发展等方面均发挥着不可替代的作用。该概念从学科内涵界定、研究对象、研究内容及学科功能四个方面对农业工程学科进行全面、高度的概括与总结。

学科的发展是一个由浅入深、由宏观到微观逐步深入的认知过程,是伴随着社会经济、工程技术及农业科学技术的发展逐步演进的。学科发展经历了早期简单工程技术在农业中的应用,到后来工程技术科学与农业、生物科学的紧密结合,最终形成农业工程学科。

综上所述,农业工程学科是以数学、物理、社会学、经济学与管理学等基础科学与社会科学为基石,综合农业、生物、环境科学与机械、电子等工程科学等原理与技术形成的一门多学科交叉的综合性技术学科知识体系,兼有自然科学与社会科学属性。学科以农业与生物系统为研究对象,研究农业生物有机体、资源环境及有关工程装备技术相互作用规律,研究先进工程技术与措施来促进农业生物有机体的繁育、生产、转化与利用,以满足人类生存之需求。学科以促进农业生产及农民生活方式的根本性变革、保护生态环境、集约使用自然资源和农业生产要素为目标,在实现自然、经济和社会和谐可持续发展等方面发挥着不可替代的作用。学科知识体系可由图 1-1 表示。

(3)农业工程学科的性质与特点

农业工程学科是一门发展中的综合性技术学科,学科以农业生产为核心,将土、水、肥、大气、资源、环境与能源作为统一的有机整体加以研究和应用。就学科性质而言,学科既从自然科学角度探究农业工程技术在农业生产中的应用、发展、效益及影响等客观规律,又从社会科学角度研究农业工程学科的有关政策、法规、教育与管理等内容。因此,农业工程学科是一门兼有自然科学与社会科学双重属性的综合性学科,学科主要呈现以下基本特征:

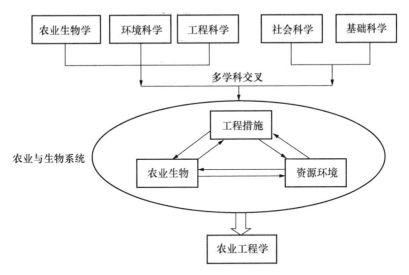

图 1-1　农业工程学科知识体系构成

一是系统性。农业与整个自然、社会与经济系统密切相关,是一个由诸多相互联系、相互作用的要素(土、水、大气、人类、资源、环境等)所组成的有机整体,学科研究是一个多目标、多约束的大系统。因此,从系统分析的角度来认识农业工程问题,以系统工程原理来解决农业工程问题,是学科发展的必经之路。

二是综合性。农业工程学科研究的内容广泛涉及农业、生物、工程、资源、环境、能源等诸多领域,与区域自然环境、历史文化、社会经济及政策体制等诸多因素有关,是一门集自然科学与社会科学、"硬"科学与"软"科学于一身的交叉特征显著的综合性技术科学。

三是复杂性。农业工程学科的研究对象为农业生物系统,研究内容涵盖农业生物、环境因素及有关生物在生长发育和产品初级转化过程中与工程技术手段在不同生理和生态水平上的相互关系,是一个庞大而复杂的系统,随时间与空间的动态变化特性显著。因此,学科研究需要具体问题具体分析,研究有针对性的解决方案。

1.3 国内外研究现状述评

纵观国内外农业工程学科发展历程,有关学科的研究主要集中在学科建设、学科研究领域与方向及学科研究热点的探究等方面:

1.3.1 学科建设

国外农业工程学科教育起步较早,有关学科建设的研究主要集中在课程体系建设,人才培养模式及专业设置方面的研究鲜有涉及。以印度为主要研究对象,E. F. Olver(1970)对 26 个发展中国家的农业工程与农业机械化技术专业课程的设置及学分分配进行了比较,提出不同的国家应根据国家经济发展状况及社会发展需求而调整课程内容。基于对部分发展中国家农业工程教育现状与发展趋势的研究,L. U. Opara(2004)提出未来的农业工程本科教育应该采用集应用科学、工程理论与新兴技术于一体的课程体系,强调新兴技术创新能够有力地推动知识经济进步,是农业工程教育课程体系中最为核心的部分。在分析欧洲各国农业工程教育现状的基础上,D. Briassoulis 等(2001—2003;2008;2010)相继提出欧洲农业工程教育核心课程的设置应遵循四项重要标准:FEANI(The European Federation of National Engineering Associations,欧洲工程师协会联盟)标准、EurAgEng(欧洲农业工程师学会)农业工程教育所需农学课程的要求、面向科学研究的工程教育及面向应用的工程教育。USAEE-TN(University Studies of Agricultural Engineering in Europe-Thematic Network,欧洲农业工程大学研究联盟)在其历年的研讨会中分别就欧洲各国农业工程学科学位教育、核心课程设置情况与学科质量评估等内容进行了研究(USAEE-TN,2003;2004;

2006)。2007 年 USAEE-TN 更名为 ERABEE-TN(Education & Research in Biosystems Engineering in Europe-Thematic Network),连续多年就欧洲生物系统工程学科教育、课程设置以及学科创新与发展所取得的成就进行了报道(ERABEE-TN,2008;2009;2010)。

国内关于农业工程学科建设的研究主要集中在人才培养、专业设置及课程体系建设等方面。就人才培养方面,有学者从宏观角度对其进行了探讨,如汪懋华(1986)从宏观角度分别就研究生、本科生和中等技术教育与职业技术教育三个层面提出对农业工程学科、专业建设和教育改革若干问题的看法,指出深入搞好教育改革,需要进一步从微观角度深入到具体的学科分支领域和改革教学内容上。也有学者以院校为例,从微观角度对学校已有经验加以总结:谭豫之和张文立(2003)在探讨建立农业工程宽口径专业的必要性及专业总体框架设计的指导思想、课程体系构建的基本原则基础上,结合中国农业大学实际情况,介绍了农业工程专业培养计划在实施过程中的一些具体措施及取得的成果。而宫元娟等(2005)则以沈阳农业大学为例,对该校产学研三结合的人才培养模式进行了探索和研究,梳理与总结了该校构建的农业工程类专业人才培养体系及教学、科研、生产相结合教学模式,指出通过改革教学观念与培养学生创造性思维,该人才培养模式取得了良好的效果。应义斌等(2003)就浙江大学生物系统工程本科专业的培养目标与培养模式及课程体系设置等进行了介绍,从实践与理论两个角度对学科专业改造进行了积极的探索。

1.3.2　学科研究领域与方向

进入 21 世纪以来,欧美发达国家农业工程学科开始向农业生物工程或生物系统工程转变,农业工程学科主要研究领域与方向得到了拓展与延伸,但新旧学科之间是一种继承与发展,研究领域之间并没有严格的分界线。

ASABE 提出的农业与生物工程主要研究领域与方向代表了当前美国该学科发展的主流方向(表 1-1)。

表 1-1   美国农业与生物工程学科主要研究领域与方向

研究领域	主要研究方向
动力与机械	农业与生物生产所需拖拉机、耕作机具、灌溉设备、收获机械与运输机械的设计,包括各种农场设备、食品加工机械、草地及园艺养护与施工设备、特种作物所需设备
自然资源与水土保持	依据谷物水分需求设计灌溉系统;应用水文学原理来控制排水,控制土壤侵蚀并有效降低径流沉积;水坝、水库、泄洪渠道及河渠的设计、建设、运行及维护;生态工程学;地表水与地下水资源保护;水土关系及其环境模型的建立;水处理系统的设计;湿地保护及其他研究
食品与生物加工	食品、纤维及木材等农业与生物产品已被广泛延伸至生物质燃料、可降解生物质包装材料、保健营养品、药品及其他产品开发,可有效提高生物原材料的产品附加值。利用微生物处理市政、工业及农业所产生的废弃物,生产更为有用的产品。发展适于包装、运输与存储易腐败变质食品的巴氏消毒、灭菌及照射等技术。发展既经济又实用的工业加工方法,减少浪费
建筑与环境/农业环境控制	有关动植物及其产品健康环境的创建与维护的结构设计与机械系统方面的研究。机械结构与设计研究包括苗圃与温室设施,动物生产设施,轻型框架结构,收获后加工与储存设施。农业环境控制领域包括温度、湿度及通风控制系统的设计,水培法、组织培养、秧苗繁殖,温室灌溉及其自动控制,病虫害防治,营养液与养分的应用。研究与发展更先进适用的废弃物存储、再生利用及其运输设施。发展收获后加工处理设备,确保生物材料品质与安全,包括谷物干燥、加工与储存,注意生产设施排放的气体、粉尘及微粒等排放对空气质量的影响
水产养殖工程	关于鱼类(包括观赏鱼与饵鱼)与贝类饲养系统的设计;采用最新的生物技术设计与开发水质及自然资源保持系统,包括饲喂系统、曝气系统与水质控制系统,实现水的生态循环利用;设计与开发可有效降低水产养殖排放污染的系统,减少用水及养殖成本;发展水产品收获、分拣及加工设施

续表 1-1

研究领域	主要研究方向
能源系统工程	有关节能降耗与保护环境策略研究;传统与新型可替代能源系统的开发;利用农产品及农副产品开发可再生、可持续的可替代能源;生物质能、沼气、植物油、酒精、混合醇类,太阳能与风能的开发利用;发展高利用率的能源系统
信息与电气技术	地理信息系统的开发与应用、全球定位系统、遥感技术,机械仪器仪表与控制,数据采集与生物信息(包括仿生机器人、机器视觉、传感器、光谱学),电磁学
安全、健康与人机工程	统计与分析健康与伤害数据,包括常规与滥用机械/设备情况的统计;可互换零件的标准化设备开发,发展良好的人机工程系统,以降低对人体的伤害;发展确保诸如动物设施所需的环境安全控制系统;改进机械设计与开发更好的通信系统促进机械设备的使用
林业工程	发展用以解决林产业及其制造业面临的资源与环境系统;设计与开发林业制造业所需设备,林场进出装置及施工机械的设计;机械与土壤交互作用分析及土壤侵蚀控制;林场运行及改进措施分析;决策模型设计;木材产品的开发
生物工程	环境保护与治理,虫害控制,有害废弃物的处理,生物检测、生物传感器,生物成像,医疗植入物与设备,植物药品与包装材料

资料来源:ASABE. Finding solutions for life on a small planet[EB/OL]. [2013-10-20]. http://www. asabe. org/.

2002 年,欧洲农业工程学会会刊 *Journal of Agricultural Engineering Research* 正式更名为 *Biosystems Engineering*,欧洲关于生物系统工程的概念变得越来越清晰。期刊刊载的研究内容涵盖了当前农业与生物系统工程学科所有的研究领域与方向,包括:①自动化与新兴技术,研究方向包括智能机器,自动控制,导航系统,图像分析,生物传感器,传感器融合,生物工程技术。②信息技术与人机交互,研究方向包括通信与现场总线协议,人机工程学,GIS(地理信息系统),运筹学研究,生物系统建模与决策支持,机械管理,风险与环境评估,职业健康与安全等。③精准农业,研究方向包括农业气象学,食品、纤维及饲料作物生产,外来生物品种产量、杂草与土壤地图,GPS(全球定位系统),病虫害综合治理。④动力与机械,研究方向包括耕作与土方设备,设施机械,收获与植保,果园及其植保,拖拉机与农运车,动力、振动与噪声,林业工程,水力学与涡轮机械,清洁技术。⑤收获后技术,研究方向包括生物材料的特性,谷物干燥、加工与储存,光电子分级,成熟度、质量、损伤及疾病的光反射、核磁共振及 X 射线检测,食品包装与加工,食物链的完整性及异物检测。⑥结构与环境,研究方向包括建筑物设计与环境控制,畜禽舍粉尘与气味控制,谷物贮藏,温室园艺,堆肥与废弃物处理,气体排放。⑦畜牧生产技术,研究方向包括畜禽福利与动物行为学,健康监测,自动化挤奶与剪毛,饲料加工,畜力牵引,集成库存管理,库存处理,称重、运输与屠宰,肉品加工。⑧水土工程,研究方向包括土壤结构与性能,耕作土壤动力学,牵引与压实,土壤侵蚀控制,作物需水量,渗透与运移过程,灌溉与排水,水文学,水资源管理,水培营养状况。⑨乡村发展,包括可再生能源利用,污染控制,乡村环境保护,基础设施与景观,可持续发展。ERABEE-TN(2008)首届研讨会报告指出,除传统研究领域之外,欧洲生物系统工程研究已拓展至生物材料、生物燃料、生物机电工程等新兴研究领域,甚至涉及食品可追溯性评估、质量与安全及发展环境友好型和可持续系统设计等领域。从美国与欧盟关于农业与生物系统工程主要研究领域与方向的描述来看,多数领域划分与名称表述有细微差异,而在研究方向上并没有本质的差别。鉴于各自优势产业发展差异,美国较侧重于水产养殖工程的发展,欧洲近年来则更强调其主导产业畜牧生产技术的研究与发展。

进入 21 世纪以来,随着现代农业和科学技术的发展,中国农业工程学科的研究领域得以不断拓展、丰富和深化。《农业工程学科发展报告 2006—2007》将中国农业工程学科主要研究领域系统地归纳为 8 个方面(表 1-2)。

表 1-2 中国农业工程学科主要研究领域与方向

研究领域	主要研究方向
农业机械化工程	机器、土壤和作物互作规律以及机械化、资源与环境互作规律,农牧业机器设计与运用的理论与技术、农牧业机械化生产与管理理论与技术、农牧业机械设计制造理论与技术以及机器运用修理,机械化农牧业生产、农业机械化企业管理(微观)和农业机械化战略规划(宏观)等
农业水土工程	灌溉排水理论与新技术、农业水资源可持续利用理论与技术、农业水土环境保护与修复理论及关键技术、农业水土工程建设理论与新技术、高新技术在农业水土工程现代化管理中的应用和农业水土工程经济、政策、法规和技术标准等
土地利用工程	水蚀、沙化土壤的防治,盐渍化、沼泽化、贫瘠化土壤的改良,污染土壤的修复,耕地保护与利用,以及土地的集约节约利用等
农产品加工工程	农产品收获后的清选、分级与包装等产地商品化处理技术,饲料加工工艺和机械,农副产品干燥理论与技术装备,农副产品加工新原理、新技术和新设备,农产品质量分析检测与安全性评价等
农业生物环境工程	研究农业生物与环境因子及环境工程间相互作用的规律,并利用高效、经济、节能的工程技术手段为动植物生长发育提供最有利的环境条件,涉及动植物生产工艺模式、动植物生长环境、农业建筑设施、节能型环境调控和农业废弃物资源化、无害化利用等方面
农村能源工程	包括农村生活节能和农村生产节能理论与技术,农业废弃物能源化利用,太阳能、风能、地热能等新能源和可再生能源的开发与利用,农村能源经济、政策、规划与标准等
农业电气化与自动化	农村电力系统设计、规划、管理与综合自动化理论与技术,农村电网新技术,农村新能源发电技术,农村电气化发展战略,精细农业智能信息技术与系统集成,农业自动化检测与控制技术,水电站动力设备的优化与过渡过程和小水电站自动化,农业智能化信息与网络技术等
农业系统工程	农业区划、农业发展战略和发展规划、作物布局、作物栽培技术、畜群结构、饲料配方、森林合理采伐和迹地更新、农机具优化设计、农机具合理配备、农村建筑优化设计、水利工程最优规划设计、土地利用规划、作物病虫害测报和防治、农业气象测报等

比较国内外学科主要研究领域及其研究方向不难看出,由于欧美发达国家早已实现农业机械化、电气化,与土地利用、开发相关的关键理论与技术早已成熟。因此,农业机械化、电气化与土地利用等相关理论不再是其关注的焦点。而在中国现阶段,实现农业机械化,保证粮食生产安全仍是我们首要的任务。因此,学科在具体研究内容与方向上存在一定的差异。

1.3.3　学科研究热点

对国内外农业工程学科研究的热点进行比较研究,可以准确了解国内外学科研究的异同,发现并总结适合不同国情的重点研究领域。

R. Kanwar(2009)在回顾与总结 20 世纪农业工程取得的成就基础上,提出 21 世纪农业工程极具挑战性的 6 个发展点:解决由化肥、农药等引起的污染问题,用于食品安全的生物传感器及纳米传感器,机器人、GPS 等信息技术在农业机械上的应用,生物工程领域的研究,碳中和可再生能源系统及水资源短缺地区的灌溉系统研究。欧盟(2006)在其第七框架协议计划——欧洲农机工业战略研究议程(2020 愿景)中指出,未来欧洲优先发展的农业工程技术主要集中在 4 个领域:①质量与产品安全(包括标准化质量检测,可检测农药与毒物残留的传感器及技术,用于产品质量控制及认证的电子标签及电子追踪系统,食品与包装的交互作用及保质期模拟,食品及其加工过程的数学建模与计算机模拟,废弃物的生物分离及能源恢复等 10 项基本内容);②可持续植物生产(包括通过采用新型材料设计新的机械以减少田间农业机械数量等方式来建立高效节能的谷物管理系统,通过改变机械设计以减少土壤结构破坏等方式保持土壤质量,采用自动标靶、检测、喷洒等精准措施进行谷物田间管理,人机交互界面技术的应用及精准水资源管理等 11 项内容);③可持续动物生产(包括建立相关动物健康、福利及可持续生产的标准,发展农业水平的动物健康自动化实时监测系统等动物疾病预防战略,发展包括动物健康、污染、能源使用等数据的在线监测信息系统,建立欧洲家畜经营模式等 6 项基本内容);④生物能源及可再生原料(发展与优化非食品用谷物系统及用于种植、收获、贮存、运输、预处理与生物质转换相关的设备与技术,更新并建立可用于生物能源的生物质质量定义及标准,建立新生物质材料中间及终端产品的质量标准定义,发展可高效生产生物能源及生物材料产品的技术等 6 项基本内容)。

21 世纪以来,农业工程研究的关注度变热,不同学者从自身专业角度对相关领域的研究热点与发展趋势进行了探究。曾德超(2000)在综述中国 2000—2030 年瓶颈时期食品安全和农业水资源安全问题的各种预测基础上,提出了实现中国农业现代化及贯彻国家生态环境建设规划(2000—2050)所需优先发展的自然资源与农业生产综合管理技术、雨水集流技术、高效水存贮技术、土壤改良技术和节水农业技术、开发保持与培育土壤质量和地力的土壤耕作制度等 11 项农业工程科技领域。汪懋华(2001)指出,21世纪的农业机械等装备技术将融合现代微电子技术、仪器与控制技术、信息技术,向智能化、机电一体化方向快速发展;农业水土资源科学管理与水土环境保护将是世界各国未来农业发展面对的共同性挑战;农业产品深度加工,延长产业链是建立可持续发展农业系统与改善农户经济收入的关键等。还有研究人员以相关期刊刊载的文献为依据,分析与归纳农业工程相关学科发展趋势及研究热点问题。冯炳元(2003)以 2001 年《农业机械学报》刊出论文为基础数据,归纳与分析了中国农业机械学科发展的一些动向。魏秀菊等(2006)以《农业工程学报》刊登学科领域的历史变革入手,根据学科发展的取向预测其报道内容的发展方向。《2010—2011 农业工程学科发展报告》精炼概括了"十二五"期间中国农业工程学科研究热点与发展趋势(表1-3)。

表 1-3 "十二五"期间中国农业工程学科研究热点与发展趋势

研究领域	研究热点与发展趋势
农业机械化工程	围绕农机农艺相融合,强化节能减排技术和低碳型农机研发;利用机、电、液、仪一体化技术实现农业机械化作业的高效率、高质量、低成本和改善操作者的舒适性与安全性;利用智能信息技术、嵌入式系统和微电子机械,形成性能价格比更为优良和环境友好的农业装备
农业水土工程	强调作物产量转变为提高作物品质,日趋关注农村供水与饮水安全及人居水环境的改善;从着重对自然科学技术的研究,逐步转变为自然科学技术与管理及经济学研究的有机结合和融合;利用信息技术、新材料和学科交叉等手段,加强现代节水农业理论和技术创新,提升中国节水技术研究和设备开发的水平
土地利用工程	从单纯的田块合并、提高土地利用效率向生态环境恢复和整个农村发展转变;研究热点集中在土地综合整治关键技术体系上,发展重点为土地开发整理理论与方法创新和实践、土地复垦与生态恢复、土地评价与等级提升、统筹城乡与节约用地技术的研发等
农产品加工工程	向保证农产品加工制品营养全面、卫生安全、适应人类膳食结构调整和变化的方向发展,现代技术将广泛应用于农产品加工各环节;农产品加工与贮藏设备向高效、节能、环保方向发展;农产品资源利用趋于综合;农产品加工过程的质量管理日益受到重视;注重加工过程中的研发和创新活动等
农业生物环境工程	重点围绕中国特色设施农业生产模式的科学化、标准化、定型化和设施农业产业升级等重大科学和关键技术问题,加速实现日光温室现代化,加强物联网等高新技术在设施园艺领域应用的研发。加强和发展设施农业工程工艺模式优化、生物环境信息检测与控制、设施新材料与农业建筑工程、设施农业节能减排、设施农业优势区域布局与发展规划等方向
农村能源工程	依靠现代科技开发农村新型能源,以提高热能利用效率、降低生态环境污染、促进能源产业和循环经济发展。生物质能方面主要包括沼气和生物质固体成型燃料、能源作物、纤维素乙醇、生物柴油,太阳能方面主要是太阳能光伏设备技术,以及风能利用技术改良、地热能的开发和评价等

续表 1-3

研究领域	研究热点与发展趋势
农业电气化与自动化	农村电力与新能源发电、农业电子与自动化和农业(农村)信息化技术等方面。发展重点为村镇智能电力技术研究、智能农业检测与控制关键技术研究和农业(农村)信息化关键技术研究
农业系统工程	农业与信息技术相联系向精确智能化方向发展;农业与生物技术相联系向基因工程方向发展;农业与环境保护相联系向绿色持续的生态农业方向发展;向农产品生产加工以及运输销售一体化的供应链模式发展;加强对"新农村建设"的服务

资料来源:中国科学技术协会,中国农业工程学会.2010—2011 农业工程学科发展报告[M].北京:中国科学技术出版社,2011.

中国科学技术协会.2009—2010 系统科学与系统工程学科发展报告[M].北京:中国科学技术出版社,2010.

比较国内外学科研究热点不难发现,农产品质量与安全、农业机械智能化设计及精准技术应用、生物质及可再生能源的利用与开发已成为国内外农业工程学科共同的研究热点。加强土地综合治理、节水技术研究与相关设备开发、设施农业生产模式优化、发展农村电力与农业信息化等关键技术将是中国特色的农业工程学科发展方向。

1.3.4 存在的主要问题

现有关于农业工程学科发展的研究在内容上多集中在学科建设的某个方面;研究方法多为相关领域专家或学者依据其对专业领域的熟悉所做出的感性判断,定性分析为主,主观性较强;对学科发展趋势的判断以定性分析为主,缺乏定量分析的佐证。从国内外已有研究成果来看,目前对学科发展模式、学科演进规律、学科人才培养模式及课程体系构建方面的研究依旧相对薄弱。

1.4　研究目标与研究内容

1.4.1　研究目标

　　本研究围绕学科发展历程中学科创建、学科研究与学科教育等重要议题,采用定性分析与定量研究相结合、科学计量学方法与可视化视图技术相结合,从情报学角度对中外农业工程学科的形成、演进及发展趋势加以比较研究。主要应用积累变革规范与内生型/外生型发展理论探讨学科发展规律及模式选择;利用科学计量学方法与可视化视图技术从科学研究视角揭示学科研究热点及研究主题的变化;利用文献研究与实证分析相结合从学科教育维度探讨中外学科人才培养模式与课程体系的异同性,为中国农业工程学科的转型变革提供参考。

1.4.2　研究内容

　　学科的形成与发展具有时空性,农业工程学科在不同的国家与地区,其发展模式、发展路径及发展方向各不相同,本研究主要内容如下:

　　(1)学科发展模式与规律研究:基于大量史料文献,分别以工业技术革命与新中国成立以来高等工程教育史上重大转折点为主线,内生型/外生型发展理论结合积累变革规范,梳理与总结国内外农业工程学科研究的阶段性特征,提出国内外农业工程学科发展规律及模式选择。

　　(2)学科研究热点及研究主题演化分析:基于科学研究视角,以国内外农业工程学科主要核心期刊刊载学术论文为研究对象,采用科学计量学方法及可视化视图技术就不同阶段国内外学科研究热点与研究主题进行深入揭示,总结国内外学科研究热点及主题发展基本特征。基于国家科技发展战略与现实需求,对中国农业工程学科研究领域的发展趋势加以分析与研判。

(3)学科人才培养模式与课程体系比较分析:基于教育维度,以国内外高校农业工程学科本、硕课程调研数据为分析对象,从人才培养模式、课程体系两个维度总结学科人才培养体系的变迁与发展,比较分析中外农业工程类人才培养体系建设之差异,探究中国农业工程学科课程体系存在的问题,并提出相关建议。

(4)农业工程高等教育的创新与发展:在比较与分析欧美"CDIO 工程教育"、中国"卓越工程师培养计划"改革基本框架与实践特色基础上,针对中国农业工程高等教育发展面临的困境与问题,分别从人才培养框架体系、培养模式、课程体系及教育质量控制四个维度提出学科高等教育改革相关建议与措施。

1.5　研究方法与技术路线

1.5.1　研究方法

(1)文献研究与实证研究相结合。通过查阅大量历史著作与学术文献,结合学科演进相关理论,对国内外农业工程学科历史演进、学科建设、学科教育变革等内容加以深入分析。同时,结合与学科发展相关的国内外学科专业、科研项目及科技政策等数据的调查与统计、专家访谈等形式,进行实证研究,从多角度、多方向,对学科历史、现状及未来发展加以全面分析与评价。

(2)定量研究和定性分析相结合。基于大量文献数据,应用 Bibstats 元数据分析软件与 VOSviewers 可视化视图软件,对国内外不同阶段学科热点及研究主题可视化。运用数理统计与专家咨询法,将定量研究结果与定性分析的结论相互比较,以验证定性结论的有效性。

(3)科学计量学方法与可视化视图相结合。以科学计量分析为基础,结合可视化视图技术并辅以专家访谈法,多种方法互为补充,充分发挥科学计量分析方法在揭示学科研究领域发展趋势上的优势,同时借鉴与吸收各领域专家在学科研究领域的洞察力及对国情的把握,探究学科研究发展方向。

1.5.2 研究技术路线

本研究的技术路线如图 1-2 所示:

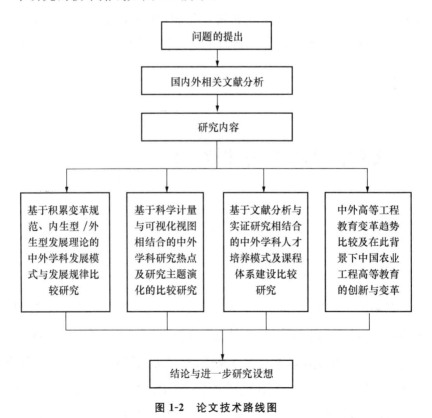

图 1-2　论文技术路线图

1.6 创新之处

(1)在研究方法上,将科学计量学方法与可视化知识图谱方法应用于农业工程学科比较分析,揭示了中外农业工程学科研究热点及研究主题的演变与发展趋势。

(2)在研究视角上,以不同国家整体发展为背景,比较分析了中外农业工程学科发展模式、人才培养及课程体系的异同,提出中国农业工程学科应由引进模仿转向自主创新与发展。

第2章

科学发展相关理论述评

世界万物的发展莫不遵循一定的客观规律,自然科学的发展也不例外(栾早春,1983)。学科是一定历史条件下的产物,作为科学的一个领域或分支,必然受到自然或社会演变规律的支配与影响。目前来看,关于学科演进的规律,国内外多是基于"科学发展模式"的框架加以讨论的。

2.1 积累与变革规范

2.1.1 积累规范

积累规范(cumulative paradigm)是科学技术发展的一条重要规律,反映的是科学知识总量(指标包括图书资料、学术论文和科研人员等)在时间轴上的纵向发展变化规律。最早提出积累规范思想的是恩格斯。1844年,恩格斯在其《政治经济学批判大纲》中指出:"科学的发展同前一代人遗留下来的知识量成比例,因此,在最普通的情况下,科学也是按几何级数发展的"(中共中央马克思恩格斯列宁斯大林著作编译局译,1956)。基于对相关科技期刊的统计分析,1961 年,美国科学家 D. Price 在其所著《巴比伦以来的科学》一书中①,对科学期刊增长情况进行了充分的统计分析,发现期刊数量在近 200 年来的增长呈一定的规律性,这个规律即为著名的科学知识量指数增长规律,即"普莱斯曲线"(也称作 S 形曲线)。S 曲线增长论说明科学知识总量是随时间呈 S 形变化的,不仅解释了科学发展的加速现象,也阐明了科学发展在时间序列上的继承性与不平衡性,为预测科学发展趋势提供了一定的科学依据。20 世纪 60 年代以前,这种建立在知识加速度积累基础上的科学指数增长理论,一直在科学学上占据主导地位,所以 D. Price 又把这一规律叫作"积累规范"(刘波,1982)。

积累规范的实质就是用知识增长量来衡量科学发展的速度,该速度既取决于科学知识的积累,也取决于科学发展的继承性。科学研究的本质是用已知的知识去探求未知知识的过程。科学家所做的,就是学习与掌握前人的研究成果,通过积累与继承已有知识,寻求创新和突破,从而实现科学技术的重大发展。科学上的突破,大体上有两种不同的方式,即来自实验上和理论上的突破。从实验上突破表现为通过观察实验,发现新现象,从而开辟新的研究领域,或者证实旧的理论预言,把理论大大推进一步;从理论上突破表现为在一些实验数据的基础上,通过深入的思维辨析,提出新的理论,建立新的思想体系。学科作为一定科学领域的知识体系,其发展同样是以继承为前提,而其重大突破则是在积累基础上实现的。也就是说,学科发展实际上就是知识逐步积累的过程,是一个量变的过程。

学科知识的形成经历了由少到多、由浅入深、由简单到复杂,由零散到系统的一个逐步规范的过程,具有典型的继承性与积累性特征。积累规范重点强调了学科知识的发展具有积累性、继承性这一重要特点,从量的方面描述了科学发展的一般图景,但积累规范的不足在于它未能反映科学发展

---

① 普莱斯 D. 巴比伦以来的科学[M]. 王静,张凤格,译. 北京:中共中央党校出版社,2002.

中,由量变到质变的变化规律(刘波,1982)。

2.1.2 变革规范

变革规范(revolution paradigm)是指由积累发生变革,由渐变而形成新的飞跃。科学的发展并不是一个平缓的、渐进的量的积累过程,而是呈现波浪式或振荡式的前进过程。尤其是在科学理论或技术发生突变的时候,科学将产生质的飞跃,称之为科学的革命。

美国著名哲学家 T. Kuhn 的科学革命论最具有代表性。T. Kuhn 在其所著《科学革命的结构》一书中,首次提出了科学革命的观点(T. Kuhn 著,李宝恒,纪树立译,1980),认为科学的发展不是单纯的量的积累过程,应该注意到科学发展的质的变化,并提出科学发展动态模式应为:前科学时期、常规科学时期、危机时期和革命时期,接着再进入新的常规科学时期。

前科学时期也就是相关学科的酝酿时期,学科理论众说纷纭,尚未形成体系,科学活动处于无组织状态。

常规科学时期是学科理论逐步趋向成熟,某种理论脱颖而出且得到一定科学群体的认同,学科逐渐形成了系统的理论体系,并在实践中不断完善与丰富自己。

危机时期是指随着学科理论在实践中的应用,原有的学科知识越来越不能解决新问题,产生理论危机。

革命时期,新理论形成并逐渐取代旧的理论。接着,新理论进入了常规科学阶段,开始新一轮的科学进程。

与积累规范互为补充,变革规范的提出弥补了积累规范的不足。变革规范的提出着重从质的变化上来揭示科学发展的动因,抓住了科学发展变革性这一本质特点,因而更能反映科学发展的曲折性与革命性。但是,革命规范不能否定或代替积累规范。因为科学发展是量变与质变的统一,不仅表现为量的积累,而且也呈现出质的飞跃。量的积累必然导致质的飞跃,质的飞跃必然又是以量的积累为前提的。T. Kuhn 提出的科学革命论肯定了科学理论发展过程中质变的重要性,但由于过分强调革命前后两个理论的不相容性,而忽视了新旧理论的继承性,因此也有不足之处。

2.1.3　积累规范与变革规范的对立统一

积累规范与变革规范不仅符合唯物辩证法中的量变质变规律,而且符合自然科学的发展规律。两个规范从不同侧面描述了学科纵向发展变化的图景,两者互为对立统一的关系深刻揭示了科学发展中的质量互变法则。综合积累规范与 T. Kuhn 的科学革命论对学科发展可做如下解释:

对于学科的发展,首先是学科知识的积累与继承,如学科的前科学阶段就是一个渐进的量变过程。其次我们还需注意到,学科的发展还是一个质变的过程,学科知识积累到一定程度后必然会出现质变,学科由前科学进入常规科学时期,质变的点就成为一个学科发展的转折点;学科在解决实际问题中遇到越来越多的难题,因此,产生学科理论危机,从而导致学科理论的革命;在继承旧理论的基础上新的理论出现并进入新的常规科学时期,这一过程正是学科发展的一个质变的过程。学科的发展不仅遵循积累规范,而且同样符合变革规范,是积累中蕴含创新与突破,符合哲学量变质变规律。从前科学时期到常规科学时期的转折点是学科发展的关键点,该转折点应包含几个方面的要素:科学家群体的出现、专业学会的建立、研究机构和教学单位的创建以及用于展示学科研究成果的学科出版物问世。由于科研群体的出现、高校与科研机构的创建,以及学会的建立,促使不同研究方向的研究人员凝聚在一起形成合力,研究成果不断涌现且很快形成学科独有的理论体系和专门方法,成果在实践中广泛应用并得到社会认可。

科学发展历史证明,科学发展的一般规律表现为两种规范的对立统一,而不会是两者择一(吴明瑜,1986)。因此,任何学科的成长都是充满着矛盾的对立统一体。学科的发展既有连续性,又有突变性,既是曲折的,又是前进的,从而使整个发展过程呈现出波浪式螺旋形前进的图景,学科发展规律可由图 2-1 清晰地表述。

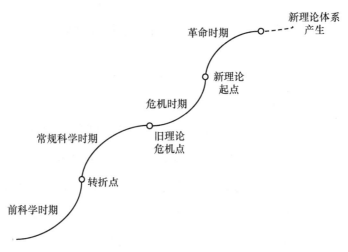

图 2-1　学科发展规律模式图

2.2　内生型与外生型发展理论

依据一个国家现代化起始的时间及现代化的最初启动因素,可将现代化的国家分为早发内生型(先发内生型)和后发外生型(迟发外生型)两大类。所谓早发内生型现代化是指以自我本土力量为推动,现代化过程由社会内部长期"创新"自发演进而来,是政治、经济、科技与文化等各个系统相互作用的结果,也称作"内源型"现代化(modernization from within)。后发外生型现代化是指由于自身缺乏内部现代性的积累,对外部现代性刺激或挑战产生的一种有意识的积极的回应,是一种由政府强行启动,并由政府推动而发生的现代化,也称为"外源型"现代化(modernization from without)(孙立平,1991)。早发内生型与后发外生型现代化是两种截然不同的发展模式,有着本质的区别。

从启动时间来看,早发内生型现代化主要缘起于欧洲,后逐次向北美、亚非拉等地扩散。而后发外生型现代化无论从启动时间,还是发展进程上看,均与早发内生型现代化国家之间存在显著时间差,属于现代化的后来者。

从政府作用来看,早发内生型现代化以"自由放任主义"(laissez-faire)为指导,尤其在现代化早期,个人发明与创造占据主导位置,政府为现代化发展只提供一些基本的条件,如国家统一、社会稳定等,政府很少介入或参与现代化进程。后发外生型现代化则不同,其发展主要由政府集中政治经济权力来主导,通过有计划的外部移植、引进来促进现代化的进程,政府占据主导位置。

从发展动力来看,早发内生型现代化的动力源自社会自身力量产生的内部创新,具有较强的自我发挥能力,其发展由漫长的自我变革为主导,外来影响居次要地位,是一个自发的、自下而上的、渐进变革过程。后发外生型现代化是由于其自身内部缺乏足够的现代化元素的积累,受国际环境影响,外部强烈的冲击形成主要推动力,引起内部政治、经济、科技及文化教育等的变革并进而推动现代化发展,其发展主要以外援为主,内部创新居次要地位,是一个被动的、自上而下的、跃进式变革过程。

现代化涵盖的内容较广,通常包括教育现代化、学术科学化、政治民主化、经济工业化、社会生活城市化、思想领域民主化以及文化的人性化等多个领域。学术科学化的过程就是学科形成与发展的过程,不同国家与地区的自然资源、经济结构、政治体制及社会历史与文化决定了学科发展选择模式和发展进程的不同。

对学科而言,学科发展模式可分为先发内生型与后发创新型两种模式。

先发内生型学科发展模式是指学科体系形成时间较早,主要依靠本国内部力量来推进的学科发展模式,模式特征主要表现在:一是先发性,即学科形成时间较早,没有任何成功模式可借鉴与模仿;二是内生性,学科形成力量主要源自社会内部需求以及不断积累与发展的科学技术革命,通过民间自发推动形成,政府作用较为有限;三是渐进性,学科发展在逐步摸索和积累中前行,发展进程相对渐进与缓和。因此,可以说先发内生型学科发展模式是一种自发、渐进式和自下而上的发展模式。

后发创新型学科发展模式是指学科体系形成较晚,为摆脱与发达国家的显著差距,经过早期被动模仿,后期进入主动创新发展的学科发展模式,模式特征主要包括:一是后发性,由于学科在国内缺乏前期积累与自主形成条件,学科起步时间较晚;二是外生性,基于发达国家学科成功模式的刺激与驱动,政府直接介入并强行推动以减小差距,学科早期建设主要通过大量模仿、引进先进国家经验来推进,节约大量探索时间并在短期内取得非常好的发展;三是创新性,对科学技术而言,核心知识与技术会受到发达国家严密保护,要想突破,学科后期主要通过逐步摆脱依附和依靠内部创新来完成。因此,后发创新型学科发展模式早期以引进借鉴为主,由政府行政力量推动,后期学科积极进入自主创新阶段,是一种后发、引进借鉴与主动创新并存的发展模式。

2.3 科学计量学

科学计量学是建立在数学、统计学、计算机科学、图书馆学、情报学等基础上的交叉学科,它以科学自身为研究对象,运用统计分析、网络分析、图论等数学方法定量研究科学家人数、科学成果数、科学期刊数、科学论文数、科学文献引证频次等,为可靠地评价一个国家、地区、科研机构、个人或某个领域的科学活动水平、发展趋势,揭示科学发展的兴衰涨落、科学前沿的进展等,为国家科学决策、科学管理、科学基金利用提供定量的科学依据(邱均平等,2010)。

历经半个世纪的发展,科学计量学已发展成为研究科学技术发展的重要工具和手段。本书采用科学计量学中常用的词频分析和共词分析方法,结合聚类分析与社会网络分析等可视化技术手段,对农业工程学科进行多维度的可视化呈现。

2.3.1 词频分析

词频分析的核心思想是利用词的频率来预测学科新理论、新技术的发展趋势,分析学科主题之间联系的强度,以此来论证学科发展的规律。

词频分析所依据的基本理论为齐普夫定律(Zipf's law)。有人认为,齐普夫定律是由两大定律组成的,即高频词定律和低频词定律(邱均平,1988)。高频词定律(齐普夫第一定律)可表述为:如果把一篇较长文章中每个词出现的频次统计起来,按照高频词在前、低频词在后的递减顺序排列,并用自然数给这些词编上等级序号,即频次最高的词等级为1,频次次之的等级为2,…,频次最小的词等级为 R,用 F 表示频次,r 表示等级序号,则

$$F \times r = C \quad (C \text{ 为常数}) \tag{2-1}$$

实际上,常数 C 并不是一个绝对不变的恒量,而是围绕某一中心数值上下波动的。该定律由于对高频词和低频词的解释存在不足,所以具有一定的局限性。

低频词定律(齐普夫第二定律)可以表述为:若 P_r 表示第 r 位词出现的概率,N 为词的总体集合中不同词出现的总次数,n 为第 r 位词出现的次数,则

$$P_r = \frac{n}{N} \tag{2-2}$$

根据齐普夫第一定律,有

$$P_r = \frac{C}{r} \tag{2-3}$$

联合求解上面两式可得

$$r = \frac{CN}{n} \tag{2-4}$$

由于文献中不可避免地存在同频词,因此这里的序号 r 是不连续的。假定它是用最大排序法得到的序号(即所有的同频词共用同一个序号,就是它们按自然排序法所能得到的最后那个序号)。若将 r 看作以频次 n 为自变量的函数,则上式可写作

$$r_n = \frac{CN}{n} \tag{2-5}$$

根据最大排序法的定义,必有 r_n 个词出现 n 次以上,有 r_{n+1} 个词出现 $n+1$ 次以上,所以刚好出现 n 次的词的数量 I_n 为

$$I_n = r_n - r_{n+1} = \frac{CN}{n(n+1)} \tag{2-6}$$

因此,词出现一次的数量为

$$I_1 = \frac{CN}{2} \tag{2-7}$$

则

$$\frac{I_n}{I_1} = \frac{\dfrac{CN}{n(n+1)}}{\dfrac{CN}{2}} = \frac{2}{n(n+1)} \qquad (n = 2,3,4,\cdots) \tag{2-8}$$

式(2-8)表明,I_n/I_1 的大小与文献的长度和常数 C 无关,仅取决于单词的频

率(A. D. Booth,1967)。该式即为齐普夫关于低频词的分布定律的表达式,也被称为布茨公式。如何确定低频的临界值呢? Donohue(1973)提出一个高频低频词界分公式:

$$T = \frac{1}{2}(-1 + \sqrt{1 + 8I_1})$$ (2-9)

其中,I_1为仅出现一次的词数。所有出现频次小于 T 的均属于低频词。

齐普夫定律是在分析英语词汇的基础上形成的定律,是否也适用于中文词汇呢? 王崇德和来玲(1989)援引钱学森所著"科技情报工作的科学技术"一文,采用计算与引图解法拟合了齐普夫分布曲线,结果表明两者有良好的一致性,指出中文文集也适用于齐普夫分布定律。

词频分析方法作为一种计量学分析方法和内容分析方法,广泛应用于学科发展动态、研究进展及研究热点的研究。

2.3.2 共词分析

共词分析(co-words analysis,共现分析的一种)是对一组词两两统计它们在同一篇文献中出现的次数,以此为基础对这些词进行聚类分析,通过分析这些词之间的亲疏关系,进一步揭示这些词所代表的学科和主题的结构变化。共词分析方法最早起源于法国,M. Callon 等(1986)在论著 *Mapping the Dynamics of Science and Technology* 中首次提出,共词分析是以行为者网络理论为理论基础的一种方法,并详述了共词分析的基本过程。

共词分析方法通常采用包容指数和邻近指数方法来测量词对之间关系的强度。其中,包容指数主要用来反映主题领域的层次特征,而邻近指数用来反映较小的但具有潜在发展趋势的领域间的关系。包容指数 I_{ij} 计算公式如下:

$$I_{ij} = \frac{C_{ij}}{\min(C_i, C_j)}$$ (2-10)

其中，C_{ij} 代表关键词对（M_i 和 M_j）在文档集合中共同出现的次数，C_i 代表关键词 M_i 在文档集合中的出现频次，C_j 代表关键词 M_j 在文档集合中的出现频次，$\min(C_i, C_j)$ 代表 C_i 与 C_j 两频次中的最小值。I_{ij} 介于 0 与 1 之间。

当然也会出现这样一种情况，文献集合中存在一些具有中介性质的关键词（mediator keywords），这些词出现的频次相对较低，但与其外围的关键词之间有着重要的联系，这时可引入邻近指数 P_{ij} 来计算词对之间的联系程度：

$$P_{ij} = \left(\frac{C_{ij}}{C_i \cdot C_j} \right) \cdot N \qquad (2\text{-}11)$$

其中，C_{ij}、C_i 与 C_j 含义同式（2-10），N 代表文档集合中文献的数量。C_{ij} 以两种指数为基础，主题词或关键词经聚类成组后可以网络地图的形式展示，进而通过比较不同发展阶段的网络地图有效揭示学科的动态变化。研究表明，共词分析方法在揭示科学研究各领域之间关系方面具有较大的潜力，已成为分析知识结构的一种有力工具。

共词分析属于内容分析方法，是建立在词频分析法基础之上的更深层次的分析。词频分析仅能从词的频次大小来简单反映词的热点程度，而共词分析则通过对词与词之间的语义关联分析，能够准确揭示学科研究主题的发展趋势，实现对学科知识结构的演化路径揭示。在现有科学计量方法中，共词分析以其简单、直观等优点，成为研究人员揭示学科主题演化的常用方法之一。研究者多利用共词方法基本原理概述研究领域的研究热点，横向和纵向分析领域学科的发展过程、特点以及领域或学科之间的关系，反映某专业的科学研究水平及其发展历史的动态和静态结构（冯璐等，2006）。该方法目前多用于识别某一学科的主要知识结构、研究热点及学科演进趋势。

词频分析与共词分析都是数据的定量分析，对结果的解读并不是很直观。20世纪90年代以来，借助于多元统计等分析方法及计算机图形学等相关软件的图形显示,可以清晰地将结果直观呈现出来。用可视化技术描述知识资源及其载体,挖掘、分析、构建、绘制和显示知识间的相互联系的图形,在情报研究领域被称为科学知识图谱,简称知识图谱。知识图谱综合应用科学计量学与应用数学、图形学、信息及计算机科学等多个学科的理论与方法,将相关学科知识结构、发展历程、热点前沿和新生长点以可视化的图像直观呈现出来,以揭示学科知识结构的动态变化规律,目前已在国内外得到广泛应用并取得较好效果。

2.3.3 可视化分析

(1)聚类分析

聚类分析(cluster analysis)是研究"物以类聚"的一种现代统计分析方法,在社会、人口、经济、管理、气象、地质及考古等众多的研究领域中,都需要采用聚类分析作分类研究(王斌会,2011)。根据事物本身的特性及研究变量之间存在的不同程度的相似性,聚类分析依据对研究对象所设定的多个变量指标,将统计对象依规定相似性进行划分,相似程度较高的变量聚合为一类,不同聚类中的数据不具有相似性。通过聚类过程,实现数据关系密切与关系疏远区域的分离,直到所有变量聚合完毕,形成清晰的数据关联与分类系统。科学计量分析中常采用共词聚类、耦合强度或共引强度为基本计量单位,对一定的引用文献集合或被引文献集合中学科或专业内容上所存在的疏密关系进行分类来揭示学科主要研究领域(钟伟金,2011;吴夙慧等,2010)。

(2)社会网络分析

社会网络(social network)指的是社会行动者(actor)及其相互间关系的集合。社会网络由节点(nodes)和联系(links)组成。"节点"是指各个社会行动者,而社会网络中的"联系"或"边"指的是行动者之间的各种社会关系。

关系可以是有向的,也可以是无向的。同时,行动者的社会关系可以表现为多种形式,如亲属关系、朋友关系、合作关系、上下级关系等。社会网络分析就是对社会网络中行动者之间的关系结构及关系属性加以量化分析和研究的一种方法,该方法作为一种研究社会行动者及其相互关系的定量化方法,可为任何共同体构建一个社会网络模型,用来描述群体关系的结构,研究这种结构对群体功能或群体内部个体的影响。其主要分析指标有紧密性、中介性、中心性等,通过社会网络分析中的这些概念,借助可视化技术可以找出学科发展中具有重要地位的作品、作者或是关键词及学科力量与群体分布情况(朱庆华等,2008;李晓辉等,2007)。

2.4 本章小结

综上所述,已有研究学科发展的理论与方法涉及多个学科领域,有基于量变到质变、对立与统一规范角度探究科学演进规律的积累变革规范,有基于现代化理论的内生型与外生型学科发展理论等;还有从科学计量学角度融合可视化技术来探究学科发展的,包括词频分析、共词分析与聚类分析等方法与可视化技术的融合。

第 3 章

学科发展模式与规律

人类发展史上,任何一门科学技术的形成和发展都与其深刻的社会、经济及生产力发展水平密不可分。20 世纪前叶,欧美发达国家相继建立了完善的农业工程科研与教育体系,深入探究欧美发达国家成熟的学科建设经验,厘清学科发展规律,可为中国农业工程学科建设提供参考借鉴。

3.1 农业工程学科的缘起

农业工程技术缘起很早,伴随着农业的发展经历了由简单到复杂,并最终与科学相结合,形成一门独立的农业工程学科。公元 1 世纪,欧洲西部的高卢地区开始应用骡子牵引木制收割机收获小麦。至 18 世纪,欧美农业生产工具仍处于非常落后的状态,农业生产主要采用畜力牵引木犁,手工播种,锄头中耕,镰刀收割,用枷打击脱粒。18 世纪工业革命初期,英国各地使用的犁头还是木制的,仅仅边缘装上一点金属薄片。随着一、二次工业革命相继在欧美各国兴起与深入,冶铁工业和机器制造业得以迅速发展,各式农机具日益增多,为欧美农业工程技术的创新发展提供了千载难逢的机会。19 世纪末 20 世纪初,内燃机和石油工业的兴起,使机械动力普遍用于农业成为可能,欧美农业工程技术由此发生了质的变化。1862—1875 年,以畜力代替人力为标志的美国第一次农业革命拉开帷幕。19 世纪 90 年代,欧美农业生产日趋机械化。1890 年,组合犁、圆盘耙、钉齿耙、两行播种机等已被广泛应用,欧美农业生产逐步进入现代农业时期。在中国,虽然公元前 770 年至公元前 476 年的春秋时代,铁制农具已得到普遍应用,但一、二次工业革命并未在中国发生。1840 年鸦片战争以后,中国传统的农业社会日益受到西方工业文明的渗透和影响,中国传统经验农业向近代实验农业开始转变,农业生产工具也开始由畜力手工农具向机械动力农机具转变(沈志忠,2010),但这种转变主要以引进和吸收西方工业文明成果为主。

20 世纪之前,"农业工程"一词开始在欧美国家偶尔使用。农业工程作为一个学科,是在 20 世纪初提出的(陶鼎来,1982)。第二次工业革命后期,众多工程学术团体相继成立,越来越多的工程技术人员参与到农业工程科学研究中来,为农业工程学科创建奠定了基础。1907 年,J. B. Davidson 等发起创建 ASAE,"农业工程"作为一门独立的工程学科开始为世人所认识。

3.2　学科发展阶段性特征

人类农业发展阶段划分的标准主要是科学技术的进步和社会经济发展的水平,其中一个重要依据是农业生产工具的变化,每一次新的生产工具革命,都标志着农业发展进入一个新的历史阶段。农业工程学科的形成和发展与农业生产工具的革命密不可分。

3.2.1　欧美发达国家学科发展的阶段性特征

(1)18 世纪至 19 世纪中叶

18 世纪自英国发起的工业革命是世界技术发展史上的一次巨大革命,

工业革命使工厂生产代替了手工工场,蒸汽机作为动力机被广泛使用,开创了以机器代替手工工具的时代。这一时期,农业工程技术创新主要呈现两个主要的特征:

①早期技术创新源自英美两国,创新以个人实践经验为主。铁犁自 17 世纪由中国传入荷兰以后,引发了欧美各国农业工程技术的革命。18 世纪,20 项有记录的欧美农业工程技术创新有 14 项诞生在英国(占 70%),美国 6 项,这与欧洲农业革命及工业技术革命首先发生在英国有直接的关系。从技术创新时间密集程度来看,70%的技术创新发生在 18 世纪 70 年代以后。20 项技术创新有 7 项获得专利授权(英国 4 项[①]、美国 3 项[②]),以个人经验为主的农机具技术的改进占到 65%。1720 年,J. Foliambe 获得英国首个犁的专利授权。相比 1624 年开始实行的英国专利制度来看,英国农业工程技术的创新发展极为缓慢,制度实行近百年才诞生首件农机具专利。1796 年,H. Holmes 获得美国首个轧花机专利授权,成为在美国本土获得的首个农业工程技术专利。与 1641 年美国诞生的首件专利(关于食盐制造的方法)相比,其农业工程技术的创新同英国一样,显著滞后于其他科学领域的发展。

18 世纪欧美农业工具的创新主要集中在金属犁和脱粒机技术的改进上。J. Small 是苏格兰乃至欧洲犁的设计先驱,在 18 世纪 30 年代首次采用机械理论论述了犁壁设计原理对土壤翻耕的影响,但其论述比中国晚了近 2 000 余年。而美国首件铸铁犁专利由 C. Newbold 于 1797 年申请获得,其犁壁、犁铧和犁侧板被铸造为一个整块,任何一部分破裂,整个犁就报废,实用性较差。1732 年,M. Menzies 发明了水力脱谷机,由水车带动连枷

---

① 1624 年,英国议会通过了《垄断法》(Statute of Monopolies),该法案的产生标志着现代专利制度进入发展阶段。

② 1790 年,美国国会通过了首部名称为《促进实用技艺进步法案》(An Act to Promote the Progress of Useful Arts)的专利法,开始实行专利制度。

（一种人工脱粒用的农具）连续敲打谷物，使之脱粒。但连枷在实际应用中存在生产安全性较低、极易损坏等不足。半个世纪以后，苏格兰人A. Meikle 发明了一种以水车为动力的脱粒机。这种脱粒机有装着翼轮的滚筒，依靠翼轮的叶片抽打麦穗或稻穗，使之脱粒，同时配套有风车和震动器，可将谷粒与茎秆、糠壳直接分离。随着冶铁工业和机器制造工业的迅速发展，各式农机具日益增多，谷物条播机、耕耘机及收割机在英国开始普遍使用。到 18 世纪末，马拉的铁犁逐渐代替了牛拉的木犁，铁锹、铁铲及磨盘等生产工具在美国得到广泛使用，用于收获环节的圆盘割刀收割机在英国开始出现。

②冶铁技术与机器制造业迅速发展，世界农业工程技术创新中心移至美国。19 世纪开始，农业生产主要耕作、施肥、播种、收获及田间植保等作业环节的农机具相继出现并不断改进，以畜力代替人力为标志的农业工程技术革命逐渐拉开帷幕，美国逐渐替代英国成为世界农业工程技术创新与发展的中心（W. H. Carl，2013）。

18 世纪 J. Watt 发明蒸汽机促进第一次工业革命迅速发展，蒸汽机作为新型动力在 19 世纪逐渐被应用到农业工程的多个领域。19 世纪 30 年代初，英国人 J. Heathcoat 与美国人 J. Lane 相继发明可移动蒸汽犁，通过钢索牵引实现农田耕作。也就是说，对绳索蒸汽牵引犁的发明英国和北美大体同步，彼此在设计上各有所长。1837 年，英国人 J. Upton 获得蒸汽犁的专利授权。蒸汽犁主要借助缆绳往返牵引农具，完全避免了马匹耕作对土壤层的践踏和压实，也有效避免了犁底层的板结。蒸汽机耕作动力显著大于畜力与人力，农业生产效率得到显著提高，深受农民欢迎。到 19 世纪 70 年代，蒸汽犁在英、法等国得到广泛使用。不仅是犁，1837 年，美国 H. A. Pitts 与 J. A. Pitts 兄弟发明了世界上第一台以蒸汽机为动力的脱粒机。此后，英国 Ransomes（兰塞姆斯）公司生产了世界上首台自走农用机动车，车体由一个装在三个车轮上的底盘和直立锅炉蒸汽机组成，蒸汽机通过链条驱动前轮行走。

19世纪30年代以后,美国冶铁技术显著提高且产品价格下降,钢铁在犁、耙、播种机、收割机和拖拉机等耕作农具得到成功应用(施莱贝克尔著,高田等译,1981),与机器制造业一并推动了欧美农业工程技术的快速发展。圆盘耙、谷物条播机、玉米播种机、收割机、割晒机、割捆机、玉米摘穗机、采棉机、脱粒机与联合收获机相继获得专利授权,Deere & Company、McCormick Harvesting Machine Co. 及 Buffalo Pitts Co. 等农机具生产商相继成立,农机具制造进入了工厂化生产阶段。1831年,美国农民发明家C. H. McCormick设计制造成功首台由两匹马牵引的联合收割机,联合收割机研制取得重大突破。经技术改进后,1834年该收割机获得专利授权。此后,经多次改进和技术创新,到1870年,由40匹马牵引,收割幅宽达30 m,兼具麦秸打捆装置的大型联合收割机研制成功并投入生产。至19世纪后半叶,联合收割机已在美国逐渐普及。畜力谷物条播机在英、美等国开始实现批量生产。到19世纪末,由蒸汽机驱动的自走式联合收割机已在美国出现,收割作业效率高达每天50 hm² 以上。加拿大农业工程技术发展起步较晚,20世纪初,加拿大研制出第一台马拉收割机。

从欧美发达国家早期农业工程技术的创新与发展不难看出:19世纪中叶之前,科学与技术的发展是相互分离的,尽管多数农机具在使用材料、设计及制造等方面都得到了改进,但大部分发明创造是具有生产经历的能工巧匠们实践经验的总结与创新,是基于经验积累的前科学时期,技术创新远没有上升为系统化的科学知识或理论体系,与学科相关的知识尚处于酝酿时期,还未形成体系,更谈不上是一个独立的学科。

(2)19世纪中后期至20世纪中叶

19世纪70年代,第二次工业技术革命开始并且自英国向西欧和北美蔓延。发动机和内燃机等技术的相继问世,为农用动力和农机制造技术的创新提供了可能。1876年,德国工程师N. Otto获得四缸内燃机的专利权。动力机械特别是内燃机驱动拖拉机和其他机动农具的推广使用标志着现代农业工程的开始。

①农业工程学术团体及其相关机构的建立。伴随着工业化进程加快，1850 年以后，许多工程技术学术团体相继成立，越来越多的工程技术人员参与到农业工程领域中来。如，乡村道路与桥梁设计，畜力或机械牵引农机的设计，灌溉、排水及农用电力工程的研究，但没有哪一个学术团体能够同时涵盖农业工程技术的全部(R. E. Stewart，1979)。

1907 年 12 月，在威斯康星大学召开的农业工程研讨会上，与会成员一致同意成立美国农业工程师学会，并推选 J. B. Davidson 为学会首任主席(Iowa State University，2013)。ASAE 的成立，标志着农业工程作为一门工程学科开始被广为认识(应义斌，2009)。1908 年 12 月 29 日召开的 ASAE 第二次年度会议上，与会者就工程技术在农业生产各个环节的重要性达成了共识，确立学会成立初期的主要任务为：制定农业机械的制造标准和试验标准，在农用工业行业之间交流农业机械设计制造及相关农业工程技术的推广经验，推广农业机械及其他农业工程技术，探讨农业工程教育的课程设置、教学计划和教学方法等。因此，ASAE 成立初期，在促进农业工程技术开发的同时，积极开展农业工程教育的探索。1910 年，ASAE 设计了自己的会徽，爱荷华州、内布拉斯加州、俄亥俄州及密西西比州立大学相继成立了以学生成员为主的大学活动分部。在 ASAE 带领下，学会的成员有了归属，不同研究方向凝聚在一起很快形成合力，研究成果不断涌现并很快得以应用。1919 年，内布拉斯加拖拉机试验站的建立成为学会成立以来取得的另一项重大成果。拖拉机试验与检测为拖拉机相关技术领域的改进和革新提供可能，规范与促进了拖拉机行业的发展。1926 年，轻型拖拉机成功问世，意味着农业工程学科研究产生重大突破。20 世纪 30 年代，全功能、橡胶轮胎、带有配套作业机具的拖拉机已经在美国广泛使用。1945 年之后，以拖拉机代替畜力和许多新技术的使用为特征的美国第二次农业革命开始，1954 年，美国农场中的拖拉机数量首次超过役畜的数量。

在欧洲,20世纪30年代各国农业机械尽管有所发展或改良,但由于农业机械和农场建筑的设计仍是能工巧匠们基于技巧和积累的经验而不是通过理论和科学,所以,欧洲整体农业工程技术发展相对缓慢。为了促进研究人员的国际合作并加快改善农业劳动条件,一群比利时、法国、德国、荷兰、西班牙、瑞士和英国的欧洲农业工程科学家于1930年,在比利时Liège发起成立了国际农业工程学会(International Commission of Agricultural Engineering,CIGR)。学会成立宣言确立了学会的首要工作任务是协调和加强机械学与建筑学等技术在农业领域中的研究与应用,明确提出CIGR的四项重点工作:土地恢复,即农业水管理(排水、灌溉、筑堤)、土地管理、土地开垦;农场建筑;机械,包括农业机械、机械化农场运转、电力;系统科学研究。与ASAE成立之初相同,学会将农业工具的使用确立为主要研究领域,研究主题涉及农业机械、机械学、农业机械测试及其标准化。第二次世界大战以后,世界上不同国家和地区学会之间的密切交流已成为一种必然趋势,CIGR借此得以迅速发展,会员人数逐渐增多,学会重构并扩大其基本结构势在必行。伴随着越来越多非欧洲本土的农业工程研究人员加入该组织,学会国际化趋势愈发明显,有效推动和促进了国际农业工程学科的发展。

可以说,农业工程学科是工业化时代发展的产物,既是工业化社会发展的需要,也是工业化社会中农业生产与社会化大生产两者不可协调的情况下出现的新的解决方式。农业工程学科源自美国,20世纪30年代之后,学科开始以美国为中心向欧洲、亚洲、非洲等地区逐步扩展开来。学科的建立不仅对美国近代农业的发展做出了巨大的贡献,促进了美国在20世纪六七十年代全面实现农业现代化,而且为农业工程学科在世界范围内的传播与发展奠定了基础。

②农业工程课程体系及其专业创建与认证。随着工业产品及工业技术在农业中的广泛使用,农业已成为工业的一个巨大市场,并逐渐形成了一个制造、销售、推广农用工业产品和工业技术的行业。为了适应这种社会需

求,在一些美国大学的农学院开始设置"农具与动力"、"农业工程概论"等课程,农业工程技术开始由实践经验走向系统化的理论指导。

1905 年,J. B. Davidson 教授在爱荷华州立农学院创建了四年制农业工程课程体系(表 3-1)。课程内容主要包括农业机械、农用动力(蒸汽拖拉机的设计与应用)、农用建筑设计、乡村道路建设以及农田给排水,该课程体系的创建为后来其他院校建设农业工程课程体系提供了参考与借鉴,具有重要的历史意义。同年,爱荷华州立农学院成立了农业工程史上首个农业工程系,以期培养与其他工程学科既无竞争也不重复,研究介于土木工程与农业科学之间的农业工程师。此后,美国各州立大学几乎都建立了农业工程系,设立农业工程专业课程并开展农业工程技术指导。1909 年,加拿大首个农业工程系在萨斯喀彻温大学建立。1910 年,世界上首个农业工程学士学位在爱荷华州立农学院授予 J. A. Waggoner,1918 年和 1938 年该校相继获得硕士与博士学位授予权。

表 3-1　爱荷华州立农学院 1905 年创建的四年制农业工程课程体系

项目	课程内容	占比/%
农业工程	Agricultural Engineering	14.2
工程学	General Engineering	21.6
农学	General Agriculture	19.2
自然科学	Science	28.4
文化主题	Cultural Subjects	5.5
选修课	Elective	8.2
军训与体能训练	Military and Physical Training	2.9

资料来源:Stewart R E. 7 Decades that Changed America (a History of the American Society of Agricultural Engineers,1907—1977)[M]. The American Society of Agricultural Engineers,1979:51.

北美早期的农业工程系通常由农学院和工学院跨院共同管理,系的下面通常设立两个专业:农业机械化和农业工程。农业机械化专业主要培养农业机械销售、服务、经营、使用及农业工程技术推广人才,学生在农学院注册。农业工程主要培养农业机械设计和研究人才,该研究方向主要包括动力与机械,土水关系,农业建筑与环境,电力与加工四个方面,学生在工学院注册。

经过反复论证与讨论,1946 年,ASAE 加入美国工程师职业委员会(Engineers'Council for Professional Development,ECPD,1932 年成立;1980 年更名为美国工程与技术鉴定委员会,ABET),学科专业课程及其教育得到了社会权威机构的认可。ASAE 大力倡导校企合作,鼓励农机企业为农业工程专业的学生提供实习与工作机会,为学生理论与实践相结合提供了极好的实践平台,也为教师的科研与实践应用找到了有效的对接,产、学、研互为促进,充分发挥了三位一体的科研、教育与推广体系应有的功能。不仅如此,欧美大学的农业工程系在注重教授自然科学的同时,人文社科知识也贯穿学科教育的始终,毕业生不仅获得了宽厚的基础知识与技能,团队意识和综合素质也显著得到强化,非常容易就业。

③相关学科知识的积累加速学科领域的拓展。由欧美农业工程学科发展历史来看,学科早期研究主要集中在农业机械、机械学、农业机械测试和标准化领域(International Commission of Agricultural Engineering,2005)。二战之前,电力工程、机械工程与土木工程等技术相继应用于农业生产,推动了农村电气化、农田排灌和水土保持等分支学科研究领域的发展,并一直延续至 20 世纪 60 年代。

20 世纪 60 年代以后,农业工程学科研究领域开始拓展。如动植物在人工控制环境下的栽培和饲养,农场废物的处理,农业能源,农场的规划和经营管理问题等,这些都是以前所没有的,其中有一部分是由于农业发展而新提出来的(陶鼎来,1997)。60 年代末期,学科发展进入快速轨道,研究对象愈发广泛,生物工程、电子技术与电子计算机进入研究视野。到 70 年代,农业工程研究领域已广泛涵盖动力与机械、农业机械化、农用建筑、水土保持、灌溉与排水、农产品加工、土地利用工程、农村能源工程、农业系统工程与电子计算机技术及遥感技术在农业上的应用等多个领域。学科研究从零散到系统、从简单到复杂,在不断吸收相应学科研究成果的基础上学科研究领域得到丰富与拓展,每个新领域的产生都表明学科知识积累跃升至一个新台阶。

④学术期刊的创立及标准技术文献等的出版。ASAE 初创时期,J. B. Davidson 等已经意识到出版学会相关技术文献在获得学科独立性地位方面的重要性。1907 年学会成立时的首个研讨会即出版了其第一份会刊,论文作者包括来自于政府、科研院所、高校、企业及其他相关学会/协会,会刊的出版为政府、企业与高校部门搭建了一个很好的交流平台。创刊初期,受经费及人员等因素制约,刊物出版并未常态化。经过多年探索与酝酿,1920 年,学会专业期刊 *Agricultural Engineering*(1994 年更名为 *Resource Magazine*)以月刊的形式正式出版发行,对促进农业工程理论与技术传播产生了重要影响(表 3-2)。1959 年 *Canadian Agricultural Engineering* 创刊,2001 年更名为 *Canadian Biosystems Engineering*,对北美农业工程学科建设及繁荣发展起到了一定的促进作用。1949 年英国农业工程师学会(IBAE,成立于 1938 年)会刊 *Journal of the Institution of British Agricultural Engineers* 正式发行,1971 年停刊;但创刊于 1956 年的 *Journal of Agricultural Engineering Research* 继2002 年更名为 *Biosystems Engineering* 后延续至今。意大利农业工程学会会刊创办较晚,*Journal of Agricultural Engineering* 于 1986 年创刊并发展至今。相比英意两国,国际农业工程学会 CIGR 尽管成立时间较早,但其会刊 *Agricultural Engineering International*:*CIGR Journal* 创刊最晚,于 1999 年开始出版发行。与其他学术团体相比,经过百余年的发展,ASAE 已成为世界上最大的农业工程技术出版机构之一,出版 6 种技术期刊(后 2 种生物工程类期刊是 2005 年学会更名为 ASABE 之后新增),大量的图书(包括教材、专著等)、年鉴、技术报告、各种会议纪要、学术论文单行本等。

表 3-2　欧美农业工程学会出版的主要学术期刊

出版机构	创刊名称	发行时间	现刊名称	改刊时间
ASAE (ASABE)	Agricultural Engineering	1920—1994	Resource Magazine	1995—
	Transactions of the ASAE	1958—2005	Transactions of the ASABE	2006—
	Applied Engineering in Agriculture	1985—		
	Journal of Agricultural Safety and Health	1995—		
	Biological Engineering Transactions	2008—		
	Biological Engineering	2008—		
CSBE	Canadian Agricultural Engineering	1959—2000	Canadian Biosystems Engineering	2001—
	Journal of Agricultural Engineering Research	1956—2001	Biosystems Engineering	2002—
IAgrE	Journal of the Institution of British Agricultural Engineers	1949—1957	Journal and Proceedings of the Institution of British Agricultural Engineers	1958—1959
			Journal and Proceedings of the Institution of Agricultural Engineers	1960—1971
ISAE	Journal of Agricultural Engineering	1986—		
CIGR	Agricultural Engineering International: CIGR Journal	1999—		

资料来源：ASABE、CSBE、IAgrE、ISAE 及 CIGR 等相关学术团体网站。

不仅如此,ASAE 在创建之初就高度注重技术标准的制定工作。1909
年,J. B. Davidson 担任主席,与三名拖拉机专业领域和三名农业机械专业领
域专家共同组建了农业工程标准专业委员会。1913 年,学会首个标准 Con-
ventional Signs for Agricultural Engineers(即后来的 ASABE Standards,
Engineering Practices,and Data)正式出版,首个标准规范了农业工程技术
领域常用的一些符号。ASAE 标准委员会成立至今,颁布各类标准上千项
(2013 年 9 月所发布的 ASABE 标准主题索引共收录 1 147 项),广泛涉及农
业装备的设计制造、测试方法、装备安全、管理、设计用符号、术语与指南等,
以及灌溉与排水、电力应用、农用建筑、畜禽养殖与废弃物管理、生物能源等
领域。通过组织或参加制定农业工程技术规范和标准,ASABE 积极开展国
际标准化活动,其制定的标准广泛而深刻地影响了世界农业工程技术的
发展。

欧美农业工程学术团体形成至今,一直致力于发展农业工程及其有关
领域的科学技术探索,推动农业工程科学研究和教育的发展。到目前为止,
ASABE、CIGR 及 EurAgEng 均已发展成为集技术、教育及研究于一体的国
际性非营利教育和技术组织。

⑤农业工程技术创新促进欧美传统农业向现代农业转变。南北战争前
后至 1910 年,大批农民涌向美国西部荒地垦殖,耕地面积迅速扩大,劳动力
的不足促进了对农业机械的需求。铁犁、圆盘耙、谷物播种机、收割机、脱粒
机等各种畜力牵引的农机具相继获得专利授权,并逐渐取代了落后的锄头、
镰刀和枷等生产工具(W. H. Carl,2011)。

在欧美农业现代化进程中,拖拉机技术创新改写了欧美农业机械化发
展史。1901 年,美国人 Charles W. Hart 和 Charles H. Parr 成功制造了首台
内燃机驱动拖拉机,即哈特-帕尔拖拉机,并于 1903 年在爱荷华查尔斯城创
办了首家拖拉机公司。同期,瑞典、德国、匈牙利和英国等欧洲国家几乎同
时制造出以柴油内燃机为动力的拖拉机。一战期间,劳动力不足和农产品

价格上涨,促进了农用拖拉机发展。农机企业间的竞争促进了拖拉机设计、制造等领域的创新,封闭式变速箱拖拉机、小型牧场专用带有辅助发动机的联合收割机相继被使用,轻型拖拉机开发成功。

在北美,1925 年以后,美国拖拉机逐步取代畜力,在农用动力中占据主要地位。至 20 世纪 30 年代,全功能、橡胶轮胎、带有配套作业机具的拖拉机出现,极大提高了轮式拖拉机的行驶和牵引性能。1945 年,以拖拉机代替畜力和许多新技术的使用为特征的第二次美国农业革命开始,谷物联合收割机、中耕机、玉米摘拾机、载重汽车相继投入使用,谷物生产基本上实现了农业机械化。美国农业从 1910 年开始使用农用拖拉机,到 1945 年谷物生产基本实现农业机械化,仅仅用了 30 多年时间,农业工程技术创新功不可没。到 1951 年,加拿大拥有拖拉机的农场已占农场总数的 55%,拥有电力服务的农场已达 51.3%,也基本实现了机械化。

在欧洲,两次世界大战的相继爆发使欧洲农业受到重创,但二战之前世界农业危机的爆发加剧了欧洲对农业工程技术的需求。以英国为例,二战使英国粮食进口受到重创,加剧了国内扩大农业生产规模和增加粮食产量的需求。1938 年,IBAE 成立后的短短几年,拖拉机及其配套农机具得到广泛使用,与作物生产、收获及其收获后处理相关的农业工程技术得到了快速发展,农业工程技术在畜牧业及园艺生产领域的应用得到普及。相比美、英两国,二战前法国还处于畜力牵引与手工劳动为主的半机械化状态:农业机械主要由畜力牵引,其中马拉农机最为显著。1929 年,法国畜力牵引的割捆机保有量达 42 万多台,割草机 138.8 万台,播种机 32 万多台,施肥机 11.9 万台,此外还有效率大为提高的各种整地机具。这一阶段农业机械动力也有所增长,蒸汽机增长到 2.18 万台,内燃机增长到 15 万台,电动机为 15.9 万台,手扶拖拉机和拖拉机共 2.6 万多台。但拖拉机都装着铁轮,总体情况比较落后,因此在农业机械使用中所占的比重很小(张蓂,2006)。拖拉机的普遍使用是法国种植业机械化全面实现的标志之一,二战结束后的十年间,法国拖拉机拥有量以惊人的速度增长,1955 年基本实现农业机械化。到 20 世纪 50 年代中期,在北美与西欧多数国家与地区拖拉机已取代了牲畜,成为农场的主要动力,谷物生产基本实现机械化。

欧美农业工程学术团体及高等教育体系的建立与发展,标志着学科的成熟。学科发展有力推动了农业工程技术创新及在农业生产中的广泛应用,农业工程技术从最简单的手工农具进化至复杂的现代化联合收割机等自动化装备。至 20 世纪 70 年代,欧美各国相继实现农业机械化与现代化,农业所需的几乎全部动力均由机械牵引提供,农田耕作已全部实现机械化,植保、排涝等其他农业机械也得到普及。在此期间,工业化技术与社会需求共同推动学科从起步走向全面成熟。

(3)20 世纪中叶至今

20 世纪 70 年代以来,传统农业工程学科理论已不能满足社会发展需求,学科专业学生就业机会减少,入学人数显著下降,学科发展陷入危机。而在同一时期,以原子能、电子计算机、空间技术和生物工程为主要标志的第三次工业革命开始。在第三次工业革命的推动下,农业工程领域也开始孕育一场新的科技革命。这场革命以现代分子生物学为理论基础,以信息技术、生物技术、空间技术、新能源和新材料为手段,衍生出诸如人体工程学、农业系统工程、计算机辅助设计、生物工程、生物能源等许多新的研究领域,为学科发展带来新的机遇。

①新需求推动学科向现代农业工程转变。ASAE 成立之初以促进农业机械化发展为基本目标,但早期已有一些会员意识到生物学研究在农业领域的重要性。

早在 1937 年,美国俄亥俄州立大学的 C. O. Reed 教授就指出:"农业工程之所以有别于其他工程学科,在于它是基于生物的工程(Engineering of Biology),是一门独一无二的基于生物细胞中的能量转换与传递的工程技术学科"。鉴于当时美国国内对农业机械化的强烈需求,C. O. Reed 的观点并没有引起学界更多的重视。直到 20 世纪 60 年代初,美国实现农业机械化以后,受经济不景气、专业学生入学率降低及教育资金下降等因素影响,社会对农业工程学科专业的关注度有所下降。1960 年,美国北卡罗来纳州立大学的农业工程系主任 G. W. Gills 教授又一次提出:"物理学与生物学之间的数学关系是我们建立高级农业工程系统的基础,农业工程学科与其他工程学科的区别在于我们是基于生物科学的工程学科"。与多年前相比,此时人们对生物工程这一名称的认同感有所加强,尤其是在高校工作的研究人员。1966 年,ASAE 成立了生物工程委员会,旨在进一步拓展农业工程学科向更广泛、更深变革,推进传统农业工程向生物工程学科转变。

北美院校学科调整起步较早[①],1965 年,北卡罗来纳州立大学农业工程系首个更名为"生物与农业工程系"。1968 年,密西西比州立大学农业工程课程内容中增设生物工程课程。1969 年,加拿大圭尔夫大学农业工程系首开生物工程专业(R. W. Irwin,1988)。20 世纪 80 年代末,为适应学科内涵的变化,欧美国家高校纷纷调整农业工程院、系或专业名称,以反映其学科领域内各自不同的研究方向和教学重点(李成华等,2005)。20 世纪 90 年代,美国农业工程界就农业工程学科从原来基于应用的工程类学科向基于生物科学的工程类学科转变的改革方向达成普遍共识(应义斌,2009)。1993 年 ASAE 做出一项重大决定:进行学会成立以来首次名称调整,新名称为美国农业、食品与生物系统工程学会(The Society for the Engineering of Agriculture,Food,and Biological Systems)。受此影响,北美高校农业工程系纷纷更名为农业与生物工程系或生物系统工程系,具有生物科学知识的农业工程师们获得就业机会并一直保持在工程类就业平均水平以上(图3-1[②]),薪资一度高于工程类专业平均水平,学科转向生物工程后的发展优

---

① 本研究所指北美地区以美国与加拿大两国为主,下同。

② 数据整理自:Bureau of Labor Statistics(US). Occupational Employment Statistics[R],1997—2014.

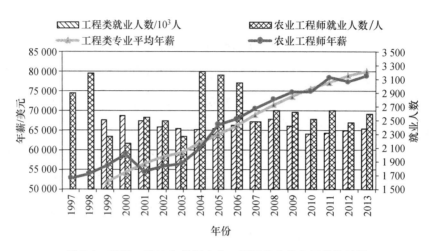

图 3-1　1997—2013 年美国农业工程毕业生就业及薪资统计

势逐渐显现。

　　目前全美 49 所相关院校(不包括专科及社区学院),除 Tennessee Technological University 在农学院设立本科农业工程技术专业(学院下面没有独立的系名),授予农学学士学位以外,其他 48 所院校全部实现了农业工程系名称的调整(表 3-3),涉及 22 种不同的表达。除瓦利堡州立大学与威斯康星大学河瀑校区仍保留有农业工程系与农业工程技术系名称外,其他的系名集中在生物与农业工程、农业与生物工程、农业与生物系统工程、生物系统工程、化学与生物工程、生物系统与农业工程及生物工程,剩余 13 个名称各异。尽管系名表面看来各异,但仔细分析不难发现,这些名称多集中在几个主要字段:农业工程、生物、生物工程、生物系统工程、环境工程及资源。美国 48 所院校中,包含有"农业工程"一词的系名多达 14 所,表明美国的农业工程学科尽管已经转型,但传统的农业工程领域的研究仍然没有消失,而是借由学科交叉在向新的领域拓展。2006 年以来,经加拿大工程认证委员会(CEAB)认证的 6 所院校的农业工程专业名称已全部调整为与生物相关(表 3-3),学科拓展方向得到进一步明确。

表 3-3　北美主要高校农业工程院系调整后的名称

名称	数量	名称	数量
美国			
Biological & Agricultural Engineering	8	Bioresource & Agricultural Engineering	1
Agricultural and Biological Engineering	5	Biosystems Engineering & Soil Science	1
Agricultural and Biosystems Engineering	5	Environmental Engineering & Earth Sciences	1
Biological Systems Engineering	5	Environmental Resources Engineering	1
Chemical and Biological Engineering	4	Food, Agricultural and Biological Engineering	1
Biosystems and Agricultural Engineering	3	Molecular Biosciences & Bioengineering	1
Bioengineering/Biological Engineering	3	Environmental Sciences	1
Agricultural Engineering	1	Plant, Soil, and Agricultural Systems	1
Agricultural Engineering Technology	1	加拿大	
Chemical, Biological and Bioengineering	1	Bioresource Engineering	2
Biological and Agricultural Systems Engineering	1	Biological Engineering	2
Biological and Ecological Engineering	1	Biosystems Engineering	1
Biological and Environmental Engineering	1	Agricultural and Bioresource	1
Bioproducts and Biosystems Engineering	1		

资料来源：美国工程与技术鉴定委员会（ABET）网站、ASABE 网站及加拿大工程认证委员会（CEAB）网站及相关院校主页。

欧洲农业工程学科的创建显著滞后于北美，学科向生物系统工程实践起步也比较晚。在英国，由于第二次世界大战造成劳动力与农产品短缺，战后农业生产与农业机械化的迅速发展对农业工程高级技术人才提出迫切需求。1960 年，英国国立农业工程学院（National College of Agricultural Engineering，NCAE；1975 年并入 Cranfield Institute of Technology，后来更名为 Cranfield University）创建，英国正式有了农业工程高等教育。此后，纽卡斯尔大学、诺丁翰大学、瑞丁大学、爱丁堡大学及哈珀亚当斯大学等相继设立农业工程系。英国的农业工程学科早期与美国一样是以农业机械化为主，且英国的农业工程教育是在农业机械化大发展的基础上才发展起来的，所以在学科内容上更强调与农业机械应用有关的农机与土、水、作物之间的关系。由于英国本土面积较小，对农业工程本科人才需求不多，多数院校相继撤销农业工程专业。21 世纪以来,仅克兰菲尔德大学与哈珀亚当斯大学保留有农业工程专业。在希腊,20 世纪 50 年代初,创建农业工程专业的议题被提上雅典农业大学的日程。经过广泛的讨论,1963/1964 学年度,农学院创建农业工程专业。1989 年设为独立的农业工程系,下设 Water Resources Management,Soil Resources Management 与 Structures & Mechanization 三个专业方向。

2006 年,亚特兰蒂斯计划(EU-US Atlantis Programme)启动,欧盟借鉴美国生物系统工程学科发展经验,引导欧盟各国农业工程学科向生物系统工程转变。到目前为止,尽管农业工程学科最终会走向生物工程学科已得到多数欧盟国家的共识,但仍有相当一部分国家并不认可农业工程学科已经到了必须改变的阶段。ERABEE-TN 的 33 所成员中,法国图卢兹农业高等教育学院、德国霍恩海姆大学、葡萄牙埃武拉大学、英国哈珀亚当斯大学、西班牙莱昂大学和马德里理工大学 6 所大学仍保留有传统农业工程系或农业工程专业,33 所系名中仅有 4 所院校包含生物系统字段,有 10 所院校开展生物系统工程领域研究(P. Aguado 等,2011),生态与环境工程字样未有体现,欧盟农业工程学科的调整仍处在探索转型阶段。

②专业结构重构呈现出多元化新特色。学科的变革因农业新发展而改变,通过及时而灵活地调整教学和研究内容来主动适应由农业生产新发展而引起人才市场需求的变化(程序,1994)。学科调整前北美大学多数农业工程系一般设有"农业工程"和"农业机械化"两个专业。传统农业工程调整后多更名为生物工程,农业与生物工程,食品、农业与生物工程,生物系统工程,生物系统与农业工程,生物环境工程,生物资源与农业工程。农业机械化多更名为农业作业管理,农业系统管理,农业系统技术,农业技术管理,农业技术与系统管理,机械化系统管理及技术系统管理等(Z. A. Henry 等,2000)。

学科名称变革的同时引发了专业结构的调整。美国高校专业结构的调整主要包括两种类型:一种方式是保持传统专业结构模式,调整相关专业名称与专业方向。如伊利诺伊大学香槟分校,原农业工程调整为农业与生物工程专业,设置农业工程与生物工程两个方向;保留传统的农业机械化、市场与技术系统管理及农用建筑管理,增设了环境系统及可再生能源系统等新方向。另一种方式是新增专业,重构专业结构与方向。如宾夕法尼亚州立大学新增食品与生物工程、自然资源工程两专业,农业工程涵盖原农业机械化专业方向,食品与生物工程专业下设食品工程、微生物工程与生物能源(包括药物微生物系统、可再生能源、生物质转换、维生素与保健品、食品安全)三个专业方向,自然资源工程设非点源污染环境保护一个专业方向。爱达荷州立大学在保持农业工程与农业系统管理两专业的基础上,增设生物能源工程、生物系统工程、生态水文学工程与环境工程四个专业。

与中国高校学科专业设置机制不同,欧美高校专业设置具有较大自主权,专业设置弹性和发展空间较大(仇鸿伟等,2011;张国昌等,2007;胡春春等,2007)。以美国为例,受"赠地大学"特殊身份影响,不同院校需立足于自身条件和特色,从竞争优势角度出发,发展自身特色专业,形成区域错位竞争;同时,不同院校专业设置的宽窄与该校教师研究领域的专长直接相关。由于不同院校专业设置各有侧重,有效避免了高校专业的趋同和单一现象,多元化的专业特色,充分满足了社会对不同类型人才的需求。

③跨学科教育与管理推动学科知识创新。伴随着科学的快速发展,不同学科间传统的分界逐渐被打破,知识呈现出更多的流动性和渗透性,跨学科教育已成为知识融合与创新的一种新趋势。欧美高校跨学科教育一般通过院、系甚至不同学校、地区的合作,共同提供跨学科、跨领域知识平台,让学生有更多机会学习不同学科知识,拓宽学生的研究领域,使学生具备更强的竞争力。

1999 年《博洛尼亚宣言》签署,欧共体国家宣布统一教育结构和学位体制,包括创新学科课程体系,促进了欧洲农业工程学科的发展。2002 年成立的 USAEE-TN 就欧洲各国农业工程学科学位教育、核心课程设置情况与学科质量评估等内容进行了探索性研究。2007 年更名为 ERABEE-TN 后,一直致力于欧洲传统农业工程学科的调整及调整后生物系统学科教育及课程体系的构建及推进工作。受博洛尼亚进程影响,欧洲各国传统的封闭型人才培养(学徒式)模式正在改变,不少欧洲大学在尝试跨专业教师合作授课、跨专业合作办学、应用其他专业领域的理论与方法进行教学等,从封闭走向开放的人才培养方式正在影响着跨学科教育的创新。

在美国,农业与生物工程学科归属学院管理有两种格局,一种是学院单独运行管理,另一种是跨学院共同管理。统计表明,学院单独运行管理目前主要集中在各大学的农学院或工学院中,其中农学院(包括以农学为主的学院)占近32%,工学院26%,还有2所与环境科学相关的学院;跨学院共同管理主要以农学院与工学院合作管理为主,占近38%。与高良润早在1980年提到的农业工程学科归属工学院、农学院管理各占36%相比(高良润,1980),跨学院合作管理增长10%。跨学院合作有效促进了学科新研究领域与研究方法的产生,顺应了社会对新型农业工程人才的需求。

2006年,美国伊利诺伊大学香槟分校在其农业与生物工程系(ABE)"2006—2011年战略规划"中提出,农业生物工程研究领域应广泛涵盖农业、食品、环境与能源四个领域,ABE的核心领域应包括生物加工与生产系统、生物质与可再生能源、精准农业与信息农业、农业与生物系统管理、农业安全与健康、食品质量与安全、环境管理、土水资源、空间分布系统、生物系统结构与设施、室内环境控制、生物传感器、生物仪器、生物计量学、生物纳米技术、智能机器系统、生物系统自动化及高级生命保障系统。规划同时指出,学科成功转型的关键在于一方面是教师队伍的建设,另一方面是新学科教育与研究内容系统的构建,规划提出涵盖自动化、生物、环境和系统四个主要领域的学科发展范式(Automation-Culture-Environment-Systems,ACESys范式)①(图3-2)。新学科系统的构建要求教师团队具备不同的专

---

① University of Illinois(Urbana-Champaign). University of Illinois at Urbana-Champaign Strategic Plan 2006—2011[EB/OL]. [2013-10-30]. http://abe-research. illinois. edu/pubs/ABEStrategicPlan. pdf.

业背景,包括自动化、生物学、环境工程学及系统工程学,教师间的相互协同是学科发展的重要支撑。

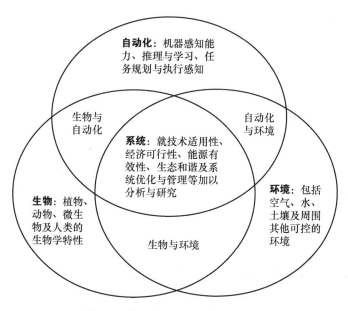

图3-2 农业与生物工程学科的未来

　　历经30余年探索,北美农业工程界就农业工程由基于应用的工程类学科向基于生物科学的工程学科转变的改革方向达成共识,农业与生物工程、生物系统工程等新的学科名称被广为认可。2005年,美国与加拿大两国的农业工程师协会相继更名为ASABE和CSBE。2007年,USAEE-TN正式更名为ERABEE-TN,2008年,CIGR的英文名称由"International Commission of Agricultural Engineering"更改为"International Commission of Agricultural and Biosystems Engineering",以此反映农业工程在21世纪面临的新发展趋势,标志着欧美发达国家实现了传统农业工程学科向农业/生物系统工程学科的跨越,学科发展由危机时期、革命时期进入新一轮的学科成长时期。学科与经济、社会、环境相协调及可持续发展理念得到广泛认同,生物、信息及能源等多学科交叉与融合趋向更为显著。

3.2.2　中国学科发展的阶段性特征

(1)新中国成立以前

①辛亥革命前欧美农机工业成果输入中国但效果甚微。第二次工业革命初期,欧美工业技术突飞猛进,冶铁工艺与机器制造业的崛起推动农机制造的迅速发展并引发技术外溢。19世纪末,西方农机工业成就开始通过各种渠道进入中国,外国农机厂商竞相来中国推销产品或带机具来中国垦荒,经营农业(《当代中国的农业机械化》编辑委员会,2009)。在技术输入的同时,大量国外文献被翻译并出版。创刊于1897年5月的《农学报》在其汇编的《农学丛书初集》中登载了选译自法国的《农具图说三卷》,在《农学丛书六集》中刊载了日本的《农用器具学》,内容广泛涉及耕整地、播种、施肥、收获、脱粒与运输等农业生产各环节的先进机具(唐志强等,2007)。

鸦片战争后兴起的洋务运动、维新运动和晚清新政开启了中国早期工业化进程,但早期以纱厂与面粉产业为代表的轻工业的兴起并未给中国农业带来革命性的变化。据统计,1905年占中国农田总耕地面积一半以上的耕地为租赁经营,家无一亩之地的贫农占农村人口的70%～80%(王天伟,2012)。细小分散的佃租制以及现代科学与工业基础的匮乏阻滞了农业工程科技成果在中国的传播。

②美国农业工程理论与技术的引进引发农业机械化热议。1927年,中国农业机械化工程学科创始人蹇先达在《中华农学会报》发表"农业工程学研究之必要"一文,提出,"我国农人之生产量至低,劳动力至重,而生活至苦,若能应用农业工程学,以谋改良,或可以救助于万一。"(蹇先达,1927)农业工程学一词首次为国人所认识,农具学等(颜纶泽,1928;杨蔚,1934)理论相继被介绍至中国。20世纪40年代以后,以拖拉机为代表的农业工程技术逐步推动美国谷物生产基本实现机械化,美国农业工程教育与科技的成功

使其在世界范围内的带动效应开始显现,围绕美国农业机械化运动的研究报道显著增多,引发国人对中国如何实现农业机械化更深入的思考,中国农业机械化之可能、中国农业机械化之商榷、中国农业机械化之可能贡献、农业机械与农具改良等讨论与研究变得异常活跃(汪阴元,1940;沈宗瀚,1945)。

在深入分析美国成功经验基础上,农地狭小而分散是制约中国农业机械化发展的重要因素成为基本共识,集小农田为大农场中国方可达到农业机械化等主张被提出。1946 年,马寅初在其"工业革命与土地政策"一文中详细论述了工业化与土地革命及农业机械化之间的相互关系[①],指出工业化不仅指工矿、交通、运输各方面而言,农业工业化同样很重要,机械工业与农业相辅相成,且农业机械化为工业化之必然结果。以机械替代人工,不仅可以抵消农业人口之减少,并且可以提高农夫之生产力。但今日之小块农田,不适用于机械化,唯有集小农田为大农场,方可达到农业机械化之目的。1947 年,由美国农业工程委员会委派 J. B. Davidson 等 4 名专家来华指导中国农业工程教育与科研工作,金陵大学与国立中央大学农业工程系相继创建,并于 1948 年开始招收四年制本科生。可以说,民国期间对于要不要以及如何发展农业机械化、如何发展农业工程学科教育已经有了一定的认识,但农业工程技术与教育并未在中国真正开花结果。究其原因:

一是佃租制土地经营制度下,土地所有者收租盈利,对新技术需求不足。民国期间,中国耕地分配不均,农田多集中于大地主之手。从生产力的角度来看,耕地的集中有利于集约经营和机械化生产,但实际上拥有绝大多数土地的地主与富农不直接参与农业生产,对土地改良与先进农机具的使用并不关心,而直接参与农业生产的贫雇农又无资本购置和使用先进技术,制约了新式农机具的推广与应用。二是农机生产原料奇缺、生产手段落后,

---

① 马寅初. 马寅初经济论文选集(上)[M]. 北京:北京大学出版社,1981:280-281.

农机工业几近空白。中美农业技术合作团 1947 年发布的调查报告称,当时中国农村手工具大都由当地工匠以生铁、木头和竹子制成(E. L. Hansen, 1949)。分布各地的铁工铺制造农机具所需铁块、软铁与硬铁等原料奇缺,多以碎铁为主,且使用的铁砧等工具质地差,设计与生产能力很低①。在 80% 以上人口皆从事农业的旧中国,农民所使用的农具无论是种类还是数量实在不足以提高农业生产力,实现农业机械化更无从谈起。三是尽管农业工程教育开始起步,但仍未形成固定的研究群体,能够凝聚研究人员力量的专业学会还没有建立,学科理论与研究内容主要以引进与介绍国外经验为主,远没有形成适合国情的系统的学科理论体系与方法。因此,学科处于以引进、积累为特征的前科学时期。

(2)新中国成立后的前三十年

新中国成立之初,采取"一边倒"政策,全面模仿与引入苏联教育模式。为满足农业与农业机械化发展需求,苏联在 20 世纪 20 年代初开始设置被认为是农业工程分支学科的农业机械化、电气化、水利与土壤改良、农业机械设计与制造、农业建筑和饲料工业等专业学院或研究所②。实际运行中,无论是学科研究、教学、学科专业方向,还是学院及专业研究机构的事业和经费分别属于不同政府部门管理,对学科专业的农业工程属性缺乏重视,由此导致学科专业发展走向过度专业化,最终其并未正式建立农业工程学科。中国农业工程学科的创建与发展深受其影响,学科发展主要呈现以下特征:

①建立高度统一计划招生体制并创建学科专业目录体系。旧中国高等学校共有 206 所,其中大部分是私立学校和外国教会开办的学校,教育模式效仿美国,在院下面按照大学科设置系,系的下面不再细分。学校均实行单独招生考试,自行决定招生专业、招生数额和招生要求。

---

① 善后事业委员会保管委员会秘书处编. 长期善后事业概述[Z].1948:5.

② 农业部农业机械化管理司,北京农业工程大学. 旱地农业工程的理论与实践[M]. 北京:北京农业大学出版社,1995:4.

新中国成立初期(1949—1951),是中国高校招生的过渡时期。为进一步适应国家建设需要,避免单独招生出现入学率偏低等弊端,人民政府陆续接管旧大学,对旧的教育制度进行了改造,学校由单独招生逐渐过渡为联合招生。1950年5月26日,中央人民政府教育部发布了新中国第一份高等学校招生考试文件《关于高等学校一九五〇年度暑假招考新生的规定》,鼓励高校进行联合招生。1951年,在总结上年招生工作的基础上,全国五大行政区普遍实行了大行政区域范围内的高等学校联合统一招生。为解决大行政区域范围内的统一招生所带来的不同区域的生源在录取时互相之间难于调剂的矛盾等,在两年大行政区联合招生的基础上,建立了全国高等学校统一招生的制度,并开始仿照苏联高校专业目录在系的下面设置专业,专业目录由国家统一制定,高校按国家要求统一计划招生和分配。1952年4月30日,教育部首次发布全国高等学校招生计划,即《一九五二年暑期高等学校招生计划》。6月12日,又发布《关于全国高等学校一九五二年暑期招收新生的规定》,全国高等学校实行统一招生、统一考试全面启动。1953年,全国高等学校招生委员会出版《1953年暑期高等学校升学指导》,首次就全国招生学校、招生系科及专业、专业培养目标及课程设置等进行了系统与详尽的规定,并连续发布至1964年。

1952年始,中国开始仿照苏联高校专业设置模式构建自己的专业目录体系。1954年11月,《高等学校专业目录分类设置(草案)》(本章以下简称《草案》)发布试行,《草案》以同期国家建设需要的十一个部门(工业、建筑、运输、农业、林业、财政经济、保健、体育、法律、教育、艺术)为分类依据,按照"部门"→"类"→"专业"三个层级设置专业。农业工程类专业名称的命名主要以产品和职业为依据,技术应用特色较为明显,如工业部门、普通机械类专业名称包括农业机械、汽车、拖拉机(表3-4)。作为一种制度,专业目录分别在两个层面上推进了政府对高等教育的管理:一是在微观层面上,通过把大学课程组合刚性化、行政化,以及对大学课程基本要素的干预,加强了政府权力在基层的渗透;另一是宏观层面上,通过颁布专业目录,进行专业布控,实现了政府在高等教育资源与学术资源上的宏观控制(鲍嵘,2008)。

1958—1960年"大跃进"期间,随着高等院校数量的激增,专业设置数量猛增,导致高校教育出现混乱状态。1963年,在"调整、巩固、充实、提高"的方针指导下,教育部提出"宽窄并存,以宽为主"的原则,适当调整专业的范围,统一专业名称。同年7月,国家计划委员会与教育部联合颁布新中国首个由国家统一制定的《高等学校通用专业目录》(以下简称《通用专业目录》)。《通用专业目录》改变过去以行业部门作为专业设置的依据,首次采用学科与行业部门相结合的专业门类划分方法,规定了统一的专业名称,并对部分专业名称进行了归并与必要的订正,初步形成了适应国民经济发展需求的专业体系。同时,农业工程类专业设置密切结合农业生产需求,新增汽车拖拉机运用及修理、农业电气化(试办专业)。但是由表3-4数据不难看出,《通用专业目录》仍存在专业划分过细、口径过窄及设置重复的现象,如机械类在原有农业机械、汽车、拖拉机专业的基础上又新增汽车拖拉机专业(表3-4)。

表3-4 《草案》与《通用专业目录》中农业工程相关专业

类别	类目	新专业编号	1963年《通用专业目录》	1954年《草案》
一、工科 (工业部门)	5 机械	010519	农业机械	9 农业机械
		010520	汽车拖拉机	—
		010521	汽车	20 汽车
		010522	拖拉机	21 拖拉机
		010540	汽车拖拉机运用及修理	—
	12 土木建筑工程	011214	农田水利工程	—
二、农科 (农业部门)		020017	农(牧)业生产机械化	154 农业生产机械化
		020020	农田水利	155 水利土壤改良
		试农 005	农业电气化(试办专业)	

数据来源:《高等学校专业目录分类设置(草案)》,1954年11月高等教育部颁布.

《高等学校通用专业目录》,1963年7月国家计划委员会、教育部联合颁布.

　　新中国成立至 20 世纪 70 年代中期,中国建立了高度统一的计划招生体制,形成以专业教育与实践能力培养为主的"专才教育"模式。结合当时农业生产需要,农业工程高等教育专业目录体系初步形成,规范了人才培养机制。但不能忽视的是,受当时社会、经济及技术等历史条件制约,学科专业目录在制定过程中也存在一定问题,如专业普遍划分较窄,甚至有许多是按行业、产品甚至是按工种设置的,导致所培养人才的知识面过窄、结构不合理。后期又受"大跃进"等思想影响,专业目录重复设置和随意设置现象比较严重,严重影响学科建设的正常发展。

　　②全面模仿苏联专业化教育模式相继创建各分支学科。1952 年 5 月,第一次全国高校院系调整正式启动,中国开始全面"复制"苏联农业工程分支学科模式,包括:

　　农业机械化。1952 年 7 月,金陵大学和南京大学两校农学院合并,成立南京农学院,将原农业工程系改为农业机械化系,内设农业生产过程机械化专业。同年 10 月,参照莫斯科莫洛托夫农业机械化电气化学院模式,北京农业大学农业机械系与华北农业机械专科学校、中央农业部机耕学校合并成立新中国第一所农业机械化专业高等院校——北京机械化农业学院(1953 年 7 月更名为北京农业机械化学院),设农业机械化系、农业生产过程机械化专业的四年制本科及二年制专科,并设为期一年的研究生班。同年,东北农学院、南京农学院扩充农机专业,西北农学院、西南农学院、华中农学院、华南农学院及浙江农业大学等新设农业机械化专业。到 1958 年底,全国有 31 所院校设有农业机械化专业(汪懋华,2008)。

　　农机(拖拉机)设计制造。1951 年 11 月,中央人民政府教育部在北京召开全国工学院院长会议,提出全国工学院进行院系调整。为了培养农业机械设计制造与拖拉机设计制造人才,1955 年,由上海交通大学、华中工学院、山东工学院部分专业调整合并,成立长春汽车拖拉机学院,首开农业机械设计制造专业。同年,在南京工学院、天津大学和清华大学等高等工科院校中开始设立农业机械设计制造与汽车拖拉机设计制造等专业。1958 年,以农机类专业为重点的镇江农机学院、武汉工学院、内蒙古工学院、洛阳工学院和安徽工学院相继成立,并设农机设计制造专业,与北京农业机械化学院、长春汽车拖拉机学院同被列为农机部重点院校,为加速培养国家农业现代化急需农机科学研究、设计制造及运用管理人才做出了重要贡献。

农田水利。农田水利是中国起步最早的农业工程分支学科。早在 1932 年,李以祉先生在陕西武功创建了陕西省水利专科班,是中国首个培养农田水利人才的高等教育机构,后并入西北农学院农田水利系。1952 年,根据中南区全面调整高等院系方案,中南地区的广西大学、南昌大学、湖南大学及湖南农学院等 7 所院校的水利系科的师生和设备,先后调入武汉大学,成立武汉大学水利学院,设农田水利系。1954 年 9 月,武汉大学水利学院从武汉大学分离建院。同年 12 月 1 日,经国务院批准,将华东水利学院、天津大学、河北农学院和沈阳农学院等 4 校的水利土壤改良专业并入,成立了以水利土壤改良专业为重点的武汉水利学院。在借鉴与吸收苏联水利土壤改良理论和经验基础上,至 20 世纪 60 年代,中国农田水利的专业体系逐步形成。

农业电气化。农业电气化在农业工程分支学科中形成最晚。1958 年,北京农业机械化学院突破原有专业结构模式,新增农业电气化专业,成为中国首个开设农业电气化专业的院校。1960 年,教育部编制的《1960 年高等学校招生专业介绍》首次将农业电气化列入招生专业目录。1963 年 7 月,国家计划委员会、教育部联合颁布的《高等学校通用专业目录》,在原有农(牧)业生产机械化、农业机械设计制造、农田水利等专业基础上,该目录将农业电气化增设为 7 种试办专业之一。自此,农业工程高等教育专业设置做到了有章可循。至 1965 年,多数农机学院及农业院校设置有农业生产机械化、农业机械设计制造、农田水利及农业电气化等专业。

可以这么认为,中国农业工程学科教育是在新中国成立初期全国高校院系调整基础上发展起来的,学科从涵盖农业机械化和农业装备制造业的农业机械化工程学科和服务于农田水利工程的土木、水利学科开始,逐渐拓展至农业电气化,分支学科的形成与发展为学科的创建奠定了基础。

③改革课程体系与加强师资培养,全面实施教育教学改革。1953 年,教育部部长马叙伦在华北地区各高等学校负责人座谈会上提出当年高等教育建设的具体任务以学习苏联先进经验、进行教育改革、提高教学质量为中心环节。遵照中央和上级教育部门的指示,全国高等院校开始全面学习苏联教育教学经验:

修订教学计划、教学大纲与教材,加强课程体系建设。以苏联高等教育的办学模式为蓝本,制定新的教学计划;参照苏联教学与实习大纲制定各门课程新的教学大纲及实习大纲;选择高等教育部组织翻译出版的苏联教材及其参考书作为高校教材试用本。以北京农业机械化学院为例,当年农业机械化专业开设的 28 门课程中,9 门为翻译的苏联教材,另有 9 门参照苏联教材编写了讲义[①]。参照苏联教学计划,课程体系明确划分为基础理论课、专业基础课和专业课。在新的农业机械化教学计划中安排了教学实习(包括驾驶学习、金工实习及认识学习)、机耕学习、麦收学习及大修学习等大量实践教学环节与时间,与农业生产紧密相连。在整体教学过程中,充分强调理论与实践的结合,注重学生独立工作能力的培养。

外派教师、学生赴苏联留学与进修,加强师资培养。为了加强师资力量和推进专业建设步伐,各院校在组织师生突击学习俄语的同时,按照上级教育主管部门的要求,开始有计划地派遣教师、学生赴苏联留学、进修。据统计,1953—1962 年中国留苏农业工程类(包括农业机械化、农业电气化及水利土壤改良)研究生、进修教师及实习生人数总计 36 名,占农科总人数的14.3%(表 3-5)。留学归国人员成为学科创建与发展中又一支重要技术与师资力量。

---

① 北京农业工程大学四十年编写组. 北京农业工程大学四十年(1952—1992)[M]. 北京:北京邮电出版社,1992:13.

表 3-5　1953—1962 年中国留学苏联的农业工程类研究生、进修教师及实习生人数统计

专业	1953年	1954年	1955年	1956年	1957年	1958年	1959年	1960年	1961年	1962年	合计
农业机械化	1			11	1	1	7	2	2	1	26
农业电气化					1	2	1	1	1		6
水利土壤改良				3		1					4

数据来源:刘日仁. 中国农科研究生教育 1935—1990[M]. 辽宁科学技术出版社,1991:120.

聘请苏联专家到校示范与指导,全面推进教育教学改革。20 世纪 50 年代中期,苏联专家在中国农业工程高等教育改革方面给予了很大帮助。除传授本专业相关专业课程内容外,苏联专家充分发挥自身专业特长,通过对各教学环节的内容和方法进行讲解或示范、举办研究生班等多种形式,帮助培养师资队伍和研究生。1955 年,北京农业机械化学院相继聘请苏联农业机械专家乌里扬诺夫、运用专家格罗别茨、修理专家安吉波夫和农业电气化专家布茨柯院士和鲁布佐夫等多位专家到校进行教学和指导工作。此外,苏联专家多兼任院系教学行政顾问,指导建立教研室和实验室,为学科教学管理及学科长远规划建言献策,对农业工程学科的建设与发展起到了积极的推动作用。

改革学科教育结构,研究生教育刚刚起步随即停滞。1953 年 11 月 27 日,高等教育部发出《高等学校培养研究生暂行办法(草案)》,明确招收研究生的目的是培养高等学校师资和科学研究人员,研究生一般通称为"师资研究生",要求研究生毕业后能讲授本专业的一两门课程,并具有一定的科学研究能力。1952—1956 年开办研究生班,学制 1~2 年(1955 年秋苏联专家到来后,开始招收四年制的副博士研究生)。以北京农业机械化学院为例,此阶段共培养了 79 名毕业生。1955 年 11 月,长春汽车拖拉机学院开设研究生班,首次招收拖拉机设计专业 7 名、机械制造工艺专业 5 名,共计 12 名研究生,另有 10 多位本校教师也参加了研究生班的学习,聘请苏联专家担

任主要指导教师(王守实等,2006)。1963 年 1 月,在教育部召开的第一次全国性研究生教育工作会议,讨论并通过了《高等学校培养研究生工作暂行条例(草案)》(以下简称《条例》)。《条例》明确规定了研究生的培养目标,业务上要求"深入地掌握本专业的基础理论、专门知识和基本技能,熟悉本专业主要的科学发展趋向,掌握两种外国语,具有独立地进行科学研究工作和相应的教学工作的能力"。1966 年"文革"开始,刚刚起步的中国研究生教育制度随即停滞。

伴随着新中国农业的社会主义改造,农业机械化进入行政强推发展时期。土地改革全面推开,农业生产得到一定恢复。但很快,小农经济积累能力偏低、手工工具普遍使用导致农业劳动生产率提高潜力不足,以及小规模经营扩大再生产能力有限等问题渐显。1955 年毛主席发表《关于农业合作化问题》一文,提出党在农业问题上的根本路线是,第一步实现农业集体化,第二步在农业集体化的基础上实现农业机械化。农业合作化运动开启,政府积极号召大搞农业建设、兴修水利,兴建农村小型电站,建设拖拉机站、机械化农场等国营企业,大力推广以机械化、电气化与水利化为代表的农业技术革命。至第一个"五年计划"结束,机械化农场数量翻了 1 倍多,拖拉机站的数量增长近 11 倍。经过土地改革、农业合作化及"大跃进"等一系列运动,中国从政治、经济和技术各方面都为加速农业技术改造准备了条件。至20 世纪 50 年代末,中国农机工业体系逐步形成。

总体来看,改革开放前的 30 年间,国家模仿苏联模式,重点建设了相关分支学科。但是,在学科按照专业管理、部门所有的大环境下,行政干预在各分支学科的创建中占据主导地位,农业工程学科一体化研究与发展并未引起足够的重视;另一方面,对各分支学科的建设过度强调基础设施建设与具体工程技术在农业中的应用,尤其是依靠行政推动和资源大量投入优先发展农田水利工程、农业机械化与电气化建设,理论研究被忽视,"文革"时期更是令各分支学科教育与科研几近停滞,该阶段学科仍处于以引进、积累为特征的前科学时期。

（3）改革开放至今

20 世纪 70 年代末"农业的两个转化"（即从自给半自给经济向较大规模的商品生产转化，从传统农业向现代农业转化）相继被提出，从教学、科研和农业生产等方面都反映出对农业工程需求的迫切性，在中国建立和发展农业工程学科之必要性被提上日程。

①社会力量积极推动下学科得以创建并走向正轨。1957 年《农业机械学报》创刊，1963 年中国农业机械学会（Chinese Society for Agricultural Machinery，CSAM）成立，农业机械化工程成为最先迈入常规科学时期的分支学科，农田水利工程与农业电气化分支也得到了重点发展。20 世纪 70 年代以前，在高等教育学科设置以及工农业科研与生产中，更为广义的农业工程概念一直被忽视。长期实践中，陶鼎来等有国外农业工程学习经历的学者们发现，农业机械化和农田水利化固然重要，却并不是农业工程的全部。中国农业和农村发展所需要的工程技术，并不单是机械化与水利化所能囊括的。缺乏农业工程学科设置，没有人从事这方面的科学研究和教学，不能建立起各种农业工程事业和培养农业工程人才，将对农业现代化产生长期不利影响（中国科学技术协会，1996）。

1978 年全国科学技术大会开幕前夕，陶鼎来等部分参与会议筹备工作的学者向国家领导人建议"加强农业工程学的研究和应用"，为当时主持科技工作的国务院副总理方毅同志所采纳。在大会审议通过的《1978—1985 年全国科学技术发展规划纲要（草案）》中，农业工程被列为 25 门国家重点发展的技术科学之一。受何康等中央领导委托，陶鼎来负责主抓农业工程学科的研究和建设。以此为契机，陶鼎来组织有关专家在认真研究分析国内外农业发展经验和总结新中国成立以来历史经验教训的基础上，结合我国具体条件，起草了《农业工程学科发展规划》，建议成立农业工程的研究设计机构，以及建立与发展农业工程学科。1979 年 6 月经国务院批准，农业部在北京成立了中国农业工程研究设计院,陶鼎来任院长。1979 年 11 月 14 日,国家科委农业工程学学科组成立大会、中国农业工程学会成立大会与中国农业工程学会第一次学术讨论会三会合一,在杭州顺利召开。学会第一任理事长朱荣在大会上指出:农业工程技术是进行农业基本建设的手段,没有农业工程技术的发展,就谈不上农业现代化(朱荣,1980)。农业工程学科组与农业工程学会的成立,标志着中国农业工程学科地位的确立及学科发展走向正轨。

②重构与优化学科专业体系满足社会需求。为顺应社会与科技发展要求,20 世纪 80 年代至今,以培养人才为目标的本科与研究生学科专业体系共经历了四次重大的调整,分别见表 3-6 与表 3-7,学科教育定位从模糊到清晰,几经调整,逐步趋稳。

第一,农业工程学科作为一个类别独立出现在专业目录中。1982 年,教育部会同国务院有关部委,各省、自治区、直辖市高教主管部门,尝试分科类进行高等学校本科专业目录的首次修订工作。工科本科专业目录被首选修订,1984 年 7 月 31 日,《高等学校工科本科专业目录》经教育部、国家计划委员会联合发布试行,要求首先在高等工业学校中试行,其他类型高校参照试行。《高等学校工科本科专业目录》是在同期高等工业学校所设工科本科专业的基础上修订的,同时兼顾了农林等其他类型高等学校所设的大部分工科本科专业,该目录再次修订后于 1986 年 7 月 1 日由国家教育委员会发布正式施行(表 3-6)。1984 年 7 月,教育部发出《关于修订普通高等学校农科、林科本科专业目录的通知》(教高二字[1984]第 027 号),国家教育委员会会同农牧渔业部、林业部及有关高校,对农林学科的专业划分及专业内容展开了广泛的调研、论证与审订,于 1986 年 7 月 1 日正式发布《普通高等学校农科、林科本科专业目录》(教高二字[1986]第 013 号)。

表 3-6 历年农业工程本科专业目录汇总表

类目	2012 年代码及专业名称	类目	1998 年代码及专业名称	类目	1993 年代码及专业名称
农业工程类	082301 农业工程	农业工程类	081905W 农业工程	（农业工程所有专业调整至工学门类）	
	082302 农业机械化及其自动化		081901 农业机械化及其自动化		080306 机械设计及制造（部分）
	082303 农业电气化		081902 农业电气化与自动化		081401 农业机械化
	082304 农业建筑环境与能源工程		081903 农业建筑环境与能源工程	农业工程类	081403 农业电气自动化
	082305 农业水利工程		081904 农业水利工程		081402 农业建筑与环境工程
生物工程类	083001 生物工程		081906W 生物系统工程		081406 农村能源开发与利用②
					081405 土地规划与利用
					081404 农田水利工程
机械类	080202 机械设计制造及其自动化	机械类	080301 机械设计制造及其自动化	机械类	080306 机械设计与制造（部分）
					080309 汽车与拖拉机
					080311 热力发动机（内燃机）
能源动力类	080501 能源与动力工程	能源动力类	080501 热能与动力工程		081407 农产品贮运与加工
食品科学与工程类	082701 食品科学与工程	轻工纺织食品类	081401 食品科学与工程①	农业工程类	081408 水产品贮藏与加工
					081409 冷冻冷藏工程

续表 3-6

类目	1986 年代码及专业名称（农业工程类独立出现在农科）	1963 年《通用专业目录》
机械类②	0515 农业机械	农业机械,农业机械工程,农业机械及拖拉机,农业机械设计与制造,农机维修
	0601 农业机械化	农业机械化,热带作物机械化,农牧业机械化
	0603 农业电气化自动化	农业电气化
农业工程类④	0602 农业建筑与环境工程	农业建筑与环境工程,农业建筑
	试 0602 农村能源开发与利用	
	试 0601 农业水资源利用与管理	农田水利,地下水开发利用
	试 0603 农业系统工程	
经济管理类④	0505 土地规划利用	
水利类④	1206 农田水利工程	农田水利工程,农田水利,农业机械工程建筑,水利灌溉工程建筑
	0515 农业机械	农业水利工程,农业机械及拖拉机,农业机械设计与制造,农机维修
机械类⑤	0516 农业汽车与拖拉机	汽车及拖拉机,汽车,拖拉机,汽车拖拉机设计与制造,汽车设计与制造,拖拉机设计与制造,运输车辆设计
	0520 内燃机	内燃机,内燃机动力工程,内燃机设计与制造,船舶内燃机,油机,农牧动力机械,农业内燃机,机车类
农产品加工类④	0701 农（畜,水）产品贮运与加工	
	0702 制冷与冷藏技术	

① 可授予工学或农学学士学位；代码后加"W"为目录外专业；
② 可授予工学或经济学学士学位。
③《高等学校工科本科专业目录》1984 年 7 月 31 日教育部、国家计划委员会颁布，1986 年修订。
④ 中华人民共和国国家教育委员会高等教育二司编·全国普通高等学校农科、林科本科专业介绍[M]．北京：高等教育出版社．1987.

与《通用专业目录》相比,新修订的专业目录主要呈现出以下特征:一是目录对以往学科专业名称划分过细进行了有效整合与规范,归并了专业名称。以汽车与拖拉机专业为例,将原先汽车及拖拉机、汽车、拖拉机、汽车拖拉机设计与制造、汽车设计与制造、拖拉机设计与制造、运输车辆设计 7 个相近名称归并为汽车与拖拉机。经调整和修订后,在一定程度上拓宽了专业口径,增强了适应性。二是首次将"农业工程"作为一个类别列于农科专业目录中,农业工程学科的教育地位得以明确。目录修订紧密结合国家科学技术发展现状与农业生产需求,将农业工程(下设 3 个正式专业和 3 个试办专业)与农产品加工分别作为一个类别设置。三是增设试办专业,充实与加强新兴边缘学科。农村能源开发与利用、农业系统工程作为 20 世纪 80 年代初新兴学科内容,被本次目录新增为试办专业。同时,目录根据农业生产需求,将原农田水利、地下水开发利用归并为试办专业农业水资源利用与管理,调整后的农业工程学科专业目录条理性更加清晰化。

在本科教育恢复并逐渐走向正轨的同时,研究生教育工作开始恢复。1977 年 10 月 12 日,国务院批转了教育部《关于高等学校招收研究生的意见》。1978 年 1 月 10 日,教育部发出《关于高等学校 1978 年研究生招生工作安排意见》,中国研究生招生制度逐步恢复。1980 年《中华人民共和国学位条例》正式颁布,同期,国务院学位委员会成立。继 1981 年《中华人民共和国学位条例暂时实施办法》颁布之后,《高等学校和科研机构授予博士和硕士学位的学科、专业目录(试行草案)》于 1983 年颁布实施(以下简称《试行草案》),标志着中国研究生教育制度正式建立。《试行草案》中,农业工程类横跨工学与农学两个门类,其中,农业机械设计与制造作为二级学科列在工学门类、机械设计与制造一级学科下,而农业机械化与电气化作为农学门类中的一级学科,下设农业机械化、畜牧业机械化及农业电气化 3 个二级学科(表 3-7)。为适应改革开放后计划经济向市场经济的转轨以及高等教育的迅猛发展,20 世纪 90 年代初专业设置从行业或部门划分开始转到学科归口,农业工程学科首次独立。

表3-7　历年授予博士、硕士学位和培养研究生的农业工程学科专业目录

门类	1983年《试行草案》		门类	1990年	1997/2011年
	一级学科	二级学科			
农学	农业机械化与电气化	农业机械化	工学	082401 农业机械化	082801 农业机械化工程
		农业电气化		082402 农业电气化与自动化	082802 农业水土工程
		畜牧业机械化		082403 农业机械设计制造	082803 农业生物环境与能源工程
	农学	农田灌溉		082404 农业水土工程	082804 农业电气化与自动化
工学	机械设计与制造	农业机械设计与制造		0824S1 农村能源工程	
	土建、水利	农田水利工程		0824S2 农产品加工工程	
	动力机械及工程热物理	内燃机		0824S3 农业生物环境工程	
				0824S4 农业系统工程及管理工程	

数据来源:《高等学校和科研机构授予博士和硕士学位的学科、专业目录(试行草案)》,1983年3月国务院学位委员会办公室颁布;
《授予博士、硕士学位和培养研究生的学科、专业目录》,1990年11月国务院学位委员会第九次会议批准颁布;
《授予博士、硕士学位和培养研究生的学科、专业目录》,1997年国务院学位委员会、国家教育委员会联合发布;
《学位授予和人才培养学科目录(2011年)》,2011年2月国务院学位委员会第二十八次会议审议批准。

《试行草案》经修订后于1990年11月28日正式颁布,新的《授予博士、硕士学位和培养研究生的学科、专业目录》采用按学科归口设置方式,适当调整了以往部分按行业或部门划分的旧专业。农业工程首次作为独立的一级学科被收录在工学门类中(下设8个专业,包括正式与试办),可授工学、农学学位(表3-7)。本次修订在拓宽专业面的同时,调整、充实了农业工程学科专业内涵,主要表现在三个方面:一是专业面的拓宽,随着计算机技术、现代控制理论、现代通信理论及其技术的成熟与广泛应用,为新技术在农村电力系统、农业装备及农业信息技术等方面的综合应用提供了可能,农业电气化专业拓展为农业电气化与自动化专业;二是归并或删除一些划分过细、偏窄的专业,如删除畜牧业机械化专业;三是增设国家建设急需专业,调整

农业水土工程为正式专业的同时,增设农业发展所急需的农村能源工程、农产品加工工程、农业生物环境工程、农业系统工程及管理工程 4 个试办专业,占目录中所有试办专业总量 11.8% 的比重,可见国家对发展农业工程学科的重视程度。

第二,学科门类由农到工,本科专业体系得到重构与调整。首次专业目录修订虽然取得一定成果,但鉴于当时认识和管理体制等方面的客观原因,学科仍存在专业划分过细,专业范围过窄,专业名称不尽科学,门类之间专业重复设置,本科专业门类与学位授予门类不相一致等问题。另外,随着农业现代化建设和农业机械化事业的发展,一些社会急需的应用性专业设置问题被提上日程。为进一步解决上述问题,国家教育委员会自 1989 年开始启动新一轮专业目录修订工作。基于适应中国经济、科技和社会发展需要的原则,科学性原则,符合高等教育发展规律原则,拓宽专业、增强适应性的原则,历经四年多的调查研究和充分的科学论证,修订后的《普通高等学校本科专业目录》于 1993 年 7 月 16 日颁布(表 3-6),主要呈现以下特征:首先是学科所属门类的调整,即学科由原先的农科首次调整为工科;其次是学科专业体系的系统优化,原有机械类中设立的农田水利工程、农业机械,经济管理类中设立的土地规划与利用,及农科中设立的农(畜、水)产品贮运与加工、制冷与冷藏技术专业全部归入农业工程类,而与农业工程相关的部分农业机械、内燃机专业分别归并至机械设计与制造及热力发动机,保留在机械类别中。三是撤销了专业面过窄或设置不当的专业,农业水资源利用与管理、农业系统工程两试办专业被取消。新专业目录显著充实与扩大了农业工程学科内涵,学科体系首次得以完备呈现。修订后的学科门类与 1990 年11 月国务院学位委员会、国家教委联合颁布的《授予博士、硕士学位和培养研究生的学科、专业目录》的学科门类基本保持了一致。

第三,顺应市场经济变革,学科专业由窄到宽的再调整与再优化。本科与研究生学科专业目录的前两次修订工作均是在计划经济体制下,以满足国家计划招生和分配需要而进行的高等教育专业设置,专业划分过于细化与培养通用型、复合型人才需求之间存在较大矛盾。为进一步满足市场经济体制和改革开放的需要,主动适应高等教育在管理体制、办学模式及人才培养等方面的变化,20 世纪 90 年代中期,以学科性质与学科特点作为专业划分依据,以增强人才的适应性为目标,以市场需求为特征的调整思路被提出。1997 年 4 月开始,教育部(原国家教育委员会)对 1993 年颁布的《普通高等学校本科专业目录》组织进行修订工作,并于 1998 年正式颁布新的目录。与此同时,经多次征求意见、反复论证,修订后的《授予博士、硕士学位和培养研究生的学科、专业目录》(1997 版)发布实施。在本目录中,农业工程学科专业不再授予农学学位,学科专业归并与删除力度尤为明显:一是将较为相关的专业归并整合为一个专业,如农业机械化与农业机械设计制造合并为农业机械化工程,试办专业农村能源工程与农业生物环境工程合并为农业生物环境与能源工程;二是调整和删除不适宜的专业,农产品加工工程调整至新增一级学科食品科学与工程中,删除了农业系统工程及管理工程。

同样的,第三次本科专业目录修订也加大了专业归并力度,专业目录大幅度减少,拓展专业口径和业务范围的同时,充分扩大了专业内涵。新本科专业目录合并农业建筑与环境工程、农村能源开发与利用为农业建筑环境与能源工程,正式专业数量由 9 个缩减为 4 个;取消土地规划与利用专业(并入公共管理类土地资源管理专业)、农产品贮运与加工、水产品贮藏与加工及冷冻冷藏工程专业(后三者并入了食品科学与工程);增设农业工程与生物系统工程为目录外专业,专业结构得到了补充调整。修订后本科专业目录的学科门类与 1997 年颁布的《授予博士、硕士学位和培养研究生的学科、专业目录》的学科门类保持了一致。

第四,21 世纪以来,本科与研究生学位体系的并轨与统一。21 世纪以来,为适应国家经济、社会、科技和高等教育的发展,应对学科发展、社会分工变革以及教育对象的变化,进一步贯彻落实《国家中长期教育改革和发展规划纲要(2010—2020年)》,优化学科结构,在1997版《授予博士、硕士学位和培养研究生的学科、专业目录》和1998版《普通高等学校本科专业目录》的基础上,经缜密的调查研究与论证,在广泛征求意见、专家审议和行政决策等基础上,修订后的《学位授予和人才培养学科目录(2011年)》与《普通高等学校本科专业目录》相继于2011年与2012年正式颁布。新学科授予和人才培养目录不仅适用于硕士、博士的学位授予、招生和培养,学士学位也明确要求按新目录的学科门类授予,中国学士、硕士和博士三级学位授予体系中学科门类得到统一。

本次研究生专业目录修订中农业工程专业没有进行新的调整,本科专业目录进行了微调:一是农业电气化与自动化更名为农业电气化;二是原农业工程专业在本次调整中变为了正式专业,生物系统工程专业取消,并入生物工程类。在以往指令性计划指导下,高校专业设置自主权微乎其微。新修订的本科专业目录则呈现出更为开放、可实现动态调整的新特征:部分办学水平高、教学质量高的高校将首先获得专业设置自主权,学校可根据办学特色,不受学科目录限制进行自主设置和调整专业。此外,新版目录将根据国家发展、科技进步、市场需求、教育国际交流合作的要求适时调整专业,保留符合规律的、成熟的、社会需求较大的既有专业[①]。

③全面加强学科队伍建设,积极推进学科快速发展。学科队伍建设是学科建设的重要基础,学科队伍结构状况不仅影响着教师队伍的质量,还影响着学科发展的能力和潜力。学科队伍的创建一般需重点考虑队伍的年龄结构、职称(务)结构、学历结构及学缘结构等,经过30余年的探索与改革,中国农业工程学科队伍结构逐步得到改善,学术梯队建设取得积极进展,主要表现在以下几个方面:

---

① 中华人民共和国教育部.普通高等学校本科专业目录(修订一稿).2011-04-11.

一是队伍年龄结构的调整。合理的年龄结构可有效反映学科队伍教学和科研的活力程度,同时也反映出队伍整体的创新与发展潜力,是学科队伍结构的重要组成部分。

相关研究表明,36～50 岁是教师的最佳年龄区,这一年龄段的人数分布应处在学科队伍正态分布曲线的高峰或次高峰值较为合理。队伍中各年龄段应按以下比例分布:35 岁以下的约占 25％,35～50 岁的约占 50％,50 岁以上的约占 25％。从整体上讲,教师的平均年龄控制在 40 岁左右为宜,其中正副教授的平均年龄应分别控制在 50 岁和 45 岁以内(方舒,2006)。相比 20 世纪 70 年代末出现的学术队伍人员不足、年龄断层现象严重等问题,到 1990 年,中国农业工程学科队伍建设总体情况趋好。以全国农机化研究与开发机构专业技术人员年龄分布发展情况为例[①](图 3-3),35 岁及其以下人员占 35.04％,35～50 岁人员占 39.24％,50 岁以上人员占 25.51％。学科 35 岁以下成员占比明显改善,与中国高校招生恢复正常后学科培养和大量引进年轻教师以充实师资队伍有关。改革开放后短短 10 余年的时间,学科队伍在数量上已经基本满足需求,并在年龄结构上总体趋向年轻化。但值得注意的是,不同职称(务)结构中,高级职称的年龄构成情况略显不足,学科队伍 50 岁以上人员占 80.19％,50 岁以下高级职称人员不足 20％,从另一方面反映出该时期年轻学科带头人才的不足,高龄人员扎堆极易引起后续学科高级专业技术队伍更替过程中出现青黄不接的局面。

21 世纪以来,高级职称队伍普遍进入退休高峰期,这段时期既为学科调整队伍年龄结构带来了机遇,同时也对优化学科队伍结构提出了新的挑战。老教师集中退休一方面有利于学科在短时间内补充不同年龄层次的中青年教师,重构学科梯队;另一方面大批老教师相继退休为培养年轻学科带头人和创新设计合理的学术梯队创造了条件,很多院校在年龄结构上实现了新

---

① 中华人民共和国农业部. 中国农业统计资料[M]. 北京:农业出版社,1991.

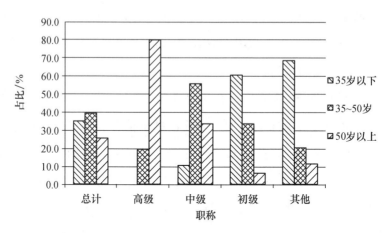

图 3-3   1990 年全国农机化研究与开发机构专业技术人员年龄及职称分布情况

老交替。以浙江大学为例,截至 2013 年,该校农业工程学科队伍中 40 岁以下青年教师占 52.63％,40～50 岁的占 36.84％,50 岁以上者占 10.52％,一支以老教师为核心、以中年教师为骨干、以青年教师为后备力量的极具活力的年轻化学科梯队初步形成。

二是队伍职称结构的优化。职称结构通常是指学科队伍中教授、副教授、学科带头人、学术骨干等高层次人才所占比重。合理的职称结构是学科队伍在学术和科研业务能力等方面的综合反映,是高校办学水平和衡量人才培养质量的重要标志。

20 世纪 90 年代以前,中国高校的教授、副教授占教师总数的比例很低。1984 年,北京农业工程大学教师队伍构成中高级职称(包括教授、副教授)仅占 12.62％,至 1990 年,学校高级职称比例上升至 28.99％,但中级及其以下职称比重仍高达 70％以上,队伍职称结构显著失重。1991 年,农业部印发《关于加强高等农业院校教师、政工、管理干部队伍建设的意见和制订教师规划原则的意见》(以下简称《意见》)首次明确提出,不同层次的高等农业院校,其教师职称(务)结构应有所区别。重点院校和少数承担培养研究生和科研任务较重的院校,其高、中、初级职务教师之比 4∶4∶2 较为合理,一般院校以培养本科生为主,并承担一定的科研任务,以 3∶5∶2 较为合理,农牧业专科学校,以 2∶5∶3 为宜,其中少数条件较好的专科学校,其高级职务比例可适当提高。随着高等教育体制改革的不断深入,1999 年教育部颁布《关于新时期加强高等学校教师队伍建设的意见》再次提出优化高等学校教师队伍的具体目标[①],到 2005 年,正、副教授岗位占专任教师编制总数的比例,教学科研型院校一般为 45%～50%,少数可以达到 60%;教学为主的本科高等学校一般为 15%～25%。相比 1991 年农业部印发的《意见》,对教学科研型高校学科队伍的高级职称要求明显提高了。

2013 年部分院校农业工程学科队伍职务构成情况见图 3-4(数据整理自各院校网站,数据检索时间截至 2014 年 1 月)。截至 2013 年,中国农业大学作为国家"211 工程"和"985 工程"重点建设的教育部直属高校,工学院拥有的农业工程学科是该学科目前全国唯一的国家重点一级学科,学科队伍中高级职称高达 61.25%,浙江大学(国家"211 工程"和"985 工程",农业机械化工程国家重点学科)学科高级职称高达 66.67%。很显然,这两所重点院校的农业工程学科队伍成员中具有高级职称的人数超过中级和初级人数,学科的职称结构产生倒置现象。职称结构的倒置在一定程度上确实能够反映学科队伍的整体水平和实力,但不容忽视的是其对学科建设和发展也有可能产生负面的影响,包括学科研究方向的分散、学科内部竞争过度甚至恶性竞争、学科研究人力成本激增以及低层次基础性工作无人问津等弊端不容忽视。所调查的 7 所院校中,西北农林科技大学(国家"211 工程"和"985工程",农业水土工程国家重点学科)、东北农业大学(国家"211 工程")和华中农业大学(国家"211 工程")三所院校的农业工程学科队伍中高级职称构成均在 40%上下波动,作为教学科研型重点院校,学科发展仍未实现教育部提出的 45%(2005 年)的目标要求,说明这三所院校在学科队伍建设中职称

---

① 中华人民共和国教育部 . 关于新时期加强高等学校教师队伍建设的意见 . 1999-08-16.

结构发展空间较大,有进一步调整优化的必要。华南农业大学与河北农业大学(普通教学科研型院校)学科高级职称均低于35%,分别为34.73%和33.33%,显著高于以教学为主的本科高等学校水平,但距离教学科研型院校45%～50%的高级职称结构要求低了近十个百分点,可见发展空间还是很大的。

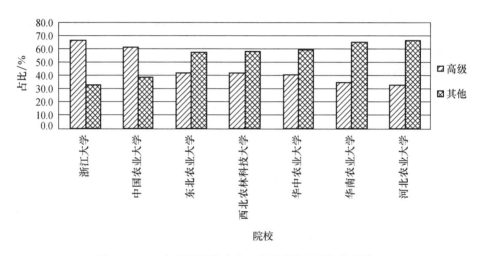

图 3-4　2013 年部分院校农业工程学科队伍职务构成情况

整体来看,学科队伍的职称(务)结构得到了迅速发展,教授与副教授所占比例在整个结构中得到显著增加,高级职称队伍年轻化趋势愈发明显。尽管发展趋势很好,但值得注意的一点是各高校学科队伍的职称结构因办学模式、学校规模、学校所承担任务等的不同而不同,具体情况需要具体分析,实践中我们不能用一种模式来生搬硬套。

三是队伍学历结构的变化。学历结构是指教师队伍的学历和学位的构成状况,是对教师的专业理论知识及学术水平的综合反映。学科队伍中高学历者所占比例越大,往往意味着学科教育和学术科研水平就越高。

对于学科队伍的学历要求,欧美部分发达国家均明文规定具备博士学位是胜任高校教师的必备条件之一。美国一流大学博士教师的比例普遍很高,排名前 30 位大学全职博士教师比例平均为 96%,北卡罗来纳大学博士教师比例最低,但也达 83%。其中宾夕法尼亚大学、哥伦比亚大学、西北大学、埃默瑞大学、塔夫斯大学的博士教师比例高达 100%(王洪泉,2013)。中国早期高等教育对教师队伍的学历结构没有明确要求,20 世纪 80 年代高校专任教师中的研究生比例不足 10%。以北京农业工程大学为例,1984 年学校专任教师中的研究生比例仅为 6.98%,拥有博士学位者占比 1.16%。与高等院校相比,学术科研机构的情况更不乐观。1988—1994 年间,全国农机化研究与开发机构专业技术人员学历构成情况如图 3-5 所示[①],在历年的队伍学历构成中,研究生学历队伍增长趋势显著,但其所占比例一直不足 1%,大学学历所占比重接近 30%,大专与中专学历比重略高于 30%,而其他情况则占据 35% 以上的比重,农机化研究队伍整体学历偏低是该阶段的典型特征。

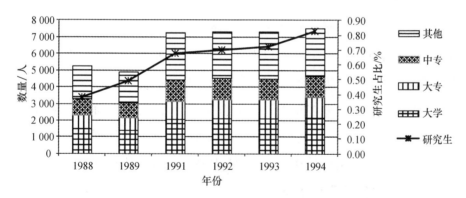

图 3-5　1988—1994 年全国农机化研究与开发机构专业技术人员学历构成

1991 年 4 月,农业部印发《关于加强高等农业院校教师、政工、管理干部队伍建设的意见和制订教师规划原则的意见》,提出农业院校教师队伍建设在"八五"期间和 20 世纪末的奋斗目标是:建设一支政治、业务素质较高,群体结构合理,数量规模适度,能够适应社会主义农业现代化建设和高等农业

---

① 数据来源:中华人民共和国农业部. 中国农业统计资料 1988—1994(缺 1990 年数据).

教育事业发展需要的教师队伍。改善教师队伍学历结构和数量结构,重点院校和少数承担培养研究生和科研任务较重的院校,到 1995 年,具研究生学历的教师要达到教师总数的 45%～50%;到 2000 年,具研究生学历的要达到 60% 以上,其中具有博士学位的要占 15%～20%。一般本科院校,到 1995 年,具研究生学历的教师要达到 30%,到 2000 年要达到 40%～50%,重点学科高学历教师的比例应高于一般学科。实际情况发展相对比较缓慢,以北京农业工程大学为例,专任教师中研究生学历结构 1993 年为 24.59%,相比 1984 年的 6.98% 尽管上升了近十八个百分点,但距离农业部提出的 1995 年达到 45% 的要求仍相差二十个百分点。1993 年以来,随着"跨世纪优秀人才计划"、"长江学者奖励计划"等一系列国家重大人才工程的实施,有效促进了学科带头人和学术骨干成长,拥有博、硕士学历的教师比例逐年提高。

历经 30 余年的发展,中国农业工程学科队伍在学历结构上实现了三个跨越:20 世纪 80 年代学科队伍以本科学历为主,到 90 年代中后期学科队伍逐渐转向以硕士学历为中坚,进入 21 世纪以后,根据学科发展需要,各院校在学科队伍建设中采取多种方式加大引进博士力度,一方面是从国内外招聘优秀应届博、硕士毕业生充实教师队伍;另一方面是积极创造条件支持教师在职或脱产攻读国内外博士学位,队伍中博士学历结构愈发占据主导地位,学历结构发生了显著变化。

四是学缘结构的重构。学缘结构是指学科队伍中来自不同高校、院所的教师构成的一种学术形态,从属于不同的学术流派,各有千秋,互有优势,在一定程度上反映了学科的学术气氛和学术的交流情况,对于学科的建设和发展起着十分重要的作用。

欧美高校教师的来源呈多样化,一般不留本校的毕业生,即使留校,这些留校生还必须要有在其他大学、科研机构或企业工作的经历,并且留校生比例都比较小。美国一流大学强调师资"远缘交杂",更喜欢在国外授予博士学位和具有留学背景的教师,如哈佛大学拥有留学背景的教师比例高达34.9%,其中最高学位在国外授予的达9.4%。某些专业,拥有跨国学习背景的教师甚至超过一半(王洪泉,2013)。20世纪90年代以前,中国高校教师队伍的学缘结构建设并没有引起足够的重视。直至1999年,教育部在《关于新时期加强高等学校教师队伍建设的意见》中就教师队伍的学缘结构建设目标提出要求,在校外完成某一学历(学位)教育或在校内完成其他学科学历(学位)教育的教师应占70%以上。21世纪初,大多数高校在校外完成某一学历(学位)教育或在校内完成其他学科学历(学位)教育的教师占专任教师总数的比例仍在50%左右,特别是非重点院校尤为突出,有的高校只在40%左右,远低于70%的要求。学科队伍的学缘构成在优势学科中"近亲繁殖"状况较为突出,本校、本学科留校教师所占比例普遍较高。学科梯队人员基本上由本校毕业的博士、硕士构成。造成此种现象的主要原因一方面是早期学科建设对教师队伍学缘结构不够重视,另一方面也与中国多年来人才流动体制单一有关。在学科队伍建设中,教师队伍的"近亲繁殖"、"师徒同堂"和"四世同堂"极易造成学科队伍成员的知识结构逐渐趋向于单一、研究方向逐渐趋同、学术思想和学术观念逐渐趋向于一致,不利于形成多种学术观点和学术思想的交锋,时间久了,容易影响学科的发展。

近几年来,学缘结构问题已引起高校管理部门的高度重视。多数院校一方面以高层次人才计划项目为推手,积极引进国际上具有较高学术影响力的中青年专家和学者,建立高层次人才队伍后备梯队,促进队伍结构的改善;另一方面采取特殊政策吸引海外杰出人才,促进学科梯队的组建和"远缘杂交",通过一名杰出学者吸引一群优秀的力量、创建一个团队、凝练一个研究方向,带动整个学科的发展。一支富有活力的、年轻化的金字塔形农业工程学科梯队逐步形成,其基本特征表现为越到塔顶人员越少、学术权威性越高、对学科发展的引领作用越强。

塔的顶层结构为学科(学术)带头人,即在本学科领域具有极高的学术水平和学术权威性,能够带领、组织和指导有关人员开展该学科领域学术研究,并取得显著研究成果的专家,如两院院士、千人计划入选者、教育部长江学者特聘教授,人数极少甚至一人,但却起到了带头领路或者说创新的关键作用。农业工程学科目前全国共有中国工程院院士4人,汪懋华(中国农业大学)、蒋亦元(东北农业大学)、罗锡文(华南农业大学)和康绍忠(中国农业大学),另有任露泉(吉林大学)为中国科学院院士,教育部长江学者特聘教授8人,其中中国农业大学5人(康绍忠、韩鲁佳、李洪文、黄冠华和王福军),吉林大学2人(佟金和韩志武),浙江大学1人(应义斌),除两位资深院士外,"60后"院士崭露头角,长江学者特聘教授有7人为"60后",农业工程学科带头人的第一梯队正在趋向"年轻化",说明中青年科学家正在成长为学科科研领域的将帅,学科曾经的顶层人才断层正在得到弥补。第二层级为中青年学科方向带头人,是在学科领域中有稳定的、特色鲜明的研究方向,在国内外有一定的学术地位与影响力,学术造诣深,能够把握学科发展趋势,科研能力强,取得一定科研成果的专家,包括杰出青年基金获得者、国家百千万人才工程人选、教育部21世纪优秀人才、国家级教学名师等。第三层级由学科骨干成员组成,成员通常参加过省部级及以上科研项目的研究工作或重大技术创新、技术攻关等工作,在学术上已取得一定成就并且形成自己的特色,学术思想活跃,有培养前途的中青年教师,包括省、地区级人才自助计划获得者、省级教学名师等教授、副教授。第四层级由学科讲师、助教、实验技术人员等构成学科梯队的基础部分,起到承上的作用,由于存在人数较多,在新老更替中,可以从中不断选拔优秀人才,补充与充实上一层级的队伍,做好梯队建设的衔接,保证学科良好的稳定性和发展性。

整体来看,一支数量适当、结构合理和群体效应高的农业工程学科梯队正在逐渐形成。但值得关注的是,受不同地区社会、经济及科技水平发展的影响,有些院校高水平的学科带头人紧缺,骨干教师队伍新老交替形势仍然严峻。此外,不同区域对农业工程学科方向的需求不同,未来应充分发挥学科带头人、学科方向带头人的"领头雁"式的引领和集聚效应,以点带面,推动区域学科梯队的建设和不断优化。

3.3 学科发展模式及演进规律

现代化作为一个世界性历史进程,反映了由工业化引起的人类社会从传统农业社会向现代工业社会所经历的巨变。期间,经济与科技的飞速发展加剧了社会对高知识技术型人才的需求,进而推动了教育现代化与工程教育的变革。这一巨变始于西欧,后经北美、欧洲向亚非拉延伸。

3.3.1 欧美发达国家学科发展模式及演进规律

(1)学科发展模式

欧美发达国家农业工程学科发展主要呈现两个典型特征:

一是早发内生型。早发内生型发展理论认为,早发现代化是由社会内部的现代性因素相互作用而在时间上较早进入现代化进程的一种现代化发展模式。早发内生型现代化并非是突发性的,而是长期现代性因素自然累积并由此积蕴形成一种内在的、自发的变革动力来推动现代化发展的一种模式。对于农业工程学科而言,学科是现实需求与科技成果合力推动的产物。

美国独立战争后西进运动开启,西部农场的日益壮大与劳动力不足的矛盾日趋加剧,生产规模与生产工具落后之间的矛盾也日渐突出。在此背景下,刺激了农业生产者对农业生产工具技术革新的动力,推动了美国农业工程技术创新的进程。与此同时,18 世纪 70 年代工业革命开始,开启了人类社会现代化的大门。工业革命加速了社会物质财富的积累,引发经济领域革命的同时,推动了近代自然科学与人文科学的发展,增强了人类改造与认识自然的能力。钢铁冶炼技术与机器制造业的发展为欧美各国农机具的革新提供了必要的原材料与技术支撑,尤其是蒸汽机的发明及应用为动力型农机具的出现提供了可能,但农业工程理论体系尚未成型,学科处于前科学时期。第二次工业革命则几乎在欧美先进国家同时发生,尤以美国和德国为主。美国农业院校中三位一体式教学、科研和推广体系在很大程度上加速了自然科学与农业工程技术的密切结合,而欧美更多工程师加入到农业工程研究领域促进了农业工程学科的诞生。1907 年,ASAE 的成立标志着农业工程学科地位的确立,学科理论体系形成并进入了常态发展时期。农业工程学科在上述国家开始酝酿与发展的时候,世界上还没有成型的学科模式存在。对于这种"原生型"学科而言,既没有明确的发展前景,也没有成功发展模式可借鉴。推动农业工程学科形成与发展的力量,来自社会生产的现实需求和不断积累与发展的工业技术革命成果,是社会自身力量与科学技术共同推动的科学创新之结果,政府发挥作用较为有限,具有典型的先发特征。

二是渐进性。由于没有任何成功经验模仿与移植,欧美学科是一边探索一边发展的,在摸索中不断总结前行,在探索中不断创新。学科发展虽有调整与变化,但其变革力度比较细微而温和,进程缓慢而渐进。20 世纪六七十年代,欧美各国相继实现农业机械化与现代化之后,学科注册学生逐年降低,学科研究资助力度减小,传统工程技术需求下滑,社会关注度明显降低,传统农业工程学科陷入发展危机。第三次工业革命使自然科学和应用技术结合更为紧密,学科之间相互促进、相互渗透,新领域层出不穷,工程技术与生物科学的结合令学科找到新的契机,学科发展摆脱危机进入新的创新与革命时期。尽管学科发展经历了革命性的转变,但其发展进程仍相对是渐进与缓和的。无论是农业工程技术创新,还是农业工程教育体系的创建,都是在社会发展需求和科学技术发展合力推动下逐步摸索形成的,学科发展是一种内在的、纯自然的、渐进式的演变。

综上所述,欧美发达国家农业工程学科的形成是自然而然的产物,由民间力量自发推动为主,政府充当的角色极为有限。学科在社会需求与科技发展双重带动下渐进式发展,先发、渐进和自下而上特征显著,属于典型的先发内生型学科发展模式。

(2)学科演进规律

①在欧美发达国家,学科均经历了四个不同的发展时期,即前科学时期、常规科学时期、危机时期与革命时期(图3-6)。在前科学时期,能工巧匠在农业生产实践中积累的经验促进了生产工具的技术改良,但经验还没有形成系统的知识体系,没有上升到理论高度。随着土木、机械、电子等相关工程学理论形成并逐步融入农业工程技术的创新中,长期实践经验与知识量的积累形成科学生长点,农业工程学科由此而生并进入以工程技术应用为主的常规科学时期。农业机械化与现代化实现后,原有基于应用的农业工程学理论与方法不能够满足新的发展需求,迫切需要新理论与方法,学科进入危机时期。历经多年,学科积极探索基于生物科学的工程学科新方向,现代生物学技术、新能源技术、系统工程、自动化成为引领学科发展的重要力量,推动学科进入革命时期。20世纪90年代初,ASAE首次更名为农业、食品与生物工程学会,农业与生物系统工程理论体系不断完善与丰富。2005年,ASAE更名为ASABE,表明以生物、系统工程为核心的新学科理论体系已经形成,学科进入新一轮的常规科学时期。相比北美,欧洲农业工程学科形成晚了近20年,因各国教育体制不同,其学科进入危机时期的时间也明显晚于北美,欧洲农业工程学科目前还处于边探索边转型的革命时期。

纵观欧美农业工程学科发展史不难看出,学科作为科学的一个分支或一个部分,遵循科学发展的积累规范与变革规范。学科在发展积累中蕴含着创新与突破,学科发展既呈现连续性,又具有突变性与阶段性,整个发展过程呈现出周期性波浪式前进的态势。

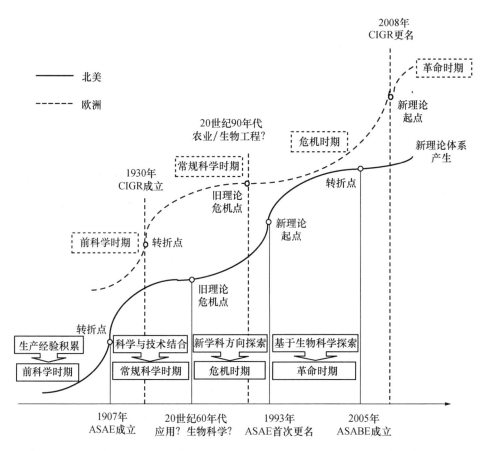

图 3-6 欧美发达国家农业工程学科发展规律

②工业化是现代化的前提与基础，一个国家工业化的完成意味着社会从传统农业社会进入了现代农业社会，农业由初级工业化迈入高级现代化阶段。

国内外学者对于工业化进程的判断主要基于产业结构、就业结构和经济结构等角度加以测度，最为著名的理论包括西蒙·库兹涅茨模式及钱纳里标准等。其中，西蒙·库兹涅茨模式判断工业化是否完成的两个重要指标为：第一产业比重小于10%，一产从业人员比重低于17%，并且第二产业

产值比重达到高峰且开始缓慢下降①。钱纳里提出的人均 GDP(gross do-
mestic product,国内生产总值)划分工业化发展阶段标准认为,当工业化完
成时人均 GDP 应达到 2 400 美元(1964 年价格)②。如表 3-8 所示,20 世纪
50 年代初期,美国第一产业比重已显著降低至 5％以下,第二产业产值比重
达到高峰且开始缓慢下降。另据统计表明,美国一产从业人员比重在 30 年
代降至 17％,且人均 GDP 在 1954 年已达 2 399 美元,接近工业化完成时所
要求的人均 2 400 美元。综合各项指标可以看出,美国完成工业化的时间应
在 20 世纪 50 年代中期,这是发达国家中最早完成工业化的国家。

表 3-8 欧美部分国家实现工业化时产业结构与就业结构指标

国家	年份	第一、二、三产业产值比重/％			第一产业从业人员比重/％	人均 GDP/美元
		第一产业	第二产业	第三产业		
美国	1953	4.3	45.3	50.4	19.9(1929 年)	2 399(1954 年)
	1963—1967	3.3	44.3	52.4	5.7(1965 年)	
英国	1955	4.4	56.8	38.5	7.2(1921 年)	2 517(1971 年)
	1963—1967	3.4	54.6	42.0	3.7(1961 年)	
意大利	1950—1952	22.4	43.6	34.0	—	2 574(1972 年)
	1963—1967	13.7	47.9	38.4	25.2(1964 年)	
德国*	1960	6.3	61.9	31.8	29.3(1946 年)	2 524(1959 年)
	1963—1967	5.4	62.4	32.2	11.3(1964 年)	
法国	1963	8.4	51.0	40.6	20.0(1962 年)	2 503(1968 年)
加拿大	1951—1955	13.6	48.9	37.5	37.1(1911 年)	2 543(1964 年)
	1963—1967	9.7	54.6	35.7	9.5(1966 年)	

数据整理自:库兹涅茨 S S. 各国的经济增长总产值和生产结构[M]. 常勋等,译. 北京:商务印书馆,1985.

＊德国指德意志联邦共和国。

① 库兹涅茨 S S. 各国的经济增长总产值和生产结构[M]. 常勋,等译. 北京:商务印书馆,1985.
② 钱纳里 H B. 工业化和经济增长的比较研究[M]. 吴奇,等译. 上海:上海三联书店,1989.

与此同时,20 世纪 50 年代中期美国拖拉机保有量首超役畜(图 3-7),基本实现农业机械化,与工业化完成时间基本保持了同步。至 60 年代中期,美国全面实现农业机械化。继美国之后,德国与加拿大在 60 年代初期,英国与意大利大致是在 70 年代初相继完成工业化,至 70 年代中后期实现农业机械化。英国与意大利之所以晚于其他国家实现农业工业化,与两国二战前对农业与农机工业重视不够有一定的关系。20 世纪 40 年代英国与意大利拖拉机保有量分别为 17 万台和 5 万台,并以进口为主。二战后两国加快了促进农业发展与农机工业建设步伐,1964 年英国拖拉机保有量已达 48 万余台,意大利在 1965 年拖拉机年保有量也近 42 万台。

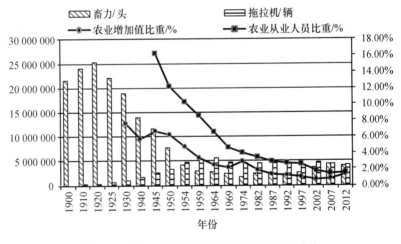

图 3-7 1900—2012 年美国农业机械化发展指标

20 世纪 50 年代中期至 70 年代初,美国、加拿大、德国与法国等国家相继进入后工业化时期,农业生产全面实现机械化。此后,拖拉机保有量进入饱和期,直至 90 年代。这是一个很有价值的规律,上述工业化国家全面实现农业机械化后拖拉机保有量均出现 10～20 年的一个饱和期(图 3-8)。究其原因,拖拉机的饱和一定程度上表明社会对拖拉机动力刚性需求降低,农业生产进入了高度机械化发展阶段,农业工程技术面临着一个量变到质变的转变。与此同时,高速发展的工业化、城镇化导致生态环境开始恶化,60年代爆发的能源危机引发欧美经济大萧条,对农业工程技术提出新的要求。此外,以原子能、电子计算机、生物工程等为核心的新能源、新材料、信息技术与生物技术等新领域研究开始兴起,为农业工程学科探索新的领域与发展方向提供了契机。20世纪90年代,学科突破传统的以农田生产机械化为核心的束缚,提出学科是基于生物科学的工程学科的新思路,可再生能源、生态环境保护、生物系统工程及智能化精准农业研究成为学科研究和关注的新焦点。

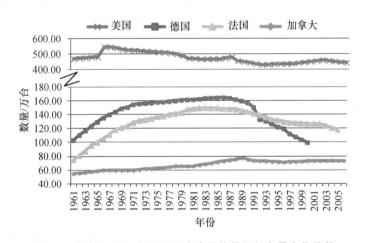

图3-8　1961—2006年不同国家农用拖拉机保有量变化趋势

综上所述,欧美发达国家工业化的实现为农业工程提供了必要的技术支持,在制造业实现工业化之后,农业工业化得以完成,并进一步影响了农业工程学科的发展轨迹。农业机械化完成之后,拖拉机保有量经历10~20年的饱和期,农业机械化迈入高度机械化发展阶段,这一阶段也正是学科探索新领域的重要时期;在后工业化阶段,由第三次工业技术革命兴起衍生出的诸多新理论与新技术为学科创新发展提供了契机,学科旧理论体系逐步被新理论体系取代。

(3)学科发展特征

①学科中心地位的确立。ASAE成立标志着农业工程学科作为一个独

立的学科被世人所认知。第一次世界大战的爆发影响了农业工程学科在欧洲的发展,CIGR 成立之前近 20 年的时间,学科发展与创新主要以美国为中心展开,无论是学术机构的建设、高等教育体系的创建,还是农业工程技术的创新数量与速度,全面推动了美国农业机械化发展并始终保持学科发展中心的地位。与北美相比,欧洲农业工程学科的起步与发展速度较为缓慢。一战结束后世界对粮食需求量的激增促进了学科在欧洲的形成与发展。由于不同国家历史、经济、农业生产发展需求及高等教育机制的不同,欧洲各国农业工程学科发展历程各有差异。1930 年 CIGR 成立以后,欧洲农业工程学科发展进入常规科学时期,不同国家相继建立自己的研究机构与高等教育体系,设立相应的农业工程课程。美国农业工程学科缘起最早,发展最为成熟,始终引领着世界农业工程学科发展的方向。进入 21 世纪以后,经过十余年的探索,2005 年 ASABE 成立,学科已经完成从传统到现代生物工程的变革。20 世纪 80 年代末,欧洲已有农业工程研究人员开始关注农业工程学科未来的发展方向,2002 年 USAEE-TN 成立,探索欧洲农业工程学科变革成为学术界研究的一个主流。在亚特兰蒂斯计划支持下,欧洲启动了学科转型的探索与研究,借鉴美国经验的同时,各国结合国情积极探索适合自己的模式。2007 年,联盟正式更名为 ERABEE-TN,欧洲农业工程学科的变革正式开启。整体来看,农业工程学科始终以美国为核心、北美为中心向欧洲及其他地区拓展。

②学科研究领域的拓展。20 世纪 70—80 年代,欧美国家相继实现了农业生产机械化的同时,人们已经意识到机械化带来的能源危机问题、环境条件对动植物生产的影响、农业系统工程及人体工程设计等新研究领域对创新农业工程技术的重要性。学科研究开始由机械化农业向信息化农业转变,在提高劳动生产率、资源利用率及土地产出率的基础上,研究如何以相对少的资源投入,获得尽可能大的经济、社会和生态效益,最终创建低耗、高效和安全的农业生产系统和生态环境系统。随着现代生物工程技术、信息

技术和自动化技术在农业生产领域的广泛应用,智能化已成为当今农业工程技术发展的主流趋势。21世纪以来,欧美发达国家信息化与工业化的深度融合在农机装备制造业上得到了充分体现,信息化技术的应用在加快农机制造业转型升级,提升产品技术水平和专业化程度,降低作业能源消耗和提高生产效率方面发挥的作用越来越重要,已成为高端农机制造业的重点发展方向。农业工程技术已从单一性能向高度智能化的多元一体机方向发展,智能耕作、智能灌溉、智能施肥与植保、智能收获与采摘以及可追溯物联网等新技术的应用与开发使农业生产获得了最佳的投入产出效果。不仅如此,围绕生态平衡、资源节约、环境保护等主题,开发与农业可持续发展相结合的智能、精准工程新技术成为当前的主流趋势。

3.3.2 中国学科发展模式及演进规律

(1)学科发展模式

学科发展主要受社会、政治、经济、地域自然资源条件及工业化与现代化进程等因素制约,中国农业工程学科的发展模式有别于欧美发达国家,主要呈现以下两个特征:

一是学科早期后发外生型特征显著。工程教育与一个国家的工业化、现代化进程紧密相关,第一、二次工业革命未在中国发生,现代化发展因素在中国几近空白。1840年鸦片战争至新中国成立之前的百年间,受半殖民地半封建社会影响,中国社会生产力长期迟滞不前,缺乏由内部自发产生出推动农业工程学科理论与技术形成的不断积累。人多地少、经济落后、传统农业为主、工业极不发达,这种落后的不发达农业生产面貌与完全工业化的发达国家形成鲜明的对比。新中国成立时,诸如联合收割机、农用载重汽车等大型农业机械基本上是空白,综合农业机械化水平不足1%。与此同时,欧美农业工程学科的繁荣与发展促进了欧美多国在20世纪四五十年代谷物生产基本实现农业机械化,尤其是美国农业工程学科取得的显著成绩与中国形成巨大反差,强有力的外部刺激成为中国农业工程学科创建的主要推动力。在旧中国,由分散的民间力量来启动农业工程学科建设是根本不可能的,要成功地启动和推进农业工程学科建设就必须形成强行启动和推进学科发展的特殊条件,这就是政府强有力的介入并直接采用行政手段来推动。新中国成立前政府短暂的引进与借鉴美国学科理论与教育制度经验是学科形成初期的重要特征,但其起步仓促,且发端于战火纷飞、政治经济环境缺乏稳定的乱世之中,生存之路艰辛。新中国成立之后,受政治环境影响,全盘仿制苏联农业工程学科模式是更为强大的政府推动,在强有力的政府推动与外部援助相结合下,在国家严格的计划经济及教育计划指导下,农业工程分支学科得以迅速创建。

可以说,国内外学科发展巨大的落差诱发并推动了中国农业工程学科的创建,学科早期是基于国家行政指导、在高度集权的政治制度推动下实现的。因此,中国农业工程学科早期的形成与发展有别于北美与欧洲学科早发内生型发展模式,不仅形成时间较晚,而且是对外部刺激或挑战做出的一种积极回应,是一种在强大行政推动作用下、自上而下、借鉴与模仿特征显著的后发外生型发展模式。

二是后期学科从模仿为主转向自主创新。一方面,改革开放后,以陶鼎来为代表的科研人员意识到全面发展农业工程学科的重要性,在总结国内外农业发展经验和新中国成立以来历史经验教训基础上,研究人员提出建立农业工程的研究设计机构和发展农业工程学科的必要性,自下而上推动并参与了中国农业工程研究设计院与农业工程学会的创建;另一方面,在农业工程技术创新方面,20世纪八九十年代中国主要依附发达国家通过技术引进,不断缩小与发达国家间的差距。进入21世纪以后,依靠比较优势与后发优势中的市场换技术模式,中国已成为世界农机制造大国,但非强国,发达国家的核心技术"溢出"变得愈发困难。21世纪以来,国际金融危机使发达国家纷纷实施"再工业化"和"制造业回归"战略,高端制造领域出现向发达国家"逆转移"的态势(陈志,2015)。在此背景下,2015年5月国务院印发我国首个实施制造强国战略的十年行动纲领——《中国制造2025》。农机装备被列为《中国制造2025》十大重点突破领域之一,为农机产业发展提供新的契机的同时,也为学科基础理论研究与技术创新指明了方向和重点。此外,党的十八大以来,国家高度重视创新驱动发展,创新已成为国家发展全局的核心。因此,在创新大环境驱动下,农业工程学科必将由依附模仿迈向自主创新。

综上所述,中国农业工程学科早期发展以借鉴模仿发达国家学科模式为主,由政府强行推动为主,后发外生型特征较为显著。改革开放以后,学科在研究人员的合力推动下得以创建,随着创新成为国家发展全局的核心,学科已经从引进模仿转向自主创新阶段,是一种典型的后发、引进借鉴与主动创新并存的后发创新型发展模式。

(2)学科演进规律

①纵观中国农业工程学科发展历程不难看出,由于历史原因,学科发展并不是一帆风顺的。

新中国成立之前,农业工程一词已在中国出现,但仅仅是以引进和介绍西方国家学科理论与技术为基础。新中国成立之后,中国开始全面仿制苏联学科模式,相继建设了农业机械化、农田水利、农业电气化等分支学科(图3-9),由于分属于不同的部门管理,对各分支学科的建设过度强调基础设施建设与具体工程技术的应用,理论研究被忽视,学科并未形成完整的体系。

近代科学诞生在欧洲,工业革命始自欧美。伴随着近代科学与工业技术革命的发展,发达国家农业工程学科的前科学时期经历了近百年,工业技术革命的成果在促进工业化进程的同时,土木、机械及电气等工程技术与理论在农业生产中的实践与应用促进了农业工程学科的诞生。与欧美发达国

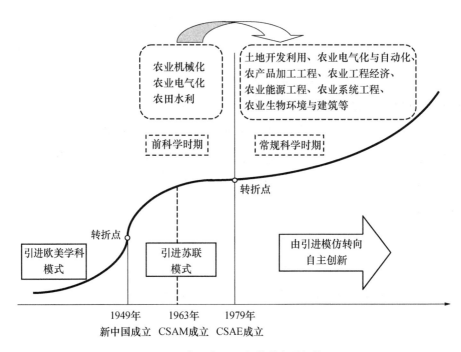

图3-9　中国农业工程学科发展规律

家农业工程学科演变路径不同,在中国近代史上,近代科学与工业技术革命在中国出现较晚,家家户户营农的小农经营对农业工程技术的要求也不是很高,学科形成所需理论与实践基础缺乏。因此,中国农业工程学科的建设与发展主要依靠引进与模仿,无论是新中国成立前引进欧美学科经验,还是新中国成立之后复制苏联经验,学科均未形成系统化的理论体系,而是经历了一个学科形成前的知识加速积累时期,即学科地位确立以前分支学科的形成与发展时期。

1979年中国农业工程学会(CSAE)的成立,标志着农业工程学科地位的确立,学科发展进入常规科学时期。新学科的出现,是经过长期艰苦实践和认识发展到科学生长点而必然发生的质的飞跃。中国农业工程学科地位的确立比北美晚了近70年,学科的发展仅仅有30余年,农业现代化中的机械化还没有完全实现,尽管已有科研人员就农业工程学科是基于生物科学还是基于工程的科学进行了讨论,提出中国农业工程学科应在原有基础上向生物系统工程拓展的需求,但基于中国农业发展对农业工程技术的需求还将持续一段时间,中国农业工程学科的发展仍将沿着当前的道路发展,学科发展仍将处于常规科学时期。

总而言之,作为科学体系的一部分,中国农业工程学科的发展同样遵循科学发展的积累与变革规范,学科发展历经前科学时期,目前进入常规科学时期。

②发达国家经验表明,工业化的实现为农业装备提供了必要的技术支持,在制造业实现工业化之后,农业机械化得以完成,并进一步影响农业工程学科的发展轨迹。中国农机工业从起步到发展,始终坚持技术引进与自主创新相结合的发展道路。1949年新中国成立时,全国拖拉机保有量仅200多台,农机总动力8.1万kW(其中,89%是排灌动力),人畜力手工劳动为主。新中国的工业化进程始于1953年开始的国民经济发展第一个"五年计划"。与欧美发达国家优先发展轻纺工业的工业化道路不同,为实现赶超目标,新中国全面模仿苏联重工业模式开始强制性重工业积累。1958年,苏联援建重点工程之一的洛阳拖拉机厂首台拖拉机——一拖东方红履带拖拉机(DT54)生产下线,标志着中国农机工业与农业机械化的起步。至1978年,全国大中型拖拉机拥有量已达55.7万台,小型拖拉机137.3万台。由于国家整体工业基础薄弱,工业化起步阶段农业工程技术对外存在较高的依赖性,主要以照搬苏联产品制造体系为主。

改革开放后,中国充分发挥自身比较优势与后发优势,依靠技术引进和国际装备制造业转移带来的技术扩散,大规模引进欧美发达国家技术资源,农机工业开始步入快速发展轨道,高新技术的大量引进构成这一时期我国农业工程技术进步的主要来源,工程研发体系逐步形成,学科地位确立并步入正轨。按照陈佳贵等提出的中国工业化进程判断标准(表3-9),1991年

表 3-9　中国工业化不同阶段指标值

指标	前工业化阶段	工业化阶段			后工业化阶段
		工业化初期	工业化中期	工业化后期	
人均 GDP,PPP(2005 年)/美元	245～1 490	1 490～2 980	2 980～5 960	5 960～11 170	>11 170
三次产业结构/%	$A>I$	$A>20,A<I$	$A<20,I>S$	$A<10,I>S$	$A<10,I<S$
第一产业从业人员比重/%	>60	45～60	30～45	10～30	<10

注:A 为第一产业,I 为第二产业,S 为第三产业,PPP 为购买力平价。

资料来源:陈佳贵,黄群慧,钟宏武,等. 中国工业化进程报告[M]. 北京:社会科学文献出版社,2007.

中国工业化进程由起步阶段进入初级阶段。2004 年,全国大中型拖拉机拥有量突破 100 万台,至 2010 年,大中型拖拉机已近 400 万台,一产从业人员比重降至 36.7%,农作物耕种收综合机械化水平达到 52.28%,农业生产方式实现了由人畜力为主向机械作业为主的历史性跨越,农业机械化发展完成了由初级到中级阶段的重大跨越。与此同时,一产比重降至 9.6%,人均 GDP 升至 9 230 美元(2005 年价格,见表 3-10),第一产业从业人员 36.7%,中国工业化进程总体迈入工业化中后期阶段。按照农业机械化水平现有 4% 年均增长率计算,2020 年基本实现农业机械化的发展目标是可行的。专家预测,2020 年中国将实现工业化,与基本实现农业机械化的时间保持同步,同样现象出现在 20 世纪 50 年代的美国。从基本实现农业机械化到全面实现机械化,欧美发达国家大致用了 10 年的时间完成。与欧美发达国家所处技术与经济环境不同,中国从基本实现农业机械化到全面机械化有可能时间会缩短。全面机械化后,依据发达国家经验,拖拉机保有量会经历 10～20 年的饱和期,一定程度上表明社会对农机动力的刚性需求降低,传统农业工程理论与技术不能解决新问题,学科发展进入危机时期。

③21 世纪中国农业工程学科面临着同整个工程科学界一样的形势,机遇和挑战同在。2012 年 10 月,德国产业经济研究联盟及其工业 4.0 工作小组提交一份名为《确保德国未来的工业基地地位——未来计划"工业 4.0"实

施建议》草案,提出"工业 4.0"是以智能制造业为主导的第四次工业革命,本

表 3-10 1990—2013 年中国经济发展指标

年份	第一、二、三产业产值结构/%			第一产业从业	人均 GDP,PPP
	第一产业	第二产业	第三产业	人员比重/%	(2005 年)/美元
1990	26.70	40.90	32.40	60.10	1 488
1991	24.20	41.40	34.50	59.70	1 603
1992	21.40	43.00	35.60	58.50	1 809
1993	19.40	46.10	34.50	56.40	2 038
1994	19.50	46.10	34.40	54.30	2 278
1995	19.70	46.70	33.70	52.20	2 500
1996	19.40	47.00	33.60	50.50	2 722
1997	18.00	47.00	35.00	49.90	2 944
1998	17.20	45.70	37.10	49.80	3 145
1999	16.10	45.30	38.60	50.10	3 355
2000	14.70	45.40	39.80	50.00	3 609
2001	14.10	44.70	41.30	50.00	3 881
2002	13.40	44.30	42.30	50.00	4 205
2003	12.40	45.50	42.10	49.10	4 598
2004	13.00	45.80	41.20	46.90	5 031
2005	11.70	46.90	41.40	44.80	5 568
2006	10.70	47.40	41.90	42.60	6 238
2007	10.40	46.70	42.90	40.80	7 085
2008	10.30	46.80	42.90	39.60	7 728
2009	9.90	45.70	44.40	38.10	8 398
2010	9.60	46.20	44.20	36.70	9 230
2011	9.50	46.10	44.30	34.80	10 041
2012	9.50	45.00	45.50	33.60	10 756
2013	9.40	43.70	46.90	31.40	11 525

注:数据人均 GDP,PPP(2005 年,美元)来源于 World Bank Cross Country Data.

次革命旨在充分利用信息通信技术与网络空间虚拟系统,构造基于信息物理联合系统将制造业向智能化转型,以工业互联网、智能制造为代表的新一轮技术创新浪潮将席卷全球。2015 年 5 月中国正式出台实施制造强国战略

第一个十年行动纲领——《中国制造2025》。与"工业4.0"相同,两者都是在新一轮科技革命和产业变革背景下针对制造业发展提出的一个重要战略举措。《中国制造2025》提出以信息技术与制造技术深度融合的数字化、网络化、智能化制造为主线,以国家制造业创新中心建设工程、智能制造工程、工业强基工程、绿色发展工程、高端制造创新工程为抓手,以农机装备等十大重点领域为突破口,全面部署了未来十年制造强国战略行动路线图。2030年,中国即将实现工业化后期向后工业化的跨越,整个科技领域都在酝酿着新的变革,学科间的调整、重组必将导致传统学科的革命和新兴学科领域的诞生,为传统农业工程学科的变革带来新的契机。

第一、二次工业革命与中国失之交臂,第三次工业革命中国赶上了末班车,前三次工业革命尽管推动人类由农业社会进入工业社会,但以黑色发展模式为基础的发展造成巨大的能源、资源消耗以及生态环境破坏使得人类不得不应对随之而来的能源与资源短缺、生态与环境污染等挑战。第四次工业革命中国将不会再错过,国家已将科技创新放在发展全局的核心位置。在以制造业数字化、网络化、智能化为核心技术的基础上,绿色化发展亦将成为本次工业技术革命的重要标志。在第四次工业革命的推动下,大规模、多元化的绿色、智能新兴工程技术即将兴起,农业工程学科的外延空间必将向资源、环境与生态等领域拓展延伸,以分子生物学为理论基础、新理论与新技术手段的融合将推动学科新理论体系的产生并进入新一轮生长期。

可以预计,到21世纪中叶,第四次工业革命的兴起将推动学科进入革命时期,学科即可能完成从传统农业工程到现代生物系统工程的转型。密切关注当前国际科技前沿的应用与发展,是学科未来做好成功转型的重要前提。

(3)学科发展特征

①从学科创建过程来看,1979年中国农业工程学会的成立是我国农业工程学科诞生的分水岭。1979年之前是部分分支学科创建、非体系化发展的30年,为学科理论与方法的创建及学科组织制度建设奠定了基础;之后

的 30 年,是农业工程学科全面建设,形成完整学科体系、飞速发展的 30 年。中国农业工程学科地位确立之前,农业机械化、农业电气化和农田水利分支学科已经相继建立。20 世纪五六十年代,国家把实现农业的机械化、电气化、水利化和化学化放在突出的位置,农业机械化类院校与研究机构得到较快发展,学科无论在队伍建设、研究方向,还是人才培养方面,都取得了一定的成绩。但不容忽视的是,新中国成立后近 30 年的时间,由于一味以追求粮食产量为目标,农业工程学科的建设始终片面地停留在机械化、电气化与水利化三个分支领域,忽视了对土地开发利用、农业建筑与生物环境、农产品加工、农村能源等领域的研究,导致农业工程学科内部各分支发展不平衡,并没有形成完整意义上的农业工程学科,学科发展处于学科理论与方法加速积累的前科学时期。中国农业工程学会的成立,为农业工程学科的体系化发展提供了可能。20 世纪 80 年代开始,中国农业工程学科开始加快追赶国际农业工程学科发展的步伐,土地开发利用工程、农业建筑与生物环境控制工程、农产品加工工程、农村能源工程、农业工程经济、农业系统工程、电子技术在农业上的应用、遥感技术在农业上的应用以及农业机械化电气化工程等分支学科相继建立并成立相关的学术专业委员会,学科发展进入常规科学时期。

②从学科发展趋势来看,学科引进模仿所带来的后发优势将逐渐减退,学科内部自主创新将取而代之。在中国加快工业化的过程中,后发优势与技术追赶效应同样出现在农业工程领域。对于发达国家已经成熟的科学技术与理论方法,发展中国家不需要投入巨大的资源来重新研究和开发,而只要花费一定的成本通过技术引进、消化与吸收就可以把这些科学技术拿来并运用于国内生产实践之中,显著缩短了与发达国家的技术差距。欧美发达国家在 20 世纪六七十年代就已经实现农业机械化与现代化,发达国家先进的农业工程技术作为一种公共产品,具有溢出效应,对于科学技术比较落后的中国来说是一个非常有利的条件。改革开放以来,通过借鉴、模仿与引

进吸取欧美发达国家现成的学科理论体系与方法、学科制度建设及工程技术成果,总结经验教训,少走了许多探索弯路,学科无论在科研还是学科教育制度建设方面,均取得了长足的进展,这主要得益于学科发展所存在的后发优势。经过30多年的发展,中国农业机械化作业领域由粮食作物开始转向经济作物,由大田农业向设施农业,由种植业向养殖业、农产品加工业发展,由产中向产前、产后延伸,发展空间不断扩大,农业机械化发展已进入中级发展阶段。

近年来,随着发达国家核心技术溢出变得愈发困难,以低成本获得国外先进技术的空间正在缩小,农业工程高新技术领域面临核心技术缺失的严峻挑战。在发达国家"再工业化"和"制造业回归"战略出台的背景下,创新战略已成为当前中国发展全局的核心,加强学科自身建设,搭建产学研创新平台建设,进一步推动面向未来应用和高技术、高创新能力的人才培养已成为主流趋势。

总的来讲,中国农业工程学科的演进选择的是一条"后发创新型"路径,学科发展相继经历了由取道美国、后至模仿苏联、再到借鉴欧美,目前已进入以自主创新为主的新时期,学科发展阶段性特征显著,从"全盘仿制"到"有选择地借鉴",再到自主创新,后发优势之后的原始创新将是中国农业工程学科发展路径的全新选择。

3.4 学科发展模式比较

欧美与中国农业工程学科演进与发展相比,无论是学科启动时间、形成条件、学科发展推动力量,还是学科发展路径以及发展过程,均存在显著的差异,如表3-11所示。

表 3-11　欧美发达国家与中国农业工程学科发展模式的比较

类目	欧美先发内生型模式	中国后发创新型模式
启动时间	第一、二次技术革命	二次技术革命之后
形成条件	原生型,无成功案例、经验与模式可借鉴	受欧美成功经验刺激诱发内部变革
推动力量	个人经验与民间组织自发推动、自下而上的过程	早期政府行政力量作为主要推手、自上而下的过程;改革开放后民间力量推动学科正式创建
发展路径	自主创新学科理论与技术,包括学科组织与制度创新	早期以引进模仿国外先进经验为主,自主创新意识较弱;改革开放后,逐步变引进模仿为自主创新
发展过程	学科发展历经前科学时期、常规科学时期、危机时期与革命时期,现进入新一轮学科成长时期	受内外环境条件制约,学科发展几经调整,渐趋稳定并进入常规科学时期

从学科启动时间来看,欧美农业工程学科早在第一、二次工业技术革命,就已经开始孕育并逐步走向成熟;而中国农业工程学科的发端时间则远远晚于欧美国家,鸦片战争结束后才刚刚开始起步。从学科形成条件来看,欧美农业工程学科无前例可循,学科创建与发展均源自社会内部需求与科学技术的共同推动,是科学和技术在长期积累的基础上自发演进的结果,属于典型的先发内生型学科;而中国农业工程学科早期的诞生则是在欧美成功经验的驱动(国内外巨大差距所形成的挑战压力)与社会现实需求(摆脱落后现状、加速社会发展)的推动下形成的,具有典型的后发外生型学科特征,经历早期引进模仿之后,学科后期转向自主创新发展阶段。从学科推动力来看,欧美农业工程学科的发展政府参与度极低,推动力主要源自个人经验与民间组织自发推动,是一种自下而上的推动过程;而中国早期主要依靠集权型政治、由政府的行政手段作为推动力,推动学科的发展,但后期在民

间力量的推动下学科得以创建。欧美国家农业工程学科无论是理论与技术还是学科组织与制度建设，均依靠前期积累与自主创新，学科发展相对顺利，相继经历了前科学时期、常规科学时期、危机时期与革命时期，是一个自然演进过程；中国农业工程学科早期则以引进模仿为主，由于社会政治环境等多方面因素影响，学科发展并不是一帆风顺的，几经调整，现迈入常规科学时期，学科开始进入原始创新为主的发展时期。

通过上述比较不难发现，尽管中国农业工程学科创建与发展均落后于欧美发达国家，但后发型学科也有优势。通过借鉴与模仿，中国农业工程学科避免了学科早期建设不必要的探索过程，尤其是学科理论与方法的创建、学科科研与教育等学科组织与制度的摸索，节约了大量人力、物力与时间。学科通过前期借鉴与移植已经积累一定的经验与基础，但依靠外援毕竟不是长久之计，后期发展学科必将由"外援"转向"内生"，学科将依靠自身改革与创新而激发学科发展动力。

学科发展具有时空性，我们需清晰认识到中外学科发展差距是客观存在的。两种模式所承载的国情不同，当前发展阶段也不尽相同。中国目前所处的农业机械化与现代化阶段同北美以农业机械化为标志的农业现代化过程中的任何一个阶段都不一样，故目前中国还不宜在全国范围内推行将农业工程学科全部改造为北美农业生物系统工程学科的模式。但是，北美农业工程学科以生物科学或农业生物科学为基础的学科发展模式，为中国农业工程学科基础变革提供了一个可借鉴的方向，即在传统学科基础上拓展的同时，积极探索资源与环境对现代化农业的约束，将现代生物科学以及计算机为代表的最新科学技术成果及时融入农业工程学科中，包括学科专业体系建设和课程体系建设均应考虑这种融合。对于中国农业工程学科来讲，当务之急不是要制定明确的学科赶超目标和发展规划，而是需要清楚地认识与定位自身的发展阶段与水平，做好改革利弊分析，以国家近期与长远发展目标为根本出发点、以满足社会发展需求与科学技术发展水平为基础，制定相应的学科发展政策与战略,加强传统学科推进农业机械化与现代化的同时,密切跟踪发达国家学科发展新动向,有选择性地西为中用。

3.5 本章小结

本章基于积累与变革规范、内生型/外生型发展理论,对农业工程学科发展阶段、发展模式与演进规律加以系统分析与研究,得出如下结论:

1. 欧美发达国家农业工程学科相继经历了以生产实践经验为主的早期发展时期、科学与技术紧密结合的快速发展期及农业机械化与现代化后的创新与突破三个重要阶段。中国农业工程学科经历了早期以引进模仿国外先进理论与技术为主的外援发展阶段,在学科组与学会成立后学科逐渐进入以自主创新为主的常规科学时期。

2. 欧美发达国家属于先发内生型学科发展模式,学科由民间自发推动为主,政府角色极为有限,在社会需求与科技发展双重带动下学科呈现先发、渐进和自下而上型发展特征。中国属于后发创新型发展模式,学科早期形成是在欧美发达国家成功经验刺激下做出的积极回应,在政府行政干预下,社会需求、政治需求与行政手段联手推动学科发展,后发外生型特征显著;改革开放以后,在社会力量积极推动下学科得以创建,学科逐步从引进模仿转向内部自主创新。

3. 中外农业工程学科发展均遵循积累与变革规范。欧美发达国家相继经历前科学时期、常规科学时期、危机时期与革命时期,现已进入新一轮常规科学时期。中国农业工程学科经历前科学时期后,现进入常规科学时期;工业化与农业机械化即将实现,对传统农业工程学科需求与关注度的降低将引发学科进入危机时期;而即将兴起的第四次工业革命必将推动不同学科的交叉融合并衍生出诸多新的领域,学科与新领域的融合推动学科进入革命时期。

4. 学科发展具有时空性,中外两种不同发展模式在启动时间、形成条件、推动力量及发展路径等方面存在显著区别。中国后发创新型学科发展存在一定的后发优势,通过前期借鉴与移植学科已积累一定的经验与基础,后期学科将由"外援"转向"内生",通过内部自主创新而激发学科发展动力。

第4章

基于科学研究视角的学科
知识结构演化

　　农业工程学科伴随着工程科学与技术的创新发展而不断变化。不同时期,学科研究领域各有侧重。科学计量学方法是目前探索学科知识结构较为有效的一种方法,该方法与可视化技术相结合为探索某一学科领域的知识结构与演变提供了有效的分析手段(赵勇等,2012)。为清晰比较国内外不同时期农业工程学科知识结构的演变与发展差异情况,本章采用科学计量学方法与可视化视图技术就学科知识结构的变迁与发展加以深入分析与探究。

4.1　数据获取与分析方法

4.1.1　数据获取与预处理

　　科研成果通常以多种文献形式表达,包括图书、期刊、学位论文、会议论文、科技报告等。其中,期刊具有出版周期短、信息量大,反映研究成果及时等特点,能够充分反映某学科研究领域的最新成果与动态。此外,期刊文献内容有特定的学科指向性,刊物不同栏目均能够反映出其代表的分支学科或研究领域。因此,研究人员多采用期刊收录文献作为科学计量分析的数据来源。

期刊选择以创刊时间较早、涵盖分支学科较为全面为原则,确定 *Transactions of the ASABE*(含 *Transactions of the ASAE*)、*Applied Engineering in Agriculture*、*Biosystems Engineering*(原 *Journal of Agricultural Engineering Research*)、《农业机械学报》与《农业工程学报》5 种期刊(见附录)。经 Web of Science、EI Compendex、CNKI 数据库下载获取文献题录数据,所检索数据涵盖的时间段基本上能反映国内外农业工程学科的研究历程。

为避免不相关文献对数据分析准确性的影响,对下载数据进行了选择性剔除。外文期刊去除所刊载 Note、Correction Addition、Correction 与 Reprint 等非学术或不相关文献,选择获取 Article、Letter 和 Review 类型文献,有效样本数据共计 10 180 条;中文期刊剔除了刊物所载有关实验室、院系、中心介绍,会议信息,科技成果介绍,期刊目次介绍,投稿须知,人物介绍等与学科研究无关的干扰信息,保留学术论文和综述性论文,获取有效样本数据共计 20 377 条。

4.1.2 数据分析流程与方法

采用科学计量学方法中的共词聚类分析方法与可视化技术,对农业工程学科知识结构的演变轨迹加以分析与讨论。数据分析流程如图 4-1 所示。

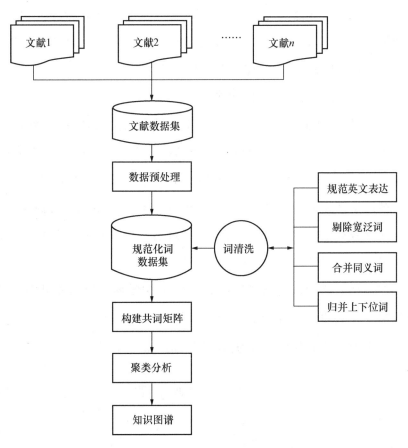

图 4-1　基于科学计量的数据分析流程图

（1）关键词清洗

本研究数据分析所需词汇取自文献中作者所提供的关键词，由于多数词汇缺乏规范的形式和表达，在构建共词分析矩阵之前需对关键词进行规范化处理。本研究中文数据参照《中国分类主题词表》（Web2.1 版）、外文数据参照美国国会图书馆主题词表 *Library of Congress Subject Headings* 对文献所提供的关键词进行规范化处理，词清洗所用软件为中国农业大学图书馆科学数据挖掘研究小组自主开发的学术论文元数据分析软件 Bibstats，词清洗环节主要包括：英文词规范处理、剔除概念宽泛词汇、合并同义词以及上下位词归并。通过关键词清洗环节,实现将自然语言转换成为规范化的主题词数据集合,统计获得外文关键词共计 12 094 个,总频次 70 935;中文关键词共计 37 024 个,总频次 95 872。

(2)高频词界定与共词矩阵构建

高频词界定:高频词可以有效表征文献研究的主要内容,因此,对高频词进行界定是进行共词聚类分析的重要基础。高频词界定方法有多种,除研究人员的经验性判断以外,齐普夫第二定律、箱线图法、孙清兰法及 g 指数法常被用于高频词界定,各有利弊。相比较而言,g 指数法对高频词的界定可有效克服对低频次的依赖,满足共词聚类分析方法对高频词界定的要求(李大量,2014;张松等,2013)。

本书选择 g 指数法为高频词界定原则,将关键词按照词频降序排列,当且仅当前 g 个关键词累计频次总和大于等于 g^2,而前 $g+1$ 个关键词累计频次总和小于 $(g+1)^2$ 时,g 即为高频词阈值,如下所示:

$$\sum_{i=1}^{g} f_i \geqslant g^2 \tag{4-1}$$

$$\sum_{i=1}^{g+1} f_i \leqslant (g+1)^2 \tag{4-2}$$

其中,g 为高频词逆序排列的序号,f_i 为第 g 个关键词的词频。

构建共词矩阵:共词分析的基本原理已在前文述及,通过统计文献集中两两关键词之间在同一篇文献中出现的频次,构建形成一个由关键词词对所组成的共词矩阵。在共词关系网络中,网络内节点之间的距离远近程度可以反映研究主题内容的亲疏关系,由此来确定文献集所涵盖的学科主题结构及其相互关系。为消除绝对频次之间的悬殊差距对共词分析结果的影响,真实地反映词间紧密联系的程度,需要对矩阵进行相应的归一化或相似性处理。

常用的相似性算法除常见的包容指数与临近指数等方法外,夹角余弦系数、Ochiia 系数、皮尔森相关系数及 Jaccard 系数等计算方法也为研究人员所采用，且各有优势。本书采用国内研究人员常用的 Ochiia 系数计算方法，将共词矩阵转换成相似矩阵。Ochiia 系数具体计算方法如下：

$$Ochiia(i,j) = \frac{C_{ij}}{(C_i \cdot C_j)^{\frac{1}{2}}} \tag{4-3}$$

其中，Ochiia (i,j) 代表关键词 i、j 两词的 Ochiia 系数，C_i 和 C_j 分别代表关键词 i 和 j 出现的次数，C_{ij} 代表关键词 i 和 j 共现的次数。经计算得到高频词的相似矩阵。相似矩阵中，Ochiia 系数越接近"1"，表明词间关系越紧密，而彼此无关的词，Ochiia 系数则越接近于"0"。为减少相似矩阵中过多零值对进一步分析结果的影响，可将矩阵采用"1"减去相似矩阵数据方法，获得共词相异矩阵。与相似矩阵截然相反，相异矩阵中系数越大表明词间紧密程度越低，反之则越紧密。

（3）共词聚类分析

聚类分析是统计学中研究"物以类聚"常用的多元统计分析方法。共词聚类分析借助聚类分析算法对词间距离进行定量测度，把关系密切的主题词聚集成团。这种以数理统计的方式对学科领域内的主题进行分门别类，所聚集形成的词团称之为类团。类团的组成、演化、消失及增长，可反映学科的研究热点(冯璐等，2006)。采用数理统计方法获得的词聚类团，对解读学科研究领域具有一定的客观性，一定程度上弥补了专家主观经验解读的不足。共词聚类分析中，多采用欧氏距离作为词间距离测度方法。

几何空间图通常是一个 n 维结构图，空间中点（词）之间的欧氏距离算法(Euclidean Distance)可表示为

$$D = \sqrt{\sum (x_{i1} - x_{i2})^2} \tag{4-4}$$

其中，x_{i1} 代表第一个点在 i 维几何空间图中的坐标位置，x_{i2} 代表第二个点在 i 维几何空间图中的坐标位置，$i = 1, 2, \cdots, n$。

（4）可视化知识图谱

学科产生是由某一个研究领域开始的，在促进学科发展的诸要素推动下，学科研究领域的某个方向与其他学科相结合，发展形成新的分支学科。学科发展遵循科学知识发展的普遍规律，知识图谱软件的出现为揭示学科研究主题的演进提供了很好的帮助。

知识图谱是指综合应用数理统计、图形学、信息科学等学科的理论和方法与共词分析等科学计量学方法，用图形直观揭示学科知识结构、发展历史、前沿领域以及整体知识架构的多学科融合的一种新理论方法。该方法把复杂的知识领域通过数据挖掘、信息处理、知识计量和图形绘制显示出来，揭示知识领域的动态发展规律，为学科研究提供参考（李运景，2009）。

常用知识图谱绘制软件很多，通常可以分为两类：一类是通用软件，如 SPSS、Ucinet 和 Pajek，知识图谱研究常用到 SPSS 中的聚类分析与多维尺度分析；社会网络分析多选择 Ucinet 和 Pajek 来分析与揭示知识间的关系，其中 Ucinet 集成了包括 Netdraw 在内的多个可视化软件。另一类是知识图谱绘制专用软件，如美国 Drexel 大学信息科学与技术学院教授陈超美博士开发的 CiteSpace 软件，荷兰莱顿大学 CWTS 研究机构专门开发的 VOS-viewer 软件。所有软件在可视化过程中都需要先将多维空间的研究对象简化到低维空间进行，一般会降至二维或三维，然后再加以定位、分析与归类。为了得到包含信息量大、可读性强、图谱更加有条理的可视化图形，不同软件使用原理略有差别，但实现目标相同。与其他软件相比，VOSviewer 具有图形展示能力强、适合分析大规模样本数据等特点，本研究选择该软件进行可视化视图分析。VOSviewer 软件可视化过程主要包含三个重要的技术环节：

①数据的标准化处理：软件选择关联强度来展现图谱中词与词之间的关联程度，具体计算方法如下：

$$S_{ij} = \frac{C_{ij}}{C_i \cdot C_j} \tag{4-5}$$

其中，C_{ij} 代表关键词 i 和 j 共现的总频次，C_i 和 C_j 分别代表关键词 i 和 j 各自出现频次，S_{ij} 代表关键词 i 和关键词 j 的相似度。

②词间距离的约束：VOSviewer 软件要求词与词之间的距离尽可能地准确反映词间的相似度 S_{ij}。软件选择使用欧几里得的平方距离的加权和来确定分析词在几何空间图中的位置，并以 S_{ij} 作为词间距离判断的权重，由此来最小化所有词对的距离，计算公式如下：

$$E(x_1, x_2, \cdots, x_n) = \sum_{i<j} S_{ij} \parallel x_i - x_j \parallel^2 \tag{4-6}$$

其中，向量 $x_i = (x_{i1}, x_{i2})$ 代表一个二维知识图谱上关键词 i 的位置，$\parallel x_i - x_j \parallel$ 代表欧几里得标准。n 维空间中，该目标函数的极小值同时要求服从以下约束：

$$\frac{2}{n(n-1)} \sum_{i<j} \parallel x_i - x_j \parallel = 1 \tag{4-7}$$

同时，为避免图谱中关键词所处位置相同的现象出现，即出现两关键词间距离为"0"的现象，软件对所有关键词进行了约束，规定两个关键词间的平均距离必须等于 1。

③图谱中词颜色的控制：VOSviewer 软件图谱提供了四种可视化视图，包括标签视图、密度视图、聚类密度视图与散点视图。以密度视图为例，图谱上每个词的颜色是由该词的项目密度决定的。

用 $\bar{d}$ 表示两个词间的平均距离，则

$$\bar{d} = \frac{2}{n(n-1)} \sum_{i<j} \parallel x_i - x_j \parallel \tag{4-8}$$

点 $X = (x_1, x_2)$ 的项目密度 $D(x)$ 定义为

$$D(x) = \sum_{i=1}^{n} w_i K\left(\frac{\parallel x - x_i \parallel}{\bar{d}h}\right) \tag{4-9}$$

其中，K 代表高斯核函数，形式为 $K(t) = \exp(-t^2)$；x_i 代表核函数中心；h 代表函数的核宽度参数，其取值为非负；w_i 代表关键词 i 的权重，即词 i 共现或出现的总频次。

基于图谱上某个词的项目密度，可计算出该词的颜色强度。词 x 的颜色强度 $C(x)$ 表示为

$$C(x) = 1 - \left(1 - \left(\frac{D(x)}{D_{\max}}\right)^\alpha\right)^{\frac{1}{\alpha}} \tag{4-10}$$

其中，α 代表颜色转换的一个参数，取值为非负；$D_{\max}$ 代表项目密度的最大值。

基于共词聚类分析，图谱能够很好地给出类团运算结果，但运算过程并不能够解释哪个主题是类团聚集形成的关键，主题间的相互联系需要引入新指标对类团内词的重要性程度加以评价。

（5）聚类结果的解读

黏合力：用来衡量类团内各主题词对类团的聚类贡献程度，也就是每个主题词在类团聚集过程中所发挥作用的大小。黏合力通过计算某个主题词与其他主题词在同篇文献分别共现频率的平均值获得。黏合力值越大，表明该词在类团中地位越突出，居于核心位置。类团中黏合力最大的词称为中心词，在类团内容解读与名称确定中起重要的作用。对于包含 n 个主题词的类团，其中主题词 $A_i (i \leqslant n)$ 对于 B_j 来说，A_i 的黏合力 $N(A_i)$ 可表示为

$$N(A_i) = \frac{1}{(n-1)} \sum_{j=1}^{n \neq i} F(A_i \rightarrow B_j) \tag{4-11}$$

其中，$F(A_i \rightarrow B_j)$ 代表类团中主题词 A_i 与类团中其他词 B_j 的共现频率。

对于聚类结果的解读，不仅需要综合考虑类团黏合力，还需要结合学科专业知识，从不同维度对类团结构进行分析和总结，从而达到分析学科研究现状和结构的目的。

4.2 国外可视化结果与分析

4.2.1 研究热点及其演化

因 Web of Science 数据库中 1990 年之前数据缺乏关键词字段,为了清晰反映发达国家学科发展脉络,本文以 EI Compendex 数据库提供的高频控制词(规范词),就国外农业工程学科研究热点的演变加以解析,不同阶段排名前 33 位的高频控制词见表 4-1。

(1)20 世纪 70 年代

进入 20 世纪 70 年代,随着发达国家相继实现农业现代化,农业工程学科专注于实现农业机械化的使命结束,学科开始向整个粮食与纤维生产系统延伸,粮食与其他生物产品生产过程中自然资源的保护与利用引起重视。学科研究在关注动力与机械、农田排灌与水土保持、农产品加工与农用建筑等传统大田工程研究领域的同时,电子监测、计算机仿真及农业废弃物处理等新的理论与方法研究开始引入学科研究。20 世纪 50 年代后期,约翰迪尔公司率先将计算机用于齿轮设计,并拓展至拖拉机田间作业性能评价。60 年代开始,计算机作为研究工具逐步为学科研究人员所应用。70 年代以后,计算机的运算与存储能力大幅度提高,其作为强有力的研究工具为研究人员所认识,数学模型与计算机仿真模拟在学科研究中得到广泛应用并成为新的热点:作物生长模拟模型成功开发,拖拉机能源利用及牵引效率模拟、农产品干燥/贮藏及冷却加工过程中热传递及水分损失等机理仿真、花生与饲草等作物收获与运输管理系统、土壤侵蚀经验模型 USLE 等一批计算机模拟模型被建立和应用。同时,电子监测器(可监测种子数量与形状)

表 4-1　国外农业工程学科不同阶段排名前 33 位的 EI Compendex 高频控制词

1969—1979 年	1980—1989 年	1990—1999 年	2000—2009 年	2010—2014 年
Agricultural Machinery	Soils	Mathematical Models	Crops	Crops
Mathematical Models	Irrigation	Soils	Soils	Soils
Irrigation	Mathematical Models	Irrigation	Mathematical Models	Manures
Food Products	Agricultural Machinery	Grain	Moisture	Water Supply
Soils	Grain	Crops	Computer Simulation	Computer Simulation
Farm Buildings	Agricultural Products	Agricultural Machinery	Manures	Water Quality
Tractors	Farm Buildings	Agricultural Products	Grain	Irrigation
Watersheds	Agricultural Wastes	Computer Simulation	Irrigation	Soil Moisture
Runoff	Food Products	Moisture	Harvesting	Fruits
Food Products - Fruits	Runoff	Farm Buildings	Plants (Botany)	Moisture Determination
Materials Handling	Rain and Rainfall	Cultivation	Fruits	Runoff
Insecticides	Cotton	Erosion	Water Quality	Watersheds
Drainage	Flow of Water	Runoff	Regression Analysis	Harvesting
Flow of Water	Tractors	Grain	Cultivation	Geologic Models
Pesticides	Computer Simulation	Fruits	Watersheds	Landforms
Drying	Soils-Moisture	Water Quality	Sensors	Ammonia
Greenhouses	Soils-Erosion	Harvesting	Algorithms	Moisture
Rain and Rainfall	Biomass	Plants (Botany)	Erosion	Carbon Dioxide

续表 4-1

1969—1979 年	1980—1989 年	1990—1999 年	2000—2009 年	2010—2014 年
Computer Simulation	Agronomy	Cotton	Ammonia	Agricultural Machinery
Heat Transfer	Water, Underground	Spraying	Seed	Biomass
Grain	Statistical Methods	Agricultural Wastes	Atmospheric Humidity	Plants (Botany)
Insect Control	Hydrology	Food Products	Agricultural Machinery	Nutrients
Flow of Water	Moisture Determination	Pesticides	Nitrogen	Phosphorus
Logging	Pesticides	Rain	Ventilation	Regression Analysis
Soils-Moisture	Watersheds	Flow of Water	Statistical Methods	Mathematical Models
Tobacco	Porous Materials	Computer Software	Phosphorus	Animals
Fertilizers	Farms	Manures	Fertilizers	Experiments
Sedimentation	Logging	Hydrology	Rain	Rain
Materials Testing	Particle Size Analysis	Moisture Determination	Neural Networks	Forecasting
Water Pollution	Percolation	Drying	Spraying	Sensors
Waste Disposal	Greenhouses	Thermal Effects	Drying	Nitrogen
Farms	Tobacco	Food Processing	Runoff	Greenhouses
Stream Flow	Rain and Rainfall Simulation	Ventilation	Thermal Effects	Grain

数据来源：http://www.engineeringvillage.com/.

开始在耕作及气力式播种机械中使用,畜禽养殖废弃物对环境及水体产生的影响开始被人们所认识,农业生产能源消耗管理研究引起研究人员关注。

可以说,20世纪70年代电子计算机技术引入并被广泛应用于数据储存及处理,产品设计,计算和试验研究,自动控制,农场管理等领域,利用系统模拟与仿真作为主要研究手段丰富了农业系统工程研究范围,在开辟学科研究新领域的同时也加快了学科创新与发展。

(2)20世纪80年代

20世纪80年代学科在继承拖拉机、土壤、灌溉、农用建筑、食品工程、数学模型等原有热点的同时,计算机仿真研究持续升温,农业废弃物、生物质与农产品等字样成为新的关注点,学科研究领域得到丰富与拓展。在化石燃料供应日趋紧张的情况下,资源丰富、价格低廉的农业废弃物等生物质能源开发利用变得尤为重要。该阶段转换技术研究主要以微生物发酵制取甲醇和乙醇、厌氧消化法制取沼气、气化法制取合成气体燃料为主。其中,研究人员在气化法、液化法制取合成燃料气和合成液体燃料上做了大量的基础研究,取得了较多研究成果,在热裂分解、液化、光合制氢气等转换技术研究方面进入探索性阶段。此外,农产品的光学特性、电学特性及声学特性作为农产品品质检测分类的依据再次引发关注。农产品电学特性研究起步于20世纪50年代,随着70年代计算机及有限元等先进技术与方法的发展,农产品光学、电学品质检测及分选理论与技术研究发展趋向成熟,利用农产品声学特性对农产品内部品质检测研究开始受到更多关注。进入80年代,图像处理技术与机器视觉技术迅速发展,基于快速、准确、无损等人工无法比拟的精准识别效果,机器视觉技术在农产品品质无损检测和自动识别与分级领域的探索开启(D. E. Guyer,1986),并在特征抽取技术、图像处理算法、静态图像处理、动态在线检测与自动分级装置和仪器研制方面取得了一定成果。核磁共振技术(NMR)兼具无损检测与可视化检测等优点开始凸显,80年代末,研究人员开始该技术在果蔬的成熟度、内部缺陷及损伤、虫咬、凹凸点等品质无损检测领域的探索性研究,新的无损检测图像处理算法被提出。此外,基于彩色机器视觉的果蔬分级技术开发成功,机器视觉在水果采摘机器人中的应用研究开始起步。

总体来看,20世纪80年代计算机及图像处理等新理论与新技术的迅速发展为学科研究提供新的理论与技术支撑,与生物质能源转化与利用研究共同推动了欧美发达国家农业工程学科开始从基于应用的工程类学科向基于生物科学的工程类学科转变。

(3)20世纪90年代

为进一步直观呈现学科知识结构演变特征,Web of Science 获取的1990—2014年数据经预处理共获得有效文献共计10 180篇,词清洗后获得规范化词12 094个,高频关键词186个,统计结果见表4-2,运用VOSviewer可视化软件分别对不同时间段内高频关键词进行聚类可视化分析,绘制出不同时间段的研究热点知识图谱,如图4-2(参见书末彩色插页图4-2)所示。VOSviewer密度视图由红色向绿色过渡,视图中节点颜色由该点的密度所决定,红色寓意该节点密度较大,同时也表明该关键词与其他关键词共现频次较高,可认定该领域受研究人员的关注程度最高,是该领域的研究热点。相反,如果节点密度小,则其颜色越接近于绿色。字体大小也反映其受关注的程度。

表4-2 国外不同阶段有效文献及高频关键词统计

时间	有效文献/篇	规范化关键词/个	高频关键词/个
1990—1999 年	3 395	3 331	56
2000—2009 年	4 779	5 594	78
2010—2014 年	2 006	3 169	52
合计	10 180	12 094	186

数据检索日期:2015-01-30.

图4-2(a)知识图谱所呈现的20世纪90年代主要的热点词汇包括数学模型、土壤、灌溉、谷物、侵蚀、径流、水质、干燥、喷雾和农药等,与表4-2数据

保持高度的一致性。总体来看,传统的拖拉机等农业机械设计与农用建筑研究热度在90年代开始下降,但农田灌溉与排水、水土保持、农产品加工以及70年代开始兴起的数学模型与计算机模拟仿真研究热度依旧不减,继承与延续是该阶段学科研究所呈现出的主要特征。

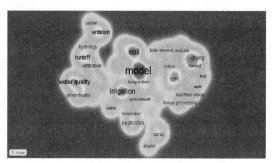

(a)1990—1999年

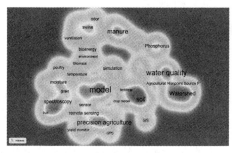

(b)2000—2009年

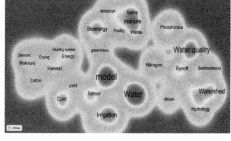

(c)2010—2014年

图4-2　国际不同阶段农业工程学科研究热点知识图谱

20世纪80年代,基于侵蚀过程的风蚀预报模型WEPS,水蚀预报模型WEPP,土壤侵蚀对作物生产力影响模型EPIC,地下水中化学物质、农药对农业生态系统影响模型GLEAMS等一批有代表性的土壤侵蚀模型相继被提出,土壤侵蚀预测模型研究开始从经验统计模型发展到具有一定物理意义的过程模型,弥补了原有经验模型在实际应用中的不足和局限。进入90年代后,为解决不同模型输入输出文件量大、计算存储空间要求高等缺陷,不同模型与方法的整合应用成为发展的主流趋势。在信息科学技术的推动下,土壤侵蚀模型逐步与计算机和信息技术有机融合,基于地理信息系统(GIS)的分布式流域水文模型 SWAT 被成功建立,模型发展由坡面模型开始拓展至流域模型,由集总式模型发展到分布式模型。与此同时,农业生产中化学物质大量使用以及畜禽养殖场粪便及污水等直接排放造成大量水体污染,水质改良及控制研究成为学科研究中一个新的关注重点,尤其是地下水水质改良方面的研究。此外,由于雨水及不同灌溉方式产生的径流、干旱地区风力引起的水力侵蚀、风力侵蚀及重力侵蚀等土壤侵蚀问题对农作物产量影响等研究也成为新的研究焦点。欧美发达国家在 20 世纪中叶相继实现粮食作物全程机械化后,经济作物机械收获与农产品干燥理论与技术研究在 70 年代引发关注,甘蔗、苹果、葡萄、花生、洋葱、黑莓等经济作物机械收获研究起步,超声波冷冻干燥、气流干燥等新干燥理论与技术开始被提出,太阳能、红外线、高频和微波等干燥新技术与方法探讨逐步深入,但研究热度在 80 年代一度出现减退。进入 90 年代后,机械收获与农产品干燥再度成为学科研究的关注领域,可监测收获时间与产量的电子监测器开始在联合收割机中应用,"精准农业"理念兴起,GIS 接收器开始在农业生产中使用,计算机视觉、图像处理、神经网络等新理论与方法引起热点关注。

(4)21 世纪前十年

21 世纪以来,学科研究两极分化趋势渐显。一方面,传统研究领域农用建筑、农业动力与农业机械的关注度显著下降;另一方面,随着计算机科学技术、现代生物技术、新能源与新材料技术取得重大突破,学科在继续围绕土壤、模型与计算机模拟仿真以及流域水质管理、水质改良研究的同时,畜禽养殖粪污处理及资源化利用等围绕环境问题展开的研究愈发增多,光谱分析技术、精准农业、"3S"技术等以信息化与智能化为特质的技术研究迅速升温,风能、生物质等可再生资源利用问题引起了学术界的高度关注。

20 世纪 70 年代,农业非点源污染、畜禽粪污处理、生物质能源及光谱分析等研究已经起步。如美国环境保护部就推出经验型模型来研究农业非点源污染问题,通过建立污染负荷与流域土地利用或径流量之间的经验关系,采用经验系数来判断土地利用或流域非点源污染负荷(EPA,1975)。90 年代中后期,农业非点源污染研究取得显著进展,集空间信息处理、数据库技术、可视化表达于一体的流域模型问世。21 世纪初期,基于流域尺度的农业非点源污染研究成为众多研究人员关注的热点。与农业非点源污染相比,畜禽粪污处理研究关注度一直偏低。直至 21 世纪,施用畜禽粪便导致农田中的磷通过淋洗、径流等迁移途径进入水体引起水环境污染愈发严重,这才引发新的重视。此外,经历 20 世纪 70 年代两次石油危机后,欧美国家开始积极思考开发替代能源的可行性,生物能源作为首选引起关注。但由于开发技术成本过高,实用化水平过低而逐渐放慢了研究步伐。2000 年,美国通过了《生物质研究法》,生物质能源研究再次进入研究人员的视线,尤其是热化学转化与生物质低温热解炭化等生物质开发利用技术研究成为重点。光谱分析技术研究 20 世纪 70 年代就已开始(B. A. Gillespie 等,1975),但发展较为缓慢。90 年代中后期,计算机图像处理技术的发展促进了光谱分析技术在农业工程领域的应用。进入 21 世纪后,计算机图像处理技术与光谱分析技术的有效融合拓宽了光谱分析技术的应用,广泛涉及农产品品质检测、病虫害监测、果品无损检测、视觉导航等多领域。此外,"3S"技术与自动化控制相结合,引发精准农业的兴起并很快成为 21 世纪初研究的热点。

(5)2010—2014 年间

近年来,数学模型与计算机仿真、畜禽养殖粪污处理、流域水质与径流氮磷流失等围绕环境问题而展开的研究持续受到关注。灌溉、农产品收获与干燥再次成为学科关注的核心,传感器、生物质、可再生生物资源与能源利用研究持续升温。较 21 世纪初而言,学科研究热点变化不大,是基于稳定发展基础上的拓展与深化。

以水资源管理与利用为核心,灌溉再次成为学科关注的热点话题。一方面,除对微灌、滴灌、喷灌等不同灌溉方式下作物水分利用率及对作物产量影响的研究之外,与无线传感器网络、遥感监测与图像处理等自动化与智能化技术相结合的智能化精准灌溉研究成为新的关注点。另一方面,20世纪70年代始于美国的非充分灌溉研究发展进程较为缓慢,直至90年代末,非充分灌溉研究开始被人们所重新认识。近年来,非充分灌溉条件下作物—水—盐之间的相互响应关系及模型构建,非充分灌溉对石榴品质,橄榄树产量及出油品质,高粱等生物质能源作物物理特性、化学成分、发酵效率及酒精产量的影响等理化方面的研究更为深入(L. Liu 等,2013)。不仅如此,随着压力管道灌溉技术(高压管道系统)在灌溉管网中的应用,在减少水分渗漏与蒸发损失的同时,带来了能源消耗问题,灌溉管网系统的能源利用效率问题近来也开始引起研究人员的重视。同时,为应对世界能源危机和国际原油价格飞涨,基于加强可再生能源开发利用,减少对石油等不可再生能源依赖为目的,生物能源研究发展速度很快,目前已成为欧美发达国家研究的关注重点之一。尤其是美国、欧盟及巴西等国家,将发展生物燃料,包括生物乙醇、生物柴油、生物质炭化作为当前解决能源问题的一条重要途径。政府不仅制定了具体的发展目标,并且采取了相应的激励措施,从政策、资金与技术多个角度支持生物质能源开发与利用研究。此外,近年来以生物藻类、木质纤维素为原料生产生物质燃料甲烷和乙醇的研究变得更为热门。有关能源利用效率,尤其是温室及畜牧养殖等农用建筑中加热系统的能源利用效率研究也受到了关注。

4.2.2 研究主题及其演化

采用 VOSviewer 聚类密度视图方法进行类团聚类。依据前文提及的类团与中心词确定方法,选择黏合力大的主题词作为类团中心词,对相关研究主题进行解读。

(1)20 世纪 90 年代

聚类类团由 5 部分构成,类团及词黏合力见表 4-3,VOSviewer 聚类密度视图如图 4-3 所示(参见书末彩色插页图 4-3)。

表 4-3　1990—1999 年国际农业工程学科共词聚类类团及词黏合力表

类团 1		类团 2		类团 3	
主题	黏合力	主题	黏合力	主题	黏合力
moisture	5.4	swine	2.4	soil	14.3
drying	4.1	waste	2.4	model	12.7
corn	3.4	manure	2.1	runoff	10.8
grain	3.2	environment	1.9	erosion	10.6
machine vision	3.0	ventilation	1.7	tillage	5.1
wheat	2.9	temperature	1.5	hydrology	4.3
image processing	2.1	simulation	1.4	rainfall	4.2
rice	1.9	animal housing	1.4	sediment	4.2
sensor	1.8	poultry	1.2	infiltration	3.6
quality	1.6	cattle	1.1	hydraulics	3.3
harvest	1.6	greenhouse	1.1	finite element analysis	2.7
storage	1.5	neural network	1.1	类团 5	
yield	1.5	renewable energy	0.9	主题	黏合力
cotton	1.5	food	0.6	water	14.1
apple	1.4	evapotranspiration	0.4	irrigation	13.0
fruit	1.1	类团 4		drainage	9.9
precision agriculture	1.1	主题	黏合力	water quality	6.1
physical properties	0.9	spray	11.3	groundwater	4.9
peanut	0.8	droplet	9.8	nitrate	4.9
flow	0.6	pesticides	9.0	crop	3.1
		sprayer	6.0	nitrogen	3.1
		agricultural aerial	5.5	soybean	1.6

①农产品干燥机理及其技术研究(红色类团)。欧美等发达国家在 20 世纪 70 年代已实现谷物收获机械化,高水分粮食干燥需求促进了干燥理论与技术研究的发展。随着水分计、温度传感器及计算机与自动化技术的发展,全自动干燥机问世。进入 90 年代后,随着人们对食品质量要求的提高,尤其是食品配方中原料与添加剂的关注,农产品物料干燥理论与技术(如喷

雾干燥、滚筒干燥、过热蒸汽干燥、渗透脱水、热油浸干燥等）再度成为关注重点（C. Bonazzi 等,1996）。除传统的热风干燥、流化床干燥、气流式干燥技术与原理研究之外,20 世纪 80 年代出现的微波干燥引起研究人员的更多重视,以谷物介电特性为基础,研究广泛涉及传热传质微波干燥模拟、微波真空干燥、微波谷物湿度测量及谷物物理特性检测以及不同类型物料的微波干燥等。此外,谷物水分含量无损检测研究取得进展,微波加热、射频阻抗、核磁共振等理论与方法取得重要成果（V. K. Kandala Chari 等,1993）。不仅如此,机器视觉与图像处理技术等开始在谷物湿度、谷物干燥质量检测等领域兴起。

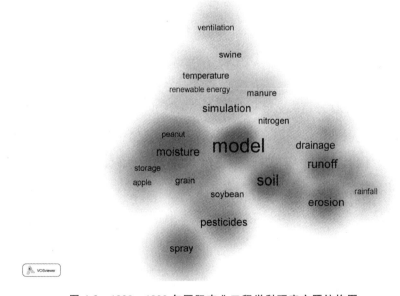

图 4-3 1990—1999 年国际农业工程学科研究主题结构图

②畜禽养殖废弃物管理及对环境的影响（绿色类团）。欧美国家多为畜牧业高度发达的国家,早期集约化、规模化所形成的单一养殖模式给农业生态环境带来巨大影响:牲畜粪尿的肆意排放与无序处理对地表水及地下水造成极大污染,并对土壤造成了严重损害,大量臭气和温室气体排放在气候

变化中扮演了重要角色。20 世纪 90 年代,畜禽养殖废弃物排放及污染治理方面的研究受到广泛重视。关于畜禽养殖废弃物、污水、臭气和温室气体减排与治理研究主要集中于蓄粪池防渗漏与减排,如何有效减少氧化亚氮、甲烷、氨、二氧化碳和硫化氢等有害气体排放,废弃物固液分离及其资源化利用,家禽粪肥撒播机研究等领域,研究的核心主要围绕如何通过废弃物的循环利用实现降低、减少污染物排放等环境保护展开(D. B. Parker 等,1999)。此外,作物根区水质模型(RZWQM)及地下水中化学物质、农药对农业生态系统影响模型(GLEAMS)被研究人员用来评价畜禽养殖废弃物资源化利用过程中硝酸盐对地下水质影响的评价研究。

③土壤侵蚀与水土保持研究(蓝色类团)。土壤侵蚀作为一种非点源污染,与水土保持作为世界性的环境问题受到各方面越来越多的关注,国外研究人员在土壤侵蚀模拟理论和模型建设方面取得了较多成果。自 20 世纪 50 年代 W. H. Wischmeier 提出通用土壤流失方程 USLE(坡面模型)以来,经不断的修正与改进,1985 年通用土壤流失预报方程 RUSLE 被提出,并广泛应用。鉴于 RUSLE 模型在高强度次降雨居侵蚀主导地位地区的运用受到限制,80 年代末与 90 年代初期,土壤侵蚀物理过程模型 WEPP(美国)、EUROSEM(欧洲)、LISEM(欧洲)、GUEST(澳大利亚)及非点源地区流域环境反应模型 AANSWERS、农业非点源污染模型 AGNPS 等相继被提出,不同模型就土壤养分与降雨、径流的相互作用机理展开了深入研究。此外,70 年代能够模拟土地利用对田间水分、泥沙、农业化学物质流失影响的田间尺度非点源污染模型 SWRRB 模型被提出。

20 世纪 80 年代后期,SWRRB 模型引入了可描述地下水中化学物质、农药对农业生态系统影响的 GLEAMS 模型中的杀虫剂部分。同时,为研究土壤侵蚀对作物生产力的影响,引进作物生长模型 EPIC。90 年代,SWRRB 突破子流域数量及计算存储空间的局限性,J. Arnold 等(1995)开发出著名的 SWAT(Soil and Water Assessment Tool)模型。随着"3S"技术的迅速发展和土壤侵蚀机理研究的不断深入,"3S"技术和土壤侵蚀评价模型的结合越来越受到人们的重视,SWAT 等利用遥感和地理信息系统提供的空间信息模拟多种不同的水文物理化学过程,如水量、水质以及农药输移与转化过程模型被成功开发,开始在北美、欧洲各国得到应用。

④农药喷施理论与技术(紫色类团)。农作物病虫草害防治是农业生产中最为普遍的环节,随着人们环境意识的增强和对农药残留的进一步认识,世界各国对如何提高农药有效利用率、如何加强食品安全和减少环境污染等问题都较为关注。除传统扁平扇形喷嘴以外,涡流喷嘴及文丘里喷嘴与前孔喷嘴等低飘移喷嘴设计理论与技术相继被提出,包括风速、气流等因素对雾滴大小、雾滴飘移的影响研究。雾滴飘移理论研究方面,静电喷雾技术因有效增加雾滴在靶标上的沉积并显著减少非靶标区的飘移而受到关注,在温室、果园等地面喷洒作业中已有成功应用。不仅如此,GIS、GPS、机器导航及其图像处理技术的发展推动农药喷施向精准化、智能化发展,综合 GIS 与 GPS 空间尺度农药喷施系统、基于机器视觉导航的精准喷药理论与技术研究起步(D. K. Giles,1997)。农业航空方面,20世纪 50 年代美国农业航空得到迅速发展,农业专用和多用途农业飞机相继出现。90 年代后,GPS 与 DGPS 技术开始用于农用航空飞机精准定位,可依据飞机航速、气象条件、装载农药类型与数量及作物生长阶段等来精确制定农药施用量的专家决策系统被应用于农业航空(D. B. Smith,1994)。不仅如此,基于天气因素、蒸发情况和冠层穿透对沉积分布的影响,进行预测雾滴分布、沉积并用于制定施洒作业方案和对环境进行风险评估的农业航空喷雾飘移 AGDISP 模型被提出。

⑤农田灌溉与排水(黄色类团)。农田灌溉与排水工程在防御干旱与涝渍等自然灾害、改善田间耕作条件、促进作物生长和增加产量等方面发挥着积极的作用。但是,利弊同行,农田灌溉与排水也是氮、磷、农药和其他污染物进入水体造成农业面源污染的主要途径之一。除不同灌溉与排水方式对

农作物产量影响的理论分析之外,计算机模拟仿真农田排水及养分运移研究持续受到关注,适用于流域规划、环境影响评估及农业生产管理的农田和流域尺度模拟应运而生。20世纪70年代,R. W. Skaggs等以土壤剖面水量平衡原理为基础,开发的DrainMOD农田排水模型可有效模拟预测田间地下水位、排水速率及排水总量等水文要素。随着计算机软硬件技术的发展,模型在实际应用中不断被修正与改进。1992年,S. O. Chung等综合Drain-MOD与GLEAMS模型,提出ADAPT模型,该模型综合考虑了雪融及径流算法、大空隙流及其深层渗漏等因素,是综合农业排水系统和农药迁移的日模拟计算机模型,可用来模拟农药、泥沙和土壤养分的流失情形(S. O. Chung,1992)。1994年,M. A. Breve等提出修正DrainMOD-N运移模型,模型以溶质运移方程为基础进行农田排水中硝态氮NO_3^--N的模拟。至90年代末,GIS、遥感(RS)等应用软件及技术得到迅速发展和普及,土壤和气象数据获取变得更加便捷,促进了模型的进一步发展与应用。

20世纪90年代,学科研究主题结构仍处于相对稳定阶段,但随着学科交叉、融合趋势愈加明显,学科研究内容以深化为主。在继续围绕农产品加工、农田排灌、水土工程、动力与机械等传统主题展开的同时,围绕"环境"问题展开研究是该阶段较为显著的特征。

(2)21世纪前十年

聚类类团由7部分构成,类团及词黏合力见表4-4,VOSviewer聚类密度视图如图4-4(参见书末彩色插页图4-4)所示。

①农产品干燥机理及其技术研究(红色类团)。21世纪以来,农产品干燥理论与技术研究持续受到关注,在物料水分测量理论、干燥动力学方程及物料干燥热质传输机理及模型模拟方面取得一定进展。由于不同农产品物料形状、含水率等特性不同,单一形式的干燥技术在控制农产品干燥质量方面存在一定的局限。研究人员在完善不同干燥理论与技术的同时,提出通

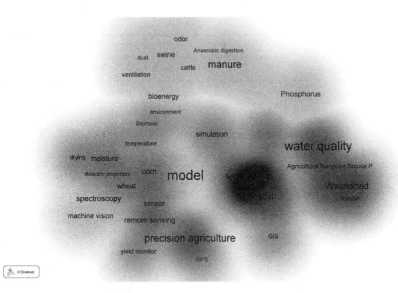

图 4-4　2000—2009 年国际农业工程学科研究主题结构图

表 4-4　2000—2009 年国际农业工程学科共词聚类类团及词黏合力表

类团 1		类团 2		类团 3	
主题	黏合力	主题	黏合力	主题	黏合力
moisture	5.25	manure	16.44	water quality	13.67
corn	5.06	ammonia	8.44	sediment	11.83
grain	4.13	phosphorus	7.63	runoff	11.42
drying	3.69	odor	7.38	hydrology	9.83
biomass	2.75	swine	6.88	watershed	9.75
temperature	2.63	nutrient	6.25	ANS pollution	8.00
wheat	2.63	waste	6.25	erosion	6.67
soybean	2.44	emission	5.50	SWAT model	6.17
harvest	2.38	cattle	4.63	nitrogen	5.83
rice	2.38	anaerobic digestion	4.56	drainage	5.42
storage	2.31	wastewater	4.38	soil erosion	4.67
simulation	1.69	bioenergy	4.19	rainfall	3.75
dielectric properties	1.63	animal housing	3.94	nitrate	3.00
thermodynamics	1.63	dust	3.63		
climate	1.50	particulate matter	3.06		
crop model	1.00	ventilation	2.50		
greenhouse	0.94	environment	2.00		

续表 4-4

类团 4		类团 5		类团 6	
主题	黏合力	主题	黏合力	主题	黏合力
image processing	10.45	precision agriculture	22.56	irrigation	39.75
model	9.73	soil	12.22	water	28.25
machine vision	8.73	yield monitor	8.33	crop	17.25
near-infrared spectroscopy	7.91	sensor	7.89	evapotranspiration	14.00
spectroscopy	7.82	remote sensing	6.56	drip irrigation	8.75
food	7.36	GPS	5.89	类团 7	
hyperspectral imaging	7.27	cotton	5.11	主题	黏合力
poultry	6.18	GIS	4.89	spray	42.00
apple	4.82	tillage	3.78	droplet	28.00
fruit	4.64	fertilizer	2.56	pesticide	15.00
bacteria	4.36			agricultural aviation	11.00
artificial neural networks	4.00				

过组合不同技术实现优势互补的联合干燥技术。同时,微波真空冷冻干燥、微波对流、红外对流、振动红外干燥、等温热风对流干燥等联合干燥理论与技术研究取得重要进展,人工神经网络、激光后向散射图像等分析理论与技术也开始应用于农产品干燥研究领域(S. Kerdpiboon,2006)。

②畜禽养殖废弃物管理与资源化利用(绿色类团)。畜禽粪便成分检测理论与方法在欧美国家开展较早。20 世纪 80 年代,已有欧美国家研究人员成功开发出相应的畜禽粪便成分快速测定仪器。至 90 年代,传感器与近红外光谱分析技术被用来快速分析畜禽粪污中总氮、氨态氮、磷及钾等成分的含量。I. M. Scotford 等(1998)开发出在线粪污营养传感检测系统,可在线检测粪污中的氨态氮、磷和钾的浓度。21 世纪以来,畜禽粪便快速检测理论与方法研究取得了显著进展。J. L. Carina 等(2009)采用近红外光谱与声化学计量学相结合的方法分析了猪/牛粪便与玉米青贮饲料混合发酵生产沼气的机理,指出近红外光谱可有效监测混合发酵过程中粪便总固体/挥发性

固体及挥发性脂肪酸的变化,近红外与声化学计量方法相结合可在线检测粪便总固体含量的变化,实现对沼气产量的优化控制。此外,畜禽养殖废弃物的资源化利用研究也取得进展。由于液体粪污的浓度较低,对其中能源及营养物质的利用造成一定的影响。美国某大型国际能源公司提出采用肉牛养殖所产生的粪便浓缩后作为酒精燃料替代品燃料,M. Darapuneni 等(2009)对粪便燃烧所产生的大量灰烬(占粪便干物质量的 28%)利用的可行性论证研究表明,粪便燃烧后所产生的灰烬有利于改良土壤特性并促进农作物生长,可实现畜禽养殖废弃物的再利用。

③农业非点源污染对水环境的影响(蓝色类团)。农业非点源污染形成过程受区域地理条件、气候条件、土壤条件、土地利用方式、植被覆盖和降水过程等多因素影响,具有随机性大、分布范围广、形成机理复杂和管理控制难度大等特点。随着点源污染得到有效控制,由化肥、农药、畜禽粪便以及水土流失经降雨径流、淋溶和农田灌溉回归水进入水体而造成的农业非点源污染已经成为水环境污染的主体,持续受到世界各国的重点关注。总体来看,研究主要集中在农业非点源污染现状调查与污染负荷评价、模型改进研究以及水资源管理与控制等方面。在美国路易斯安那州,稻田养殖龙虾是一种常见的综合种植系统,池塘中富含泥沙及营养物,极易造成水体环境污染。针对现有 BASIN、SWAT 及 AnnAGNPS 等水环境评价模型缺乏稻/虾养殖仿真及水质影响分析数据,Y. Yuan 等(2007)成功设计与开发了可嵌入 AnnAGNPS 软件的稻/虾模块和界面,模块指标包括水文及污染物两个部分,可有效模拟稻/虾农田生态环境及对水质的影响。在水资源管理与控制方面,研究人员就当前水质数据采集过程中的流量测定、样品收集、样品保存及实验室分析等流程中数据质量控制存在的问题对水资源管理决策制定的影响进行了深入分析,提出数据测量条件及数据质量控制的局限性极易导致评价结果的不确定性。

④计算机图像处理(黄色类团)。20 世纪 80 年代,人工智能、模式识别

及信号处理技术的快速发展,极大地推动了图像处理技术在人工智能领域的应用,也推动了机器视觉技术的发展。形态学图像处理理论的发展更是促进了计算机图形处理技术由工业领域开始向农业领域延伸。D. E. Guyer等(1986)应用机器视觉与图像处理技术,基于作物形状特征在实验室环境下成功识别了玉米、大豆、番茄及曼陀罗等植物,为图像处理与计算机识别技术在农业领域应用开了先河。90年代中期,植物纹理、颜色特征理论及彩色图像识别技术的发展推动了杂草识别理论与技术发展。依据植物单双子叶叶脉纹理特征的差异、植物与背景(土壤颜色为主)的颜色特征差异、杂草和作物之间的颜色特征差异,研究人员对杂草从背景中识别与分割理论研究取得了显著进展(D. M. Woebbecke,1995)。但植物形态、纹理与颜色特征辨析各有优缺点,图像处理早期研究多采用作物单一特征来检验识别方法的可行性,且以实验室研究为主。2000年以来,具有自组织、自学习和联想功能的人工神经网络理论被成功应用于图像处理,颜色、纹理、形状及多光谱特征被综合应用于杂草识别,图像处理算法得到优化与改进等。总体来看,机器视觉识别技术的研究经历了单一特征到多特征综合、从室内到田间、从非实时到实时的发展过程,研究取得了显著进展。但机器视觉在识别水果的精度上仍存在一定的局限,尤其是采摘机器人仅依靠图像识别果实的成功率上存在不足(A. R. Jiménez等,2000)。

⑤精准农业(紫色类团)。精准农业理念形成于20世纪80年代末,其核心技术由"3S"和计算机自动控制系统构成(A. Fahsi等,1988)。精准农业早期研究主要集中于导航系统、谷物计产器在智能化农业机械装备上的应用与开发,基于GIS系统的田间信息获取技术,包括土壤肥力、墒情、苗情、杂草等信息采集技术等。至90年代中期,已有相关产品问世。进入21世纪以后,精准农业研究在传感器技术、变量控制、数据传输等方面有了创新型研究成果,主要包括:一是RFID物联网与无线传感器网络远程、实时监测系统在精准灌溉、精准施肥、气象监测及病虫害监测等领域的研究。

G. Vellidis 等(2008)设计开发的实时、智能传感器阵列样机由中央接收器、手提电脑和多个传感器节点组成,可有效测试土壤含水率及土壤温度,实现实时、定量精准灌溉。二是柑橘、棉花、花生、甘蔗、洋葱及蓝莓等经济作物实时计产器及测产计算理论与技术研究取得进展。Q. U. Zaman 等(2008)开发的蓝莓自动化产量监测系统由计算机、数码相机与安装在收获机械上的 DGPS 定位系统组成,可实现实时估测蓝莓产量。三是基于 DGPS、超声波传感器、机器视觉等技术的变量施肥、变量灌溉、变量喷雾控制装置或控制器研究取得进展。四是基于土壤反射光谱特性,采用多光谱、高光谱、可见/近红外光谱等技术测定土壤养分、土壤有机物、土壤结构、土壤阻力、土壤导电性及土壤含水率等土壤特性并将其应用于精准农业管理系统中。此外,各种功能类型的土壤传感器研究也取得了进展,如 S. O. Chung 等(2008)开发的可用于精准耕作系统的便携式土壤强度剖面传感器,可有效检测土壤不同深度的压实程度,指导耕作机具实现变量耕作。

⑥农田灌溉与水资源利用(黑色类团)。基于日渐短缺的水资源及灌溉水利用效率偏低的现状,灌溉与水分有效利用理论与技术研究持续受到世界各国的关注。一方面,从灌溉方式来看,微灌(尤其是地下滴灌)与喷灌研究仍是最受关注的灌溉技术,低压节能是灌溉研究的主要趋势。对于微灌系统,压力补偿式灌水器为主流发展方向,而中心支轴式(圆形)喷灌机组研究仍为研究人员关注的核心。另一方面,水分胁迫对作物的后效性影响及提高水分生产效率机理研究,作物高效用水生理调控与充分灌溉、限水灌溉(也称非充分灌溉)与调亏灌溉机理研究,作物蒸散发机理研究及利用作物生理特性改进水分利用效率(WUE)与水分需求预测模型的研究更加深入。D. J. Hunsaker 等(2007)以小麦为例,选择 NDVI 与 FAO-56 标准作物系数为参照,比较分析了不同种植密度(高、中、低)与氮素(高水平、低水平)管理组合情况下小麦生长与水分需求情况。研究表明,不同的种植密度及氮素水平导致作物蒸散发量不同,NDVI 作为基础作物系数可以较好地预测不同

水分利用情况下的小麦蒸散发量。

⑦农药喷施理论与技术(浅蓝色类团)。农药喷施过程中雾滴飘移极易导致农药利用率低、施药效果差、农产品中农药残留超标和环境污染等问题。进入 21 世纪后,如何更加精准、高效施药,提高农药有效利用率一直是研究人员广为关注的方向,主要表现在:一是喷雾助剂的研究与应用。喷雾助剂具有增加药液黏度、减少雾滴飘移和提高农药利用率等诸多优点。Y. B. Lan 等(2008)选择 4 种喷雾助剂,应用水敏纸及聚酯薄膜卡测量和比较分析了不同喷雾助剂在航空喷雾作业中对雾滴沉积性、随风飘移性及雾滴光谱特性的影响。研究表明,雾滴沉积量、雾滴大小、雾滴覆盖范围及雾滴总量与雾滴飘移距离及喷雾助剂处理方式呈现显著的正相关,助剂可有效提高喷雾效果。二是雾滴回收技术(即循环式喷雾机)。B. Panneton 等(2001)申请的果园农药回收喷雾机专利技术带有药液雾滴回收装置,作业时雾流横向穿过作物冠层,未被叶片附着的雾滴进入回收装置经过滤后重新返回药液箱实现循环施用,与传统喷雾技术相比,可有效节约 15% 的农药用量。三是自动对靶喷雾技术研究,即精准施药研究。R. D. Lamm 等(2002)开发的杂草控制机器人由机器视觉系统、可控制照明系统及精准施药器三部分组成,在棉田实际喷药作业中,杂草识别且喷施精准率高达88.8%。四是农业航空施药技术。进入 21 世纪以来,航空喷嘴模型及航空喷雾漂移模型研究受到了较为广泛的关注。受飞机飞行速度及高空气流等作业条件影响,航空用喷嘴设计有别于地面施药设备的喷嘴设计。航空喷嘴模型可以通过喷嘴形式、喷雾压力、气流速度和喷雾药液预测作业产生的雾滴谱,方便作业人员选择合适的作业参数。

21 世纪以来,动力与机械、农用建筑、农业系统工程等学科传统研究主题关注度显著下降,新衍生研究主题多与计算机科学与技术、电子科学与技术、遥感科学与技术、生物学、环境科学相关,发展强劲且涉及领域较宽。具有自组织、自学习和联想功能的人工神经网络理论被成功应用于计算机图像处理,RFID(radio frequency identification,无线射频识别)物联网与无线传感器网络远程/实时监测技术在精准农业领域开始应用,雾滴回收、喷雾助剂及农业航空等高新精准农药喷施技术与理论研究更为深入,20世纪90年代后期开发成功的功能强大的SWAT等超大型流域模型软件实现了计算机技术与地理信息技术的有机结合。总体来看,从该阶段新成熟主题数量增加、研究主题内容交叉显著等特征来看,表明农业工程学科正在经历着研究范围和内容更加拓展、研究热点增多、研究主题更加分散的过程。也就是说,伴随着农业工程学科向生物系统工程学科的转变,学科分化、交叉和融合愈加明显,新的领域不断涌现,学科正在发生结构性的调整。

(3)2010—2014年间

聚类类团由6部分构成,类团及词黏合力见表4-5,VOSviewer聚类密度视图如图4-5(参见书末彩色插页图4-5)所示。

表4-5　2010—2014年国际农业工程学科共词聚类类团及词黏合力表

类团1		类团2		类团3	
主题	黏合力	主题	黏合力	主题	黏合力
water quality	10.27	animal waste	13.40	model	7.44
hydrology	8.64	livestock	9.70	harvest	5.33
SWAT model	8.36	ammonia	7.10	biomass	3.89
watershed	7.82	bioenergy	6.40	crop	3.11
runoff	7.55	emission	5.20	cotton	3.00
nitrogen	6.09	anaerobic digestion	3.80	yield	2.67
phosphorous	5.45	poultry	3.50	particle analysis	2.44
land management	4.36	nutrition	3.30	near-infrared spectroscopy	1.78
erosion	3.91	air quality	3.10	algorithm	1.67
sedimentation	3.91	greenhouse	2.90	simulation	1.56
drainage	3.27	renewable energy	1.00		
climate	2.18				

续表 4-5

类团 4		类团 5		类团 6	
主题	黏合力	主题	黏合力	主题	黏合力
irrigation	24.33	moisture	4.80	sprayer	11.20
crop	15.33	drying	4.40	precision agriculture	7.40
water	15.33	dielectric	3.00	droplet characteristics	6.60
evapotranspiration	14.17	rice	2.20	pesticide	6.60
soil	14.00	thermal analysis	2.00	sensor	4.60
corn	11.83	heating system	0.80	sprinkler	2.00
soybean	5.00				

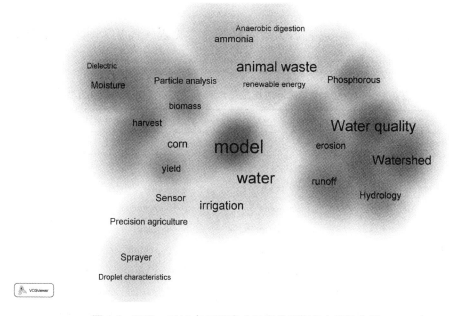

图 4-5　2010—2014 年国际农业工程学科研究主题结构图

①水文水质评价模型研究(红色类团)。分布式水文模型仍为水文水质模拟研究工作的一个重点和趋向,尤其是基于 SWAT 和 HSPF 模型对水文水质过程的模拟研究,主要集中在以下两个方面:一是对模型敏感性或不确

定性的评价。SWAT 模型的敏感参数和参数值存在区域差异，一定程度上容易导致水文和水质过程模拟的不确定性。H. Yen 等(2015)评价分析了隐性变量不确定性对 SWAT 模拟的影响，指出隐性变量范围的增加会对流量及氨的模拟产生重要影响，但对沉积量的影响较小，对于流量与氨的模拟SWAT 模型可选择较宽范围的隐性变量，对沉积的模拟则相反。研究同时指出，选择隐性变量模拟的结果并不一定是最好的，应用综合性流域模型来模拟更好一些。也有研究人员评价分析了土地领域与土地覆盖(LUCC)分类不确定性对 SWAT 水文模拟的影响。二是模型功能的优化与完善。以SWAT 工具中水文/水质模型为例，经 P. Tuppad 等(2011)优化后的模型增加了日以下侵蚀与泥沙沉积算法、生物带模块、浅层地下水位新算法，模型适用于气候变化影响评估及流域尺度土壤侵蚀评估等。

②畜禽养殖废弃物管理与生物质资源化利用(绿色类团)。规模化畜禽养殖所产生的废弃物减量化及资源化利用关注热度不减。通风量是确定畜禽舍恶臭气体和温室气体排放通量的重要指标，畜禽养殖臭气及颗粒排放尽管一直受到重点关注，对于机械通风畜禽舍气体排放测定已经有成型的方法，然而，由于风速、风向的随时变化和不确定性，自然通风畜禽舍通风量的测度实践中仍存在一定难度，缺乏可供借鉴的统一测定方法。而在生物质资源化利用方面，H. J. Wu 等(2012)采用箱线图方法，以牛粪为例在实验室环境中试验分析采用流化床气化炉进行生物质气化的可行性，包括生产合成气过程中温度、当量比、水蒸气/生物质质量比三种关键气化参数对气化效果的影响，研究表明，温度升高有助于甲烷、一氧化碳及氢气三种气体的产生，而参数变化会引起气体成分的变化。合成气可燃气热值范围为 2～4.2 MJ/m³，说明气化可以作为畜禽养殖废弃物生产生物质能源的一种有效手段，为粪污资源化利用提供了新的方式。

③收获环节优化及仿真模拟研究(蓝色类团)。作物收获环节中，作物的成熟度、水分含量、气候条件、劳动力技能娴熟程度、收获机械作业流程以

及整个收获环节时序安排是否合理,都直接影响到作物产后品质、贮藏质量及经济效益。近年来,作物收获环节优化与仿真模拟变得较为热门,研究主要集中在两个方面:一是收获时间的优化与决策研究。D. D. Bochtis 等(2010)开发的饲草收获决策支持系统可有效优化饲草收获时间,输入数据包括天气情况、预期产量、收获机具相关技术参数及所需资源的有效数据,子模块提供饲草水分含量及高质量、一般和较差三种不同饲草质量的选择与预测功能。田间试验研究表明,该决策支持系统可有效减少收获费用并显著提高饲草收获品质与贮藏质量。二是收获流程的优化与仿真模拟。收获机械田间行走的通过性约束、储粮斗容量降低对卸载次数的约束、不同作业田块的运输周期,以及当联合收割机到达田间地头的时候是结束收获并到达卸载地点进行卸粮,还是以全割幅或减少割幅继续收割等问题是联合收割机田间作业常常面临的。P. Busato(2015)建立的水稻收获作业仿真模型可有效优化水稻联合收割机田间收获流程,仿真模型运行参数预测的精准度高达 96.88%～97.41%,与全割幅收获相比,及时调整减少割幅可增加 7%的运输能力。

④灌溉与作物蒸散发研究(黄色类团)。世界人口持续增加对粮食的刚性需求增长加剧,气候变化和环境污染等多种原因使有限的淡水资源如何实现可持续管理与发展被广为关注,尤其是农业生产中灌溉与作物蒸散发耗水相关理论与模型研究方面有新的进展。R. Tawegoum 等(2015)建立了基于小时尺度的蒸散量实时预报模型,该模型可有效预测苗床玫瑰生长需水量。实验在两个不同灌溉阈值的玫瑰苗床上进行,比较分析了预测与实时灌溉触发算法的差异,结果表明,该模型可有效实现小时尺度的蒸散量预报,避免玫瑰种苗遭受水分胁迫。在蒸渗仪方面,采用蒸渗仪实测是欧美地区评价参考作物蒸散发模型的经典方法,但已有的蒸渗仪在数据采集、加工、分析及数据质量保证与质量控制方面存在一定的不足,降雨、灌溉、降雪、结露与结霜、刮风及管理环节疏忽都极易造成测定数据精确度降低。有

研究针对如何降低蒸渗仪数据后期处理出现的可能错误进行了深入分析，指出平滑函数的随意使用、错误识别及错误解读极易造成数据误差，全面采集数据尤为重要，数据后期处理需要进一步完善（G. W. Marek 等，2014）。此外，充分灌溉与限水灌溉（非充分灌溉）等不同灌溉模式下作物蒸散发机理的研究持续受到关注，作物在不同受旱条件下需水规律、作物水分生产函数、灌溉制度优化、各种灌区水转化模型、农业与生态用水的科学配置及节水高效和对环境友好的农业用水模式等研究变得更加活跃。

⑤农产品干燥机理及其技术研究（紫色类团）。除谷物干燥机理和物料干燥过程中原料介电特性、电容、水分含量的变化规律及其相关性研究外，饲草与花生等干燥机理及模型研究取得突破，玉米酒精糟干燥理论与技术研发取得显著进展。在饲草干燥理论与方法方面，F. Osorno 等（2014）以三叶草与黑麦草为例，从自由沉降速度、单位密度及投影面积三个角度比较分析了高湿饲草干燥过程中茎叶分离所呈现的空气动力学特性。研究表明，三叶草叶片无论在沉降速度还是雷诺数方面的表现，均远低于三叶草茎秆及黑麦草，高水分含量的饲草茎叶具有较好的分离特性。而 J. A. Siles（2015）采用热风固定床式干燥机分别就苜蓿茎、叶及整株作物脱水过程动力学机理进行了分析，提出了苜蓿干燥动力学模型。由于花生在收获、运输、储藏和加工过程中，受后熟作用影响，较多水气和热的释放极易引起果粒霉变和酸败，花生干燥理论与技术研究近年来取得新的进展。M. A. Lewis 等（2014）设计开发了自动化花生干燥机，该干燥机安装有微波湿度测定仪，不需要剥壳就可实现花生果仁含水率的实时监测。

随着玉米酒精生产的快速发展，数量可观的酒精糟随之产生。由于干玉米酒精糟（DDGS）在畜禽饲养中表现出了良好的饲喂效果，近年来湿态玉米酒精糟（WDGS）干燥理论及节能技术研发受到较多关注并取得了一定成果。基于三阶段干燥原理及回转滚筒干燥机回收热量技术，C. J. Bern 等（2011）研发成功玉米酒精糟湿渣干燥机，多重试验表明，该机干燥湿玉米酒精糟能耗远低于传统的滚筒干燥机和谷物干燥机,可为玉米酒精生产企业干燥酒精糟节约大量的能源。此外,微藻生物能源利用受到越来越多的关注,微藻保存、运输、贮藏与微藻干燥机理开启了探索性研究。

⑥精准施药(浅蓝色类团)。随着环保意识和要求的增高,以提高设备可靠性、安全性和方便性为目标,实现低量、精准、低污、高效的精准施药理论与技术研究取得更多关注,研究取得显著成果:一是雾滴漂移与脱靶控制理论与技术研究更加深入,有效提高了施药的精准性。Y. Chen 等(2013)设计开发的激光导航变量风送式喷雾机由激光扫描传感器控制系统与气液输送系统组成,每个喷嘴采用脉宽调制(PWM)数字快速电磁阀控制,根据果树高度、宽度及树冠体积与叶片密度实现药液变量控制。与传统恒速鼓风喷雾机相比,可有效减少地面喷雾损失 68%～90%,树冠周围可减少 70%～92%,空中飘移损失减少 70%～100%,最显著的是可减少 47%～73%的药液用量,不仅有利于促进环境可持续发展,并且能够显著节约作业成本。二是喷嘴流量精准控制系统设计与开发研究。H. Liu 等(2014)开发的多通道变量喷雾机数字流量控制系统由数据采集模块、数据处理模块以及流量控制模块三部分组成,系统经由微处理器(触摸屏控制)与脉宽调制数字快速电磁阀控制多通道喷嘴流量,电磁阀采用多路驱动控制设计并提供驱动保护回路。实验验证表明,微机控制回路可为 PWM 电磁阀提供准确的占空比信号,电磁阀驱动保护回路可有效延长电磁阀使用寿命 350～2 426 h。结合激光扫描或其他传感器所提供的喷雾机行进速度与树冠结构信息,该精准控制系统可有效实现多通道喷嘴的变流量控制喷雾。三是喷杆自动控制理论与技术研究。引起农药喷施浪费的因素有很多,主要包括作业系统校准、喷施脱靶、流量控制器响应滞后、转弯过程喷杆不同区域行进速度不同以及喷杆高度等原因。其中,喷施脱靶是喷雾机农田作业中最常见的一种现象,在喷杆作业幅宽固定情况下,药液不仅由于区域喷施重叠极易造成浪费,还有可能喷施到田块边缘的道路、篱笆及排水沟造成新的浪

费。最新研究多侧重于喷杆行走速度、喷头流量自动控制及对作物单位面积雾滴沉积量的影响等。J. D. Luck 等（2010）提出一种基于地图的喷杆自动控制系统，该系统在喷杆经过先前已经作业的区域或喷杆超出作业田块边界时，可通过自动控制减少农药重叠施用或者在转弯时自动关闭喷杆作业开关方式达到降低农药施用量。与手动控制作业相比，采用喷杆自动控制系统药液脱靶量从 12.4％降低至 6.2％，在田间水沟等其他障碍较多时，安装有喷杆自动控制系统的喷雾机节约农药效果更好。

　　总体来看，2010—2014 年学科所呈现的研究主题在 21 世纪初已经发展成熟或基本成熟，学科分化趋势变缓，研究内容主要是对已有研究主题的进一步深化。信息技术、网络技术与通信技术的不断融合，推动了互联网、物联网和云计算技术的快速兴起，已被越来越广泛地应用于农业领域。基于云计算的手机栽培管理系统令农户可以利用手机方便地在田间提交数据到云端，制定工作计划与计算生产成本（Murakami-Yukikazu 等，2013）。物联网与云计算技术的发展让"处方农业"变成了现实，精准农业概念逐步变为现实。围绕可持续农业发展，将工程技术用来解决生物系统发展所面临的可再生资源利用、环境保护及生物工业材料生产与利用等问题研究将成为学科今后发展的主要方向。

4.2.3　知识结构演化基本特征

　　综合分析 20 世纪 70 年代以来国外学科研究热点与热点主题的变化不难发现，学科知识结构演化主要呈现以下三方面的特征：

　　一是学科早期成熟主题逐渐降温，新型研究主题发展强劲。20 世纪 70年代，动力与机械、农用建筑、土水保持、灌溉与排水、农产品加工等传统主题仍为研究的重点，数学模型在学科研究中得到广泛应用并保持强劲发展态势至今，温室环境控制、计算机仿真、水体污染及废弃物管理开始引起关注。进入 80 年代后，水土保持、灌溉与排水、农用建筑研究保持高关注度的同时，农业废弃物等生物质资源化利用与计算机仿真相关新兴研究主题发展势头良好，而动力与机械、化肥农药喷施及温室研究关注度有所下降。90年代学科研究在探索中前行，水土保持、灌溉与排水、农用建筑及计算机仿真依旧是焦点，水资源管理、精准收获、精准农药喷施与病虫害控制研究成为新的关注点，畜禽养殖废弃物管理研究兴起。进入 21 世纪以后，学科研究出现两极分化走势，动力与机械、农用建筑等传统成熟研究主题关注度开始下降，计算机仿真、神经网络算法与模型、遥感与传感技术、可再生资源利用、畜禽养殖粪污及废气排放管理等研究主题开始受到广泛关注，径流与土壤侵蚀等水土保持、灌溉与排水研究内容愈发深入并持续至今。近年来，地质地貌学理论与水土保持、灌溉与排水研究结合越发紧密，资源综合利用与生态环境保护已成为贯穿学科各研究领域的主线。

二是学科呈现出高度分化与高度综合动态发展过程，研究领域界限逐步被打破。分化与综合是农业工程学科发展过程中两个相辅相成的趋势，贯穿于学科发展的全过程。一方面，学科研究呈现越分越细的状态，新的研究领域与研究方向不断产生，学科呈现出高度分化的特点。学科创建初期，研究领域集中在动力与机械、水土保持、农用建筑与环境、电力与加工等传统领域。二战后欧美国家农业生产的迅速恢复及第三次工业技术革命成果的广泛应用拓宽了学科研究领域，至 20 世纪 70 年代，农产品加工、土地利用工程、农村能源工程、农业系统工程及人机工程等新的领域逐步发育成熟，学科研究方向与研究内容得到进一步细化。另一方面，不同学科、不同领域的新理论与新方法被广泛应用于农业工程学科，计算机科学与技术、遥感技术与理论、经济学、现代生物学、资源与环境学、生态学、天文气象等学科理论与方法的整合日益成为学科发展的主流趋势，农业工程学科越来越无法摆脱上述各学科的影响，学科综合化趋势愈加显著。近年来，生态环境保护与可持续农业发展理念被广为接受，低耗、高效和安全的农业生产系统已经成为学科研究的主线,跨学科研究越来越多,也越来越深入,原有研究领域之间的界限逐渐被打破或削弱,以此形成了学科研究分化与综合并存的动态发展过程。

三是学科发展区域不平衡,发展中国家与发达国家间差距在逐渐缩小。由西方七大工业国美国、英国、法国、德国、意大利、加拿大、日本组成的 G7 发达国家集团是实现工业化与农业现代化最早的国家,农业工程研究始终保持国际领先地位。Web of Knowledge 收录的 12 种农业工程学科专业顶级期刊,分别来自于美国(3 种)、荷兰(3 种)、英国(2 种)、巴西(2 种)、德国(1 种)和日本(1 种),意味着发达国家发表的学术论文不仅数量多,而且质量也较高。进入 21 世纪以来,发展中国家与发达国家的差距正在不断缩小。12 种期刊刊载的学术论文中,2000 年 G7 集团发文所占比重为 49.6%,2005 年小幅下降至 46.23%,2010 年急剧降至 32.79%。到 2014 年,G7 集团的优势更是降至 28.78%,但以欧美为核心的学科中心并未发生转移。发展中国家农业工程学科的兴起加快了学科在不同国家与地区的布局,2005—2014 年间,学科研究所涵盖的国家(地区)由 67 个增至 106 个,增长幅度高达 58%,亚非拉国家逐渐成为学科研究的新兴主体。

如表 4-6 所示,2005—2014 年载文量排名前 30 位共涉及 41 个国家和地区,其中,美国与加拿大尽管位次略有下降,但终始是学科研究主体并引领学科研究方向。法国、德国与意大利等欧洲国家近年来学科研究取得积极成果,研究成果增长速度较快;而英国、荷兰、比利时、瑞典等欧洲国家则呈现出相反的一面,学科研究速度放缓,研究成果产出减少。与此同时,农业工程学科研究在发展中国家得到重视并取得了积极成果。巴西、土耳其及中国等发展中国家学科研究水平大幅度提高,发表论文占比排位直线上升,2013 年,中国已超越美国,跃升至第 1 位。总体来看,学科研究地区间差异在缩小,但在非洲地区的发展仍显不足。

表 4-6　2005—2014 年农业工程学科 SCI 期刊载文量

前 30 位的国家和地区位次变化情况

国家和地区	2005 年	2006 年	2007 年	2008 年	2009 年	2010 年	2011 年	2012 年	2013 年	2014 年
美国	1	1	1	1	1	1	1	1	2	2
印度	2	2	2	2	3	4	4	4	4	4
日本	3	6	6	5	6	7	8	8	7	11
西班牙	4	5	4	4	4	5	5	5	5	5
加拿大	5	3	5	7	5	6	6	7	9	7
中国	6	4	3	3	2	2	2	2	1	1
韩国	7	11	11	12	7	8	7	6	6	6
瑞典	8	8	16	14	19	18	17	21	23	17
荷兰	9	17	18	27	25	16	15	17	18	20
土耳其	10	7	7	6	12	11	19	15	17	21
英格兰	11	10	14	16	13	14	14	16	16	16
中国台湾	12	13	15	8	11	12	9	12	12	14
墨西哥	13	23	20	23	24	23	24	27	24	26
比利时	14	16	13	28	21	25	26	25	19	22
法国	15	14	10	10	10	9	12	10	8	8
意大利	16	9	9	9	8	10	10	9	10	10
巴西	17	15	8	11	9	3	3	3	3	3
丹麦	18	20	21	21	18	21	20	23	21	18
德国	19	18	26	17	16	19	13	11	11	9
以色列	20	22		29	28					
泰国	21	19	17	15	20	24	21	22	25	27
芬兰	22	28	23	22	26	27	18	20	22	23
马来西亚	23	24	27	26	23	13	16	14	14	13
葡萄牙	24	26	22	20	17	20	23	18	15	15
澳大利亚	25	12	12	18	14	15	11	13	13	12
伊朗	29	21	24	19	22	17	22	19	20	19
希腊	27		19	13	15	22	25	26		24

续表 4-6

国家和地区	2005年	2006年	2007年	2008年	2009年	2010年	2011年	2012年	2013年	2014年
尼日利亚	28	25	30							
苏格兰	26			24						
波兰	30			25		29	29		27	25
阿根廷		27	28			28		28		
爱尔兰		29	25		29		28		30	
挪威		30						30		
新西兰				29	30					
突尼斯				30	27	26	30	24	26	
智利						30				
埃及							27	29		
新加坡									28	30
捷克									29	
沙特阿拉伯										28
南非										29

20世纪70年代,欧美发达国家农业现代化的实现意味着学科致力于实现农业机械化的历史使命结束。在社会发展新需求与第三次工业技术革命成果的推动下,农业工程学科与计算机科学、生物学、资源环境学等学科的交叉研究进一步增强,使得学科无论在研究对象,还是在研究理论与方法上出现新的变化,研究领域开始向生物系统拓展。进入21世纪以后,人们对环境与生态保护认识愈发深入,可持续农业理念被提出,可再生生物质资源利用与农业生态环境保护成为学科关注的重点,学科交叉融合与跨学科研究特性愈发显著,在以生物技术为鲜明标志的科学飞跃时代,农业生物系统工程与农业资源环境工程研究正在蓬勃兴起与发展。

4.3 国内可视化结果与分析

4.3.1 中国学科研究热点及其演化

综合考虑《农业机械学报》与《农业工程学报》创刊及发行情况,结合中国农业工程学科发展的历史变迁重要时间节点,将国内文献数据分成五个时间段,即 1957—1966 年、1979—1989 年、1990—1999 年、2000—2009 年与 2010—2014 年。不同阶段数据统计结果如表 4-7 所示。

表 4-7　国内不同阶段有效文献及高频关键词统计

年份	有效文献/篇	规范化关键词/个	高频关键词/个
1957—1966	272	1 429	25
1979—1989	799	4 122	36
1990—1999	2 877	5 862	49
2000—2009	8 840	12 685	104
2010—2014	7 589	12 926	110
合计	20 377	37 024	324

运用 VOSviewer 可视化软件分别对 5 个时间段内的高频关键词进行共词聚类可视化分析,绘制出不同时间段的研究热点知识图谱,结果如图 4-6(参见书末彩色插页图 4-6)所示,不同阶段特征如下:

(1)改革开放以前

由图 4-6(a)可以看出,学科早期研究热点以拖拉机为中心,研究内容主题单一,这与新中国成立初期国情及农业总体战略决策是一致的。新中国成立初期,为解决众多人口吃饭问题,改变传统人、畜力动力为主的落后生

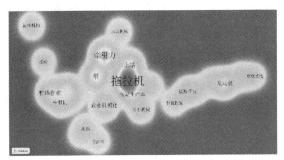

(a)1957—1966年

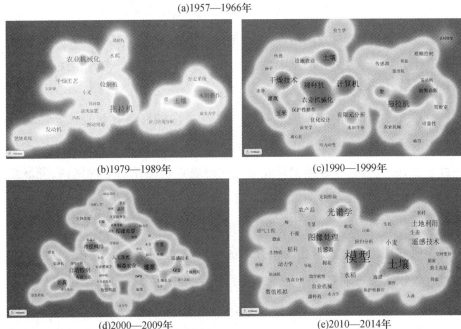

(b)1979—1989年　　　　　　　　　　　(c)1990—1999年

(d)2000—2009年　　　　　　　　　　　(e)2010—2014年

图 4-6　国内不同阶段农业工程学科研究热点知识图谱

产手段,提高农业劳动生产率的任务迫在眉睫。1954 年,中共中央农村工作部召开的第四次农业互助合作会议明确提出,在第一、第二个"五年计划"时期内,农业机械化方面只实施初步的技术改良和部分的机械耕作;约在第三、第四个"五年计划"时期,依靠发展起来的工业装备农业,实现大规模的农业机械化。在此大背景下,为显著提高农业劳动生产率,农具动力改造成为必然,作为农业生产主要动力的拖拉机成为关注重点。早期研究以手扶、轮式及船式三种类型拖拉机为主,研究包括拖拉机传动系统、悬挂系统、牵引性能、车架强度、机体振动与平顺性、机组牵引特性及其参数选择、水田拖拉机叶轮与行走装置理论分析与设计。此外,与拖拉机相关的发动机与土壤学研究以及新式犁研制等农机具技术的研究也开始引发关注。"文革"期间,中国农业工程学科科研与教育几乎陷入瘫痪。

(2)20 世纪 80 年代

图 4-6(b)清晰表明,学科研究热点继续围绕拖拉机、发动机以及与之配套的耕作机具的同时,开始拓展。土壤、水田耕作及农业机械化方面的研究开始升温,其中较为明显的是土壤参数与农业机械行走机构的相互关系、水田拖拉机基本理论和部件结构的改进等。

改革开放之前,由于过度注重拖拉机与耕作机具等农业机械产品设计而忽视农业机械化,"1980 年实现农业机械化"的目标并未成为现实。改革开放之后,研究人员更多地把目光聚焦在对农业机械化历史的回顾、发展规律与发展影响因素的解读、发展战略目标决策、农业机械化的技术经济效果分析等领域(薛霈云等,1987)。同时,随着计算机、有限元分析方法和数学模型等研究理论与工具开始为研究人员所用,拖拉机理论研究在 20 世纪 80年代有了较大的进展,人机工程学理论在驾驶座椅设计和悬架机构分析方面得到应用,拖拉机-半挂车运输机组在多种工况下的动态响应和运动轨迹开始实现计算机仿真程序编制、动态模拟和试验验证等。对于影响车辆牵引性能的土壤-车辆行走机构相互关系的研究,80 年代研究人员更为强调建立土壤参数的必要性(包括便携式测试仪器的研发),加强了土壤承载特性对作业机具下陷量和行走阻力影响的分析,尤其是水田土壤性能对机械作业行走机构的影响。早在 20 世纪 70 年代末,科研人员就自行设计成功土壤参数测定仪,测定并分析了土壤参数与履带在水田土壤中的性能关系,在修正国外已有"压力-下陷"模型的基础上,提出新的"推力-打滑"模型(《土壤参数与行走机构关系》研究课题组,1979)。不仅如此,土壤的应力-应变-时间模型、水田土壤含水量与触变率之间的函数模型相继被提出,水田土壤流变及触变性质、犁体曲面数学模型研究取得进展(陆则坚,1982;钱焱樵等,1982)。在水田土壤力学及行驶机理方面,在机耕船整机形态、"机(拖拉机)、船(船式拖拉机)、运(农用运输车)"组合式底盘、转向机构、农具提升、船体及驱动轮结构等方面取得显著进展,为水田拖拉机的进一步开发提供了理论基础和试验依据。此外,实行家庭联产承包责任制后,20世纪80年代初期连续多年的粮食丰产令机械收获与产后干燥成为学科研究新的关注点。

(3)20世纪90年代

为使视图解读更为清晰,图4-6(c)绘制过程选用了标签去重功能,对一些关键词做了屏蔽处理。显而易见,进入20世纪90年代后,在继承与发展原有热点的同时,学科研究热点呈现多极化发展态势。计算机数值模拟仿真与机械产品优化与设计、农机与农艺相结合、产后加工工艺及节水灌溉方面的研究显著加强,以往拖拉机研究为核心的现象转变为拖拉机、计算机、干燥技术、农业机械化、土壤五个核心关键词为中心的研究热点局面,尤其是计算机研究热点的出现为农业工程领域提供了后续的热点方向。

进入20世纪90年代后,农用运输车的快速发展推动拖拉机开始从以运输为主逐步转向农田作业,适于田间作业的拖拉机需求量大增,拖拉机故障诊断、减振装置与传动系统设计、驾驶室噪声控制等拖拉机性能及其可靠性问题以及与之配套机具"犁"成为新的研究重点。在注重农业机械技术研究的同时,农业机械化的发展战略、科学预测与技术经济分析成为新的关注重点。与此同时,中国农业逐步摆脱传统农业发展模式开始向现代农业转化,玉米、小麦和水稻三大粮食作物在耕、种、收各环节初步具备了一定的机械化水平,并开始进一步向产后加工领域延伸。尤其是干燥工艺方面,在玉米等粮食干燥理论与技术研究取得显著进展的基础上,果品、蔬菜类等特殊物料干燥开始备受研究人员关注(方昌林,1994),物料的干燥机理、干燥参数、干燥过程对农产品品质的影响,干燥设备的研制与试验,烘干能源装置及节能装置的试验等研究均取得重要成果。真空冷冻干燥、远红外干燥、太阳能干燥、微波干燥、热泵干燥等干燥新技术得到推广使用。90 年代初,以抗旱增收、减少水土流失和实现可持续发展为目标,促进农艺、农机相结合的保护性耕作系统试验研究开始起步,免耕播种机等保护性耕作机具的研究与试验取得重要进展;在农田灌溉领域,土壤-植物-大气连续系统(SPAC系统)水分传输理论等节水灌溉应用技术基础理论研究受到重视,节水灌溉技术研究热点从偏重单项技术向技术的组装配套、综合集成发展。

20 世纪 80 年代初期,计算机作为科学计算的工具首先应用于农业系统工程领域。进入 90 年代后,Visual Basic、Fortran、C 语言等软件相继出现,计算机仿真与数学模型开始广泛应用于农业机械化管理、田间灌溉管理控制、农产品干燥理论与技术研究等多个领域。90 年代中期,计算机辅助设计与绘图技术(CAD)的出现使传统图纸产品以实体形式表现在计算机屏幕上,实现产品的自动化或半自动化设计,大大加快了产品优化和设计开发过程,提高了产品可靠性。不仅如此,有限元分析方法与 AutoCAD 等交互性强、可视化程度高的软件平台实现无缝集成,极大地提高了农业机械与农田水利工程设计水平和效率,改变了计算机仅仅作为学科计算工具的境况,"计算机"理论与技术成为继拖拉机之后新的学科焦点。以传感器技术为基础的自动化信息综合处理技术、由神经网络与模糊控制等理论算法相互融合形成的计算机人工智能控制方法开始引起学科界关注,并开始在设施农业与节水灌溉研究领域中加以应用。

(4)21 世纪前十年

为保证聚类视图的清晰度,绘制密度视图时同样采用了标签去重功能,删除了部分非热点词汇,所得密度视图结果见图 4-6(d)。视图表明,20 世纪90 年代以计算机为核心的信息化技术与自动化技术的发展令人工智能研究取得重大突破,也为农业工程学科带来革命性的变化,学科研究热点表现出多元化发展态势。拖拉机、农业机械化、发动机(柴油机)、干燥技术等20世纪持续受到关注的研究热点,2000年以后关注热度出现下降趋势。图像处理、神经网络、自动控制、人工智能、仿真、数值模拟、"3S"技术、遥感技术和精准农业等基于计算机人工智能的自动控制方法与计算机图像处理技术的研究取而代之,迅速成为学科新热点。

进入21世纪后,跨学科研究成为学科发展主流趋势。神经网络与模糊逻辑、遗传算法与灰色系统等理论算法相互融合,成为人工智能领域的一个重要方向,与图像处理、模式识别、计算机视觉及计算机仿真等在农业工程学科研究中兴起并很快成为热点。计算机图像处理技术的发展促进了光谱分析技术的迅速发展,光谱分析技术与计算机视觉的融合进一步推动了计算机图像处理技术在农业工程领域的应用,内容广泛涉及农产品品质检测、病虫害监测、作物生长状态监测、机器导航(农业机器人)及精准农业等多个领域。随着"物联网"概念的热议,物联网技术在精准农业领域中的应用也开始引发关注。

21世纪以来,计算机人工智能、图像处理、遥感监测与计算机仿真等理论与技术的发展促进了学科研究由工程技术主导向农业生物系统拓展,以小麦为研究对象的作物生长环境监测、作物生长模型模拟及作物管理决策支持系统设计等受到研究人员的热点关注。就灌溉领域而言,继单项灌溉技术向多项技术综合集成以后,不同灌溉方式的水盐运移数值模拟、不同灌溉条件下作物需水量、作物生长机理等田间灌溉微环境的模拟仿真研究也成为21世纪初的热点领域。此外,由于自然灾害频繁,粮食生产、经济发展和生态建设三者用地之间的矛盾开始凸显。如何统筹耕地保护、挖掘耕地潜力,保障粮食生产安全成为土地利用工程研究面临的主要问题,土地利用成为学科研究新的趋向。

(5)2010—2014年间

随着计算机信息技术、传感技术、遥感技术、自动化技术及其相关科学技术的发展,农业工程学科研究在经历了以自动化技术、信息化技术、计算机仿真、精准农业、节水灌溉等多元化研究高潮的基础上,图 4-6(e)显示研究焦点开始出现一定的集中,模型、土壤、图像处理、光谱学这几个关键词的研究变得非常热门,学科研究热点出现了集中化趋势。

近年来,学科间交叉、渗透和融合现象已经成为常态。伴随着计算机科学及其相关软件的发展,遗传算法、蚁群算法、粒群算法、数据挖掘算法等众多数学算法与数学模型开始应用于作物生长养分需求与生长环境控制、谷物干燥、农业机械设计、土地利用、水土保持与土壤侵蚀、温室环境控制、农田水养分利用模拟及沼气工程等多个研究领域,几乎涵盖农业工程学科的各个方面,极大地丰富了学科研究内容。同时,农业工程学科作为服务于农业生产的综合性工程技术,与土壤、肥料、农业气象、育种、栽培等学科的关系密切。在跨领域研究成为现代科学发展的主流趋势背景下,农业工程学科与土壤学、肥料学、作物学、生物学与经济学等学科结合愈发紧密,以水肥-土壤-作物-光合作用-干物质产量-经济产量的转化关系和高效调控为研究主线,从水分调控、土壤肥力、水肥耦合、光合产出等环节出发探索提高各个环节中转化效率与生产效率的机理研究成为新时期学科关注的热点领域。

2000 年以来,计算机图像处理技术的迅速发展使光谱学和图像处理技术有机融合为一体,形成的光谱成像技术在农作物生长情况监测、农作物营养或水分需求情况诊断、农作物与粮食病虫害监测、种子质量检验、农产品品质监测及分类、农业机器人视觉导航与采摘目标辨识等领域持续受到研究人员重点关注。尤其是以高效快速检测分析而著称的高光谱成像无损检测技术,已广泛用于农产品表面损伤与污染物检测、农产品内外品质检测、肉品质及微生物污染检测、水产品重金属检测、农药残留与重金属污染检测等多个研究领域。不仅如此,近红外光谱和高光谱技术开始涉及土地分类评估、病虫害诊断、农田土壤成分与养分的测定等多个领域,光谱技术作为一项高效、简便、无损的分析技术在农业工程领域成为焦点。

4.3.2　中国学科研究主题与演化

(1)改革开放以前

聚类类团由 4 部分构成,类团及词黏合力见表 4-8,VOSviewer 聚类密度视图如图 4-7(参见书末彩色插页图 4-7)所示。

表 4-8　1957—1966 年国内农业工程学科共词聚类类团及词黏合力表

类团 1		类团 2		类团 3		类团 4	
主题	黏合力	主题	黏合力	主题	黏合力	主题	黏合力
拖拉机	17.20	犁	3.75	燃烧系统	7.80	水稻	2.50
牵引力	14.20	植保机械	2.68	柴油机	6.20	农业机械化	2.30
土壤	8.00	劳动生产率	2.52	试验研究	6.20	耕地机具	2.13
悬挂机构	5.20	农业技术要求	2.12	发动机	6.20	插秧机	2.13
振动	4.80	农业机械	1.68	摩擦力	1.60	农机作业	2.00
水田机械	2.60			耐磨性	1.20	收割机	1.50
						中耕机	1.50
						脱粒机	1.38

①拖拉机(蓝色类团)。新中国成立初期,农业合作化为农业逐步机械化打下了良好的基础。为提高农业劳动生产率,以拖拉机为代表的机器动力研究成为当时的热点。拖拉机通过牵引和驱动作业机械完成各项农田作业,是一种自走式动力机。拖拉机早期研制以手扶拖拉机(包括水田拖拉机)与轮式拖拉机为主,研究内容多侧重于牵引与悬挂机构。南方为解决水稻田机械耕作所需牵引动力的问题,不同地区结合地域特色开始着手拖拉机适应水田的研究工作,主要以拖拉机为基础,对其进行改装与试验性研究。

②耕作与植保机械(黄色类团)。耕种环节机械化是实现农业机械化的首要环节,也是农业机械化的突破口。20 世纪五六十年代,耕作机械研究主

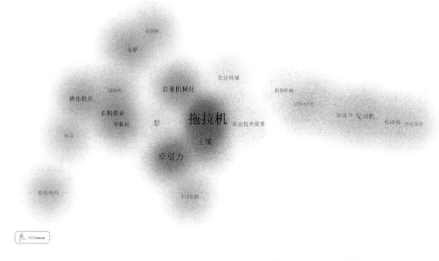

图 4-7　1957—1966 年国内农业工程学科研究主题结构图

要涵盖了用于耕地、灭茬、深松和中耕作业的各种机具,包括铧式犁(翻转犁和深耕犁)、圆盘机具(圆盘犁和深耕犁)、松土机具(凿式犁和松土耕耘机)、驱动型机具(旋耕机和驱动耙)等。早期研究针对铧式犁的犁体曲面性能、犁体耕作阻力、碎土能力及犁体翻土性能进行了深入研究(曾德超,1962;李振宇等,1966)。同时,在铧式犁不适应的农业生产条件下,圆盘犁表现出来较好的适应性,研究人员对圆盘犁的适应性研究比较深入。植保机械领域,由早期引进、消化、吸收、仿制逐步走向自行研制,南京农业机械化研究所研制的水稻田喷雾机南 2604 型远射程喷雾机是中国首创,可直接由水田吸水,自动混合药液后进行喷洒(钱浩声,1965)。总体来看,多数植保机具用于棉田、果树、蔬菜等,而粮食作物主产区适用植保机械相对缺乏;从机具类别来看,以喷雾居多、喷粉较少,小型机动的和大型拖拉机配套的则处于刚刚发展阶段。

　　③发动机(绿色类团)。作为动力机械,除了上述悬挂、牵引性能及振动

特性的研究之外,发动机作为拖拉机的核心部件引起研究人员的重点关注。包括发动机耐久性试验、柴油机复合燃烧系统研究、燃烧室的改进、发动机曲柄连杆机构结构参数与性能设计等(王士钫,1965;史绍熙,1965),而较为先进的涡轮增压技术在柴油机上也展开了探索性的研究工作。

④水稻生产机械化(红色类团)。在注重旱作农业机具开发的同时,水稻作为中国主要的粮食作物,种植面积占总耕地面积的1/4左右,其机械化问题优先提上日程。为解决繁重的人力插秧问题,1956年开始,国家重点支持插秧机的研制工作,短短四年时间就取得了重要突破,但拔秧、洗秧和运秧工作仍需要人力完成,对插秧质量造成一定的影响。谷物收获机械主要围绕收割机与脱粒机展开。20世纪50年代末,畜力收割机一度成为研究的重点。1959年,基于多次现场选型最后定型的太谷号收割机在华北等地区加以推广。在创新太谷号小型畜力收割机的同时,经对原有摇臂式收割机改进设计,研究人员还研制成功双畜收割机,收割效率得到显著提高(中国农业科学院农业机械化研究所,1960)。60年代中后期,以脱小麦为主,兼脱玉米、大豆与高粱的通用性脱粒机研发成功。中国农业机械化科学研究院中型脱粒机课题组(1966)研发的TB-700中型脱粒机以脱粒、分离为主,清选次之,兼能脱多种作物。水稻脱粒机研究进展主要集中在人力脱粒机选型方面,1965年召开的全国人力水稻脱粒机试验选型会议上共选出六种人力水稻脱粒机,在全国得到推广与应用。

从上述热点主题可以看出,20世纪五六十年代学科研究主题量少而分散,主要围绕农业机械设计与制造、农业机械化及相关农业工程技术的改良与推广展开,核心是拖拉机、发动机与牵引农机具的设计,是农业机械化工程分支学科初创时期的主要研究方向。

(2)20世纪80年代

聚类类团由5部分构成,类团及词黏合力见表4-9,VOSviewer聚类密度视图如图4-8(参见书末彩色插页图4-8)所示。

表 4-9　1979—1989 年国内农业工程学科共词聚类类团及词黏合力表

类团 1		类团 2		类团 3	
主题	黏合力	主题	黏合力	主题	黏合力
拖拉机	3.50	农业机械化	5.63	水田耕作	11.14
数学模型	3.38	农业生产	4.75	牵引效率	7.57
犁	3.25	干燥工艺	3.88	土壤	7.29
计算机	2.88	土地利用工程	3.13	驱动轮	6.43
疲劳断裂	2.88	脱粒	2.63	行走系统	5.86
应力应变分析	2.88	插秧机	2.00	机耕船	5.71
回归分析	1.75	太阳能	1.38	履带行走装置	5.29
有限元	1.75	畜禽养殖	1.00	流变力学	3.86
摩擦力	1.50	水稻	0.88		

类团 4		类团 5	
主题	黏合力	主题	黏合力
清选装置	4.83	柴油机	18.00
收割机	3.67	燃烧系统	14.50
风机	3.00	发动机	11.50
小麦	2.67		
排种器	1.83		
植保机械	1.83		
振动理论	1.17		

①拖拉机(绿色类团)。强度计算是拖拉机工程技术研究的一个重要领域。改革开放以前,中国拖拉机产品设计主要处于经验设计和模仿设计阶段,设计缺乏必要的技术储备,拖拉机基础零部件设计和基础理论存在一定的短板,加之在制造质量与材料工艺方面也存在一定的不足,影响产品的更新换代。20 世纪 80 年代后,随着电子控制、电子计算机、人机工程学、有限元方法和数学模型作为研究工具与理论开始为研究人员所用,在拖拉机工程设计中利用电子计算机进行最佳参数选择,利用有限元方法进行关键零部件强度计算,以及利用概率论和随机理论建立载荷谱,从而建立疲劳寿命

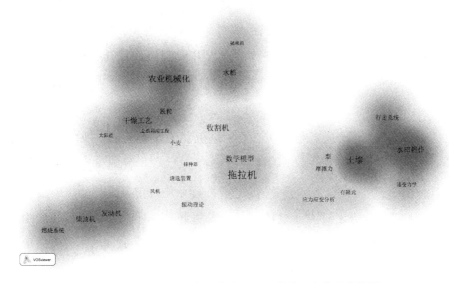

图 4-8　1979—1989 年国内农业工程学科研究主题结构图

等数学模型,为拖拉机强度设计提供了强有力的保证,驾驶座椅设计中的安全性与舒适性问题开始借助人机工程学视角加以研究,拖拉机设计水平在80 年代有了显著的提高。

②农业机械化(红色类团)。改革开放后农业经济快速发展,对农业机械化提出新的需求。农业机械化开始由基本机械化阶段的少数几项主要作业,逐步向能够使用机器的地方拓展。农业机械化的内涵得以拓展延伸,不仅包括产前、产中环节的机械化,还延伸至产后环节的机械化。1978—1984年间,随着家庭承包责任制和大幅度提高农副产品收购价格的实行,刺激了农民增加投入和发展生产的积极性,粮食实现连年增收,人工干燥技术需求愈发迫切。物料干燥特性与品质、干燥参数、干燥规律及干燥最佳工艺等成为新兴研究课题。此外,畜禽密集型养殖机械化开始受到关注,主要涉及猪与鸡养殖中的喂水及喂料机械、清粪机械、通风机械以及鸡笼养机械等的研究与开发,畜禽粪便的沼气利用技术均取得一定成果,但在生产实际中绝大多数是以个别环节采用机械化为主。养殖机械、饲料加工机械与牧草生产

机械在引进、消化和吸收的基础上，开始试制与创新。改革开放之后，土地利用工程作为学科研究的主要内容，取得了显著的进步：在土地利用总体规划，农村小城镇土地规划，土地资源多层次开发利用，旱、涝、盐碱地等低产田综合治理，适应农业机械化作业的农田整治和土地改良工程等领域均取得了一定的进展。

③土壤-机器系统（蓝色类团）。土壤-机器力学研究国内始于 20 世纪 50 年代中期，早期研究主要集中在水田拖拉机。50 年代陈秉聪等开始拖拉机水田叶轮的研究，并于 60 年代初在农机行业中建立了第一个"模型试验土槽"。1972 年，为解决农业机械水田行走防滑、防陷问题，有关部门组织力量研制成功水田土壤剪切仪、水田土壤承压仪和水田土壤外附力/内聚力测定仪，并应用这些仪器对水田土壤参数与不同行走装置性能的关系进行了研究，提出了由土壤内聚力产生的推进力和由于沉陷、壅泥、积泥等外应力产生的行走阻力的计算公式。进入 80 年代后，水田土壤的应力-应变-时间模型和水田土壤含水量与触变率之间的函数模型被提出，水田土壤流变及触变性质、犁体曲面数学模型和优化引起研究人员关注。除水田机械外，不同类型行走装置（钢轮、叶轮、胎轮、履带等）与土壤相互作用的机理，行走装置构型和设计的优化；拖拉机及其机组、各种自走式农业机械在各种土壤和地面条件下的牵引性能、通过性能、越障性能、转向操纵性、振动特性、行驶稳定性和运输效率；土壤耕作机械和土方作业机械在以不同方式切削、挖掘、推移、破碎和抛置土壤的作业过程中，土壤的变形、破坏、移动、受力和能耗与土壤参数、机器结构参数和作业参数间的定性、定量关系，工作部件构型和设计的优化；拖拉机和各种田间作业机械对土壤的压实，机器结构参数、作业参数之间的定性、定量关系等。

④联合收割机的研究（黄色类团）。与 20 世纪五六十年代发展人畜力收割机不同，进入 60 年代后期，各地农业机械化研究所与农机厂结合当地农业生产实际，短时间内试制成功多种水稻联合收割机机型，集收割与脱粒

功能于一体,但多数存在适应性问题。70 年代初,欧美及日本等国家联合收割机技术被引进国内,为中国自行研制与改进提供了参考,包括切割刀片、转向机构、分离与脱离装置等核心技术的创新与试验。70 年代后期,对脱粒、清选、分离部件的合理化改进和配套大马力发动机的使用,使该时期的谷物联合收割机产品性能较往年提高了将近一倍。至 80 年代,借助引进欧美国家先进的谷物联合收割机机型及全套产品图纸与制造工艺,液压系统、微电子技术及节能低噪声新型发动机等新技术的吸收与学习使中国谷物联合收割机技术往前迈了一大步。同时,研究人员对引进的日本半喂入联合收割机做了大量的适应性试验研究。通过引进、试验与改制,联合收割机技术在 80 年代取得了一定的成功。

⑤发动机(紫色类团)。改革开放之前,中国柴油机以引进苏联技术为主,许多关键性技术被屏蔽,整个柴油机生产与研究并未形成可持续发展能力。改革开放后,通过技术引进和消化吸收,柴油机技术改进取得了长足进步,但许多新技术领域的研究主要侧重于船舶与机车,农用柴油机的研究发展较为缓慢。受 20 世纪 80 年代世界性能源供需危机影响,农用发动机研究比较受关注的领域主要集中在发动机燃料替代领域,如沼气在发动机中的使用、柴油沼气双燃料发动机试验、梓油或油莎豆油等植物油作为柴油机的代用燃料的可行性研究及改装技术研究等(柴油机改燃沼气课题组,1984)。

研究表明,20 世纪 80 年代,农业机械化工程分支学科仍是农业工程学科研究中最为活跃的部分。其中,水田机械的研究极大地丰富了土壤-机器力学基础理论,并在技术研发上取得了重要成果;联合收割机在经历了引进、试验、消化吸收等过程之后,在脱粒、清选机构等方面取得了显著进展。

(3)20 世纪 90 年代

聚类类团由 7 部分构成,类团及词黏合力见表 4-10,VOSviewer 聚类密度视图如图 4-9(参见书末彩色插页图 4-9)所示。

表 4-10　1990—1999 年国内农业工程学科共词聚类类团及词黏合力表

类团 1		类团 2		类团 3		类团 4	
主题	黏合力	主题	黏合力	主题	黏合力	主题	黏合力
农业机械化	5.63	干燥技术	5.00	拖拉机	3.92	灌溉	2.29
水稻	3.63	设施农业	2.86	驾驶室	2.42	有限元分析	2.00
播种机	2.38	数学模型	2.86	传感器	1.92	玉米	1.86
收割机	1.88	传热	2.71	车辆	1.92	应力应变	1.86
棉花	1.88	计算机	2.57	农用运输车	1.83	优化设计	1.57
插秧机	1.25	蔬菜	2.00	振动理论	1.58	水分	1.14
水田作业	1.13	畜禽养殖	1.57	噪声	1.50	流变学	1.14
种子	0.75	图像处理	1.00	⋮	⋮	离心泵	1.00

类团 5		类团 6		类团 7	
主题	黏合力	主题	黏合力	主题	黏合力
土壤	3.60	可靠性	9.00	保护性耕作	3.00
仿生学	3.00	故障诊断	5.33	旋耕机	3.00
模糊控制	1.20	疲劳	4.67		
神经网络	0.80	农业机械	4.33		
轮胎	0.80				
农村能源	0.20				

①种植业机械化（蓝色类团）。进入 20 世纪 90 年代后，中国农业逐步摆脱传统农业经验式发展模式向着依靠现代科学技术知识的现代农业转化，从绝大部分靠人力、畜力、手工操作的农业向比较多地使用各种机具的机械化农业前进。主要粮食作物（水稻、小麦）的生产从耕作到收获各环节达到一定的机械化水平，以棉花为代表的经济作物生产机械化开始引起重点关注，棉花种子加工技术，棉花播种、喷雾、铺膜联合作业机研究取得显著进展，棉花管理决策系统开发成功。在注重农业机械技术研究的同时，农业机械化的发展战略、科学预测与技术经济分析成为新的关注重点，包括结合不确定性理论及灰色系统理论建立农业机械化发展水平评价指标体系、农

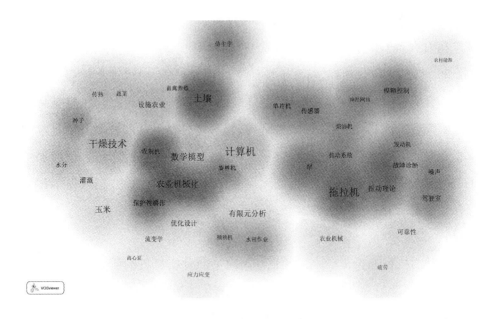

图 4-9 1990—1999 年国内农业工程学科研究主题结构图

业机械化发展水平的分类、农业机械化影响因素分析、农业机械化的适度规模经营以及农业机械化发展战略区划问题等多个方向,为进一步明确该阶段农业机械化战略地位、发展目标、制约因素、经验教训、战略措施和技术路径提出了很多具有建设性的建议。

②干燥机械化及养殖业机械化(绿色类团)。粮食干燥技术是解决粮食产后处理的一个重要环节,是减少粮食损失、提高粮食品质,实现农业增产、农民增收的重要举措,也是实现粮食生产全程机械化的重要组成部分。粮食干燥理论与技术研究在 20 世纪 80 年代已经取得显著进展。进入 90 年代后,计算机与数学仿真模拟等先进技术的广泛应用将中国农产品干燥理论与技术研究推向一个新的水平。物料干燥机理,干燥参数,干燥过程对农产品品质的影响,干燥工艺与干燥参数的计算机控制与模拟,干燥设备的计算机辅助设计与试验,烘干能源装置及节能装置的试验等研究均取得重要成

果。真空冷冻干燥、远红外干燥、太阳能干燥、微波干燥、热泵干燥等干燥新技术在农产品干燥中得到推广使用。

20世纪90年代初期,随着市场经济地位的确立,中国畜禽规模化养殖技术综合集成应用取得重大进展,畜禽暖圈、高产低耗畜禽粪污厌氧处理新工艺研究取得成功,养殖关键技术研究、技术集成和组装配套以及示范推广取得新突破。AutoCAD辅助设计系统及先进技术的应用推动了饲料加工工艺的进一步升级,饲料加工工艺流程计算机辅助设计系统、饲料加工技术咨询专家系统相继开发成功,新的研磨系统、混合工艺、制粒工艺等技术出现。

③动力机械拖拉机(红色类团)。国内早期对拖拉机的研究以小功率为主。进入20世纪90年代后,农用运输车的快速发展推动拖拉机开始从以运输为主逐步转向农田作业,适于田间作业的25～50马力的拖拉机需求量大增,对拖拉机的性能和配套机具提出新的要求。拖拉机基础理论研究与技术设计呈现出新的景象,噪声控制、牵引装置改进、减振装置设计及自动控制技术的应用研究愈发深入,电液控制理论在悬挂系统结构设计与优化方面的研究进一步加强;声学理论在驾驶室降噪消声设计中得到广泛应用,驾驶室声固耦合动态择优声学设计流程被提出;有限元法在拖拉机车架动、静强度分析中得到应用;拖拉机悬挂机组(旋耕机、犁等农机具)等悬挂杆件、制动性能、平顺性、操作稳定性试验研究以及动态性能的计算机模拟与结构优化设计取得显著进展;基于AutoCAD辅助设计软件等新技术实现拖拉机发动机变速器控制系统的计算机模拟,建立了拖拉机阻力控制系统的室内模拟试验装置与拖拉机室内在线状态监测及故障诊断的计算机控制系统,研究取得一大批成果。不仅如此,通过对美国迪尔大中型拖拉机和意大利菲亚特中型拖拉机的引进、消化与吸收,中国大中型拖拉机的基础理论与技术水平得到明显的提高。

④农田水利工程(黄色类团)。20世纪90年代以来,中国农田水利科学

技术发展较为迅速。学科在节水农业基础理论研究与新技术应用研究、中低产农田改造、灌区工程建设与管理、农田生态环境保护和水资源污染防治等领域的研究均取得重要成果。以土壤水分转化和消耗为中心的农田SPAC理论、以作物水分生产函数为中心的作物需水规律、以水分调控指标和手段为中心的技术体系，初步形成了非充分灌溉的理论框架和技术体系（李英能，1999）。在节水灌溉设备研制方面，微灌、喷灌与滴灌等自动化或半自动化控制系统、恒压喷灌设备、井灌区低压管道输水灌溉的管件与地面移动多孔闸管等设备、渠灌区大口径输水管道与渠道量水设备、微喷灌专用水泵等技术研发取得重要成果。有限元分析方法在微灌、喷灌和滴灌树状管网系统的水力分析中得到广泛应用。此外，就灌溉对于玉米生理指标及水分利用效率的影响、调亏灌溉对玉米根系生长及水分利用效率的影响、不同灌溉条件下玉米气孔导度与光合速度的关系、不同灌溉技术对玉米增产潜力的影响、玉米高产灌溉制度的优选及其管理等领域的研究展开，所获得的研究成果对指导北方干旱地区大田玉米种植提供了可靠的依据和可供借鉴的经验。

⑤地面机械仿生（粉色类团）。机械耕作过程中，土壤黏附现象显著影响机械耕作效果。自然界中土壤动物的不粘土特性，为地面机械减粘脱土仿生研究提供了思路。以陈秉聪和任露泉为首的研究团队于20世纪90年代开展了大量的松软地面机械仿生理论研究，对具有优良脱附功能的土壤动物乃至其他生物的脱附原理进行研究，并应用于地面机械部件设计中，形成了生物脱附与机械仿生研究新技术领域（任露泉等，1999）。研究团队开拓了中国仿生脱附减阻耐磨研究新领域，在土壤黏附机理与规律、生物脱附减阻耐磨原理、地面机械仿生脱附减阻理论与技术、生物表面工程仿生等领域进行了开拓性研究，提出了非光滑仿生脱附减阻、电渗仿生、柔性仿生及仿生步行轮，初步构建了生物非光滑基础理论、非光滑仿生理论与技术体系。

⑥农机疲劳寿命可靠性技术（浅蓝色类团）。疲劳破坏是农业机械零部件早期失效的主要形式。据统计，20世纪90年代初国产农业机械产品失效因素中，疲劳断裂约为47%，磨损为42%，其他为11%（师照峰等，1993）。疲劳断裂之所以成为影响农机产品质量安全的主要因素，原因在于中国农机零部件的85%以上是基于静强度和经验类比方法设计的，农机生产实践中很少有人懂机器寿命估算和可靠性分析的基本知识、设计原理和试验方法，加强农机的结构疲劳寿命可靠性基础研究工作非常有必要。90年代后期，结合农机特点的疲劳寿命可靠性基础技术研究引起关注。按照农机工况的特点，研究人员提出了对农机链传动机构与农用行走机械传动滚子链进行可靠性设计的前提条件及具体进行链传动可靠性计算的方法。也有研究应用摄动法和可靠性设计理论，提出后桥壳可靠性设计方法，在理论推导出后桥壳可靠性设计表达式基础上编制出实用的计算机程序。

⑦保护性耕作技术（咖啡色类团）。实践证明，保护性耕作系统不仅有利于控制土壤侵蚀，减少土壤水分的损失，降低生产成本与能源消耗，而且有利于保护自然资源，改善生态环境。保护性耕作技术通过留茬和秸秆覆盖，起到挡风固土的作用，是治理农田扬尘、防治农田风蚀和水蚀的重要手段。20世纪70年代，少（免）耕法曾在中国局部地区进行过试验示范，但并未推广开来。至80年代，有研究单位开始少（免）耕轮耕体系、少耕机具及免耕播种机的研制与试验研究，但研究力量较为零散，不成体系。进入90年代后，在国家有关部门的大力支持下，国内就机械化保护性耕作展开了比较系统的试验研究。其中，中国农业大学的保护性耕作研究最为系统，该研究以抗旱增收和减少水土流失、实现可持续发展为目标，采取田间试验、测试和理论研究相结合，从农艺、农机结合的角度就保护性耕作展开了系统的试验探索。通过多年的定点田间试验，明确保护性耕作与传统耕作对土壤含水量、土壤肥力、作物产量、作业成本等造成的不同影响；通过对传统耕作与保护性耕作不同耕作条件下农田风蚀量的比较研究，明确提出裸露农田

是沙尘暴的重要尘源以及保护性耕作对防治农田扬尘的作用;通过不同耕作模式的对比研究,提出与中国农业生产条件相适宜的保护性耕作技术工艺体系;采取农机、农艺相结合的研究方法,开发出适合中国小地块、小动力条件的低成本免耕播种机等保护性耕作机具;研究还提出一套适合国情的一年两熟地区保护性耕作技术,尤其是大量玉米秸秆覆盖条件下免耕播种小麦技术取得突破(李洪文,2009)。

上述 7 个类团中,除农田水利工程之外,均为农业机械化工程学科的研究范畴,表明农业机械化工程在 20 世纪 90 年代仍在农业工程各分支学科中居主导地位,地面机械仿生、保护性耕作技术研究取得重要成果。农田水利工程无论是农田 SPAC 理论、作物需水规律的理论研究,还是节水调控技术体系研发,均取得了突破性进展。

(4)21 世纪前十年

聚类类团由 8 部分构成,类团及词黏合力见表 4-11,VOSviewer 聚类密度视图如图 4-10(参见书末彩色插页图 4-10)所示。

表 4-11　2000—2009 年国内农业工程学科共词聚类类团及词黏合力表

类团 1		类团 2		类团 3		类团 4	
主题	黏合力	主题	黏合力	主题	黏合力	主题	黏合力
灌溉	11.36	车辆工程	9.06	图像处理	8.59	精准农业	5.64
滴灌	9.36	自动控制	7.88	机器视觉	5.24	播种机	3.73
土壤水分	7.00	仿真	7.29	近红外光谱	5.18	水稻	3.64
土壤理化性状	5.50	神经网络	6.00	农产品	4.29	农业机械学	3.55
模型	5.43	悬架系统	4.71	多元统计分析	4.24	排种装置	2.82
土壤	5.00	人工智能	4.12	计算机视觉	4.18	收获机	2.55
数值模拟	4.36	有限元法	3.94	无损检测	3.82	保护性耕作	2.00
水力学	4.29	小波变换	3.29	苹果	3.82	传感器	1.82
入渗	4.07	汽车	3.24	光谱学	3.71	农业机械化	1.55
流体力学	2.86	振动	3.24	品质	3.47	单片机	1.27

续表 4-11

类团 1		类团 2		类团 3		类团 4	
主题	黏合力	主题	黏合力	主题	黏合力	主题	黏合力
黄土高原	2.64	变速箱	2.53	水果	2.29	激光	1.09
盐分	2.07	轴承系统	2.53	数据挖掘	2.18	节水农业	1.09
棉花	1.50	故障诊断	2.12	病虫害	2.18		
计算机仿真	0.86	力学	1.88	贮藏	2.12		
		液压传动	1.82	人工神经网络	1.65		
		拖拉机	1.35	机器人	1.65		
		优化设计	1.24	畜禽养殖	1.18		
				蔬菜	0.59		

类团 5		类团 6		类团 7		类团 8	
主题	黏合力	主题	黏合力	主题	黏合力	主题	黏合力
遥感技术	9.82	小麦	5.30	玉米	5.14	排放	15.50
GIS	9.27	农作物	5.00	生物能源	3.93	燃烧系统	14.25
土地利用工程	7.55	水分利用	4.60	生物质	3.50	柴油机	13.25
生态	6.00	设施园艺	4.10	秸秆	3.43	发动机	9.5
耕地	4.36	温室	3.50	发酵工艺	3.29	分形理论	1.5
土地整理	3.91	水分	3.30	提取工艺	2.79		
农用地	3.18	黄瓜	3.20	微波	2.64		
GPS	3.00	模拟	3.10	肥料	2.57		
环境	2.73	氮	2.70	响应面法	1.93		
决策论	2.64	番茄	2.60	干燥	1.71		
农田	2.27	蒸散发	2.60	数学模型	1.57		
信息处理	2.18			动力学	1.50		
				稻谷	1.50		
				酶解	1.50		
				超声波	0.57		

①农业水土工程(黄色类团)。进入 21 世纪以后,围绕"节水、高效、环保"的核心理念,结合现代农业发展需求,农田水分转换及水盐运移规律、农

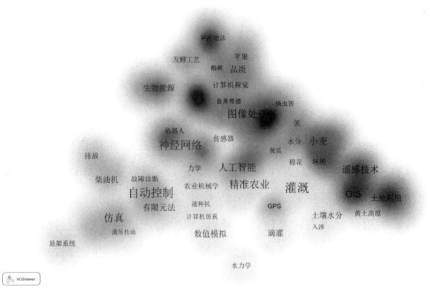

图4-10　2000—2009年国内农业工程学科研究主题结构图

田排水与水盐调控、不同尺度上的农业用水效率、作物高效用水生理调控、微咸水与再生水高效安全应用等研究取得了一系列重要成果。在基础理论研究方面:一方面,研究内容开始由单纯的土壤水分调控转向"土壤-植物-大气"连续体水分运移规律的研究,水分运移与盐分、养分间的转化运移与尺度效应等农田水分溶质运移转化理论研究不断深化,为提高"土壤-植物-大气"连续体中的水分与养分利用效率提供了理论基础;另一方面,作物需水信息与过程控制理论、精量灌溉控制理论研究受到重视,沟垄、地膜覆盖、秸秆覆盖、地下滴渗灌等不同条件下的土壤水分、养分及作物光合作用规律研究取得阶段性理论成果。农田水分转化系统由"三水"(雨水、地表水和地下水)拓展至"五水"(大气水、地表水、地下水、土壤水、植物水)。综合应用遥感监测技术与数学模型,探究农田生态系统的植被蒸腾、土壤蒸发、水面蒸发以及流域蒸散时空规律,将作物不同阶段水分敏感性与根系生长、叶面气孔效应、蒸腾速率、光合速率、光合产物的分配有机联系起来,探索作物的适度缺水效应,将生物节水、工程节水和管理节水作为一个有机整体通盘考虑,建立了基于生命需水信息的土壤水调节模型和作物高效用水调控理论与技术体系;此外,水分胁迫对作物生理生态的影响及其提高水分生产率的机理研究进一步深入,非充分灌溉理论得到丰富;由单点的作物水分生产函数研究向区域范围内作物水分生产函数及其水分敏感指数的时空分布转变;从研究水稻、小麦、玉米等主要大田作物的水分生产函数向经济作物水分生产函数转变,确立了主要作物经济灌溉定额、节水高效灌溉制度,以及适宜的调亏期、调亏指标(许建中等,2004;中国科学技术协会,2008),为农业节水高效利用奠定了理论基础。此外,区域中低产田改造、山丘区灌溉工程技术、低压管道输水、畦田灌溉、南方涝渍治理技术、农田生态保护和水资源污染防治等领域研究也均取得重要成果,诸多新技术在实践中得到应用。

②农用车辆自动控制技术(深绿色类团)。随着计算机在工程技术领域的广泛应用,以微机、传感器和信息处理为主体的自动控制技术在工程技术领域得到了迅速的发展,尤其是智能控制技术在农用车辆自动导航中的应用研究。自动导航作为智能化农用车辆的一个重要组成部分,在插秧耕作、中耕除草、自动喷洒农药肥料与收割作业等许多方面有着广泛的用途。杨为民等(2004)对农业机械机器导航中图像处理和路径控制等关键问题进行了探究,采用基于 Hough 变换和动态窗口技术的图像处理算法提取自然环境下的导航特征,根据系统辨识试验的结果和农业机械机器视觉导航的特点建立了仿真模型,在通用型轮式拖拉机上建立试验系统对图像处理和控制算法进行试验验证。罗锡文等(2009)在东方红 X-804 拖拉机上开发了基于 RTK-DGPS 的自动导航控制系统,系统转向操纵控制器、转向轮偏角检测传感器和电控液压转向装置构成转向轮偏角的闭环控制回路,该回路可根据导航控制器提供的期望转向轮偏角实现偏转角的随动控制。同时,该研究还设计了基于 PID 算法的导航控制器,确定了 PID 控制参数的较佳取值。

③计算机图像处理技术(红色类团)。计算机图像处理技术在农业工程领域的应用,广泛涉及农产品检测、杂草识别、病虫害监测、作物生长状态监测、机器导航及精准农业等多个领域。以农产品检测为例,近红外图像处理技术不仅适用于检测谷物、水果、蔬菜和其他农副产品的营养成分与品质,甚至已拓展至农副产品品质无损检测与农业机器人(移栽机器人、嫁接机器人、果蔬收获机器人与棉花采摘机器人)等多个领域。农副产品品质检测内容主要包括产品的外部品质(包括表面颜色、表面光泽、表面平整度、外表形状以及尺寸大小等)与内部品质(即成熟度、新鲜度、内部缺陷、营养成分的组成、味觉、口感等)。由于近红外光对物质穿透能力较强且近红外光子的能量比可见光还低,不会对人体造成伤害,因此越来越受人们重视。在农业机器人方面,目前有不少科研院所在进行采摘机器人相关理论与技术的研究。其中,中国农业大学张铁中所在团队最早开展农业机器人的研究工作。团队通过计算机模拟和反复试验,提出了贴接法蔬菜自动嫁接机器人系统中的关键部件——旋转切削机构旋转切削的合理切削半径和切削角度。在草莓、黄瓜、番茄、茄子等果蔬采摘机器人方面,团队也做了较深入的研究,包括机器人视觉系统的目标提取、视觉系统图像识别方法、机器人关节控制器与末端执行器的设计等,并成功开发出相关试验样机。计算机图像处理技术研究在中国发展很快,在图像获取、数据分析和模型应用方面取得了一定的研究成果,但目前的研究大多处于探索性试验阶段。

④精准农业(浅蓝色类团)。20世纪90年代后期"精准农业"概念传入中国,经前期技术引进、消化与吸收,激光平地、精准播种、精准施肥、精准灌溉以及收获测产等方面的研究取得一系列成果。中国农业大学与华南农业大学(中国科学技术协会,中国农业工程学会,2009)合作完成的国家"十一五""863"重大专项课题成果开发了激光发射器控制云台、激光接收器、激光控制器、农田三维地形测量系统、激光平地辅助决策系统。在消化吸收国外先进的精量自动控制技术的基础上,吉林农业大学潘世强等(2009)设计完

成的 2BFJ-6 型变量施肥播种精密播种机一次性可完成开沟、变量施肥、精量播种、覆土、镇压等作业,该机变量施肥装置采用 GPS 实时定位,根据不同地块的测土配方结果,由田间计算机控制液压马达的转速实现实时变量施肥与精准播种。在精准施肥方面,上海市最早建立了精准农业示范基地,对水稻精准施肥开始探索性研究:建立了氮肥总量与水稻产量关系模型、土壤养分要素与水稻产量关系模型,并将江苏省农科院研制的水稻栽培模拟优化决策系统(RCSODS)改造为适合"上海精准农业园区"的直播水稻精确施 N 模拟模型,试验取得较好的模拟精度。此外,精准灌溉技术研究尽管起步最晚但进展较快。赵燕东等(2009)研制成功完全自主知识产权的按植物需求精准节水灌溉自动调控系统,系统以植物生理需水指标及土壤含水量为依据,通过无线数据传输,利用自主研发的灌溉监测控制器来控制电磁阀,可实现滴灌、喷灌、微灌和低压管道等灌溉方式的自动化控制。在收获测产领域,目前引进与自主研发同步进行。王熙等(2002)提出了一种基于称重法的联合收获机粮食产量分布信息测量方法,该方法利用传统联合收获机的粮食传输特点,采用螺旋输送称重式原理组成联合收获机产量流量传感计量,解决了计量系统与动力直接传输相结合的技术问题,借助于 GPS 定位信息实现了联合收获机粮食流量动态计量以及田间粮食产量分布信息的测量。

⑤农业环境遥感监测(深红色类团)。农业环境遥感监测目前研究领域主要集中在土地利用/整理监测、农业旱情/土壤墒情监测及病虫害监测等方面。21 世纪以来,随着人地矛盾越来越突出,通过土地开发整理来有效增加耕地面积,提高耕地质量,实现土地资源可持续利用与发展成为新热点。关于农业旱情/土壤墒情监测,国内研究始于 20 世纪 90 年代后期,在黄淮海平原旱灾监测中,研究人员提出通过遥感数字图像获得的数据和地面气象站资料估算农田蒸散进而计算作物缺水指数来监测旱灾的方法。该方法在 GIS 支持下实现了图像、图形与数据的一体化(申广荣等,1998)。进入 21

世纪后,FDR 精密土壤水分探测器、SWR 和 SMP 土壤水分传感器、TSC 系列智能化土壤水分快速测试仪相继研制成功,性能与国外相当。其中,由中国农业大学研发成功的 SWR 系列既可用于土壤水分点源信息的移动测量,也可埋入土壤中对土壤水分进行定点长期监测。除了与 TSC 系列土壤水分测试仪或采集器配套使用外,还可连接各种带有差分输入的数据采集卡、远程数据采集模块等通用设备,通用性强,使用方便。同样,国内病虫害遥感监测技术与研究也始于 20 世纪 90 年代,主要应用于森林病虫害监测,农作物病虫害遥感监测研究起步较晚,近年来也取得了一定成果。北京师范大学与国家农业信息化工程技术研究中心合作开发的基于 WebGIS 的全国县级尺度主要农作物病虫害预测预报系统,集成 WEBGIS、数据库、ASP. NET 等技术,采用 B/S(浏览器/服务器)体系结构,通过网络平台完成空间数据的发布与共享,实现了病虫害预报模型网络化运行和大面积实时的遥感病虫害专题图发布。

⑥作物生长模拟模型(蓝色类团)。作物生长模拟模型利用系统分析方法和计算机模拟技术,对作物生长发育过程及其与气象条件等环境的动态关系进行定量描述,是解释与预测作物生长发育和产量形成过程的一种生长模型或过程模型。20 世纪 80 年代,部分作物生长模型引入国内,但研究主要集中于作物产量模拟。进入 90 年代后,随着国外多种成熟模型的引进与探索性应用,国内作物生长模拟研究发展迅速,从不同发育阶段的模拟到完整的生长模型,甚至引入了水分平衡、水氮资源利用等。进入 21 世纪后,作物生长模拟已广泛涉及小麦、水稻、棉花和玉米等作物的阶段发育(出苗、拔节、开花、成熟等)、形态发生(叶片、分蘖、抽穗、根系生长等)、光合与呼吸作用、蒸腾蒸发量、干物质积累与分配、作物与水分的关系、作物的养分效应、作物气象环境的模拟等多个领域。随着工程化农业的快速发展,对设施环境的优化控制与管理提出了更高要求,番茄、黄瓜等设施园艺作物生长模拟模型在国内受到重点关注。此外,作物模型还开始与遥感(RS)、地理信息

系统(GIS)、全球定位系统(GPS)、农业专家系统(AES)、部分参数的实时采集处理系统、技术经济评估系统、决策支持系统DSS及网络技术等多种信息技术相结合,向能够帮助用户完成生产与经营管理等半结构化决策任务提供友好的作物生产管理辅助决策支持系统的方向发展。

　　⑦农村能源工程(黑色类团)。农村能源工程涵盖农村新能源的生产开发与利用,农业废弃物的无害化处理及资源化利用的理论研究与技术开发等领域。国内关于农村能源开发利用的探索早在20世纪50年代末已经出现。进入70年代后,农村能源研究以太阳能开发利用为主,包括太阳能干燥、太阳能灶、太阳能热水器、太阳能发电等技术的研发与应用。风能研究及其技术研发始于80年代。新疆自80年代后期开始发展风电,至1995年底风电装机容量已达3万kW。进入90年代后,电子信息技术、新材料技术与自动化技术等的飞速发展,为太阳能、风能利用创造了有利条件。在参考与借鉴国外成熟技术基础上,风力发热装置、风力发电机、风力提水机、太阳能电池、太阳能空调/冰箱、太阳能建筑、风能/太阳能互补发电机组及发电站等相继研发成功并有部分进入实际应用。生物能源,如薪柴、秸秆、禽畜粪便(包括城市垃圾),通过现代技术将其转化为固态(固体成型燃料,以及以生物质为主的混合燃料)、液态(生物乙醇、生物甲醇、二甲醚、生物柴油等)或气态(沼气、生物质气化燃气、氢气等)燃料的研究受到关注。其中,沼气研究与技术开发最早与最成功。进入21世纪以来,沼气发酵原料来源与沼气应用范围已趋多样化。除农作物秸秆和畜禽粪便外,工业有机废水废渣、城市生活污水和餐厨垃圾等作为沼气发酵原料并开始大规模工业化沼气工程建设;沼气在为农户或居民提供炊事取暖和电灯照明的同时,开始探索通过沼气提纯、压缩储气等方式,用于补充城市天然气紧缺和替代交通燃料;甚至开始利用沼气发电上网和为工业提供热源。

　　生物质固体成型燃料技术研究在20世纪80年代末出现,但并未发展壮大。进入21世纪以后,生物质固体成型燃料、生物柴油与纤维素乙醇等研究在国内开始兴起,生物质固体成型燃料成型工艺与配套设备研究取得重要突破,已有生产线投入使用。总体来看,中国生物质能源开发与利用还处在发展初级阶段,不同种类技术的研发与产业化发展并不平衡。

⑧内燃机减排技术(蜜黄色类团)。内燃机的发展已经有百余年历史,随着人们对能源消耗以及环境污染问题关注度的提高,对内燃机节能减排技术的创新提出了更高要求。内燃机的燃烧系统是影响内燃机动力特性和排放性能的关键技术所在,为实现内燃机 NO_x 和碳烟超低排放目标,对内燃机的燃烧系统的技术创新成为新的关注点,尤以高压共轨喷射技术在柴油机中的应用备受关注。该技术由于其喷射压力不随柴油机负荷、转速而变动,在低转速低负荷时仍能维持高的喷射压力,因此使得柴油机性能得到大幅度提高。尤其是结合电控技术后,实现灵活的预喷、后喷技术,满足较高的排放性能要求。技术创新的同时,内燃机燃烧理论研究也取得了进展,如均质混合燃烧(HCCI)、预混合稀薄燃烧(PREDIC)、Modulated Kinetics (MK)燃烧、均质充量柴油燃烧(HCDC)等引起研究人员的广泛关注。不仅如此,随着分形理论对燃烧过程研究的深入,分形理论已被引入优化内燃机燃烧系统,实现 NO_x 和碳烟降低排放。

进入 21 世纪以来,以计算机信息技术为核心,多种新技术(诸如图像处理、遥感技术等)相互融合迅速推进了农业工程各分支学科的发展,农业水土工程、农业生物环境工程、农业电气化与自动化、农村能源工程得到迅速发展,精准农业、作物生长模拟、农业环境遥感监测理论与技术的广泛应用表明学科交叉属性愈发显著,学科创新能力得到显著加强。

(5)2010—2014 年间

聚类类团由 10 部分构成,类团及词黏合力见表 4-12,VOSviewer 聚类密度视图如图 4-11(参见书末彩色插页图 4-11)所示。

表 4-12　2010—2014 年国内农业工程学科共词聚类类团及词黏合力表

类团1		类团2		类团3		类团4		类团5	
主题	黏合力	主题	黏合力	主题	黏合力	主题	黏合力	主题	黏合力
图像处理	7.90	灌溉	9.55	秸秆	4.34	玉米	5.06	数值模拟	3.33
温室	4.17	农作物	6.11	干燥	3.25	水稻	4.20	动力学	2.77
机器视觉	2.82	水分	4.90	沼气工程	2.45	农业机械	3.47	仿真分析	2.12
数据挖掘	2.23	土壤水分	4.79	生物质	1.98	精准农业	2.67	模糊控制	2.03
病虫害	1.94	滴灌	2.80	发酵	1.71	播种机	1.91	柴油机	1.68
苹果	1.85	棉花	2.60	厌氧发酵	1.40	保护性耕作	1.55	离心泵	1.68
机器人	1.83	盐分	2.28	微波	1.25	种子	1.31	联合收获机	1.57
番茄	1.80	含水率	2.05	热解	1.25	油菜	1.17	有限元方法	1.40
算法	1.50	水分利用率	2.05	酶	1.18	力学特性	1.11	振动分析	1.34
黄瓜	1.40	干旱	1.76	太阳能	1.21	收获机	0.98	遗传算法	1.29
导航	1.25	入渗	1.51	超声波	0.93			车辆	1.25
识别	1.25	蒸散	1.38	生物能源	0.84			计算流体力学	1.22
采摘机	1.09	蒸发	1.32					数学模型	1.18
激光	1.05	空间变异	1.11					…	…

类团6		类团7		类团8		类团9		类团10	
主题	黏合力	主题	黏合力	主题	黏合力	主题	黏合力	主题	黏合力
光谱学	10.29	氮	4.46	遥感技术	7.96	模型	17.56	土壤	16.96
多元统计分析	5.38	环境	1.96	农作物产量	4.86	土地利用	7.65	降雨	1.94
农产品	4.16	畜禽养殖	1.81	小麦	4.97	生态	3.17	植被	1.77
传感器	4.10	肥料	1.79	植被指数	4.53	GIS	2.69	模拟	1.75
神经网络	3.41	磷	1.25	生长	1.47	粮食	1.94	侵蚀	1.72
农产品品质	2.82	污染	1.08			回归分析	1.84	黄土高原	1.65
无损检验	2.25	农田	0.95			农村	1.82	径流	1.25
贮藏	2.20					耕地	1.80	耕作	1.22
水产养殖	1.26							坡耕地	1.17
微生物	0.96							分形理论	1.11

①计算机图像处理技术在温室中的应用(黑色类团)。温室是采光建筑,与大田栽培环境不同,其内部透光率受温室透光覆盖材料的透光性能

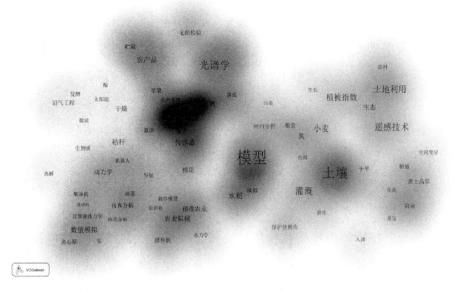

图 4-11　2010—2014 年国内农业工程学科研究主题结构图

和温室骨架阴影率影响,会随着不同季节太阳辐射角度的不同而发生变化。随着温室智能化程度的提高,近年来,研究人员多以黄瓜与番茄为研究对象,就图像处理技术在温室中的应用进行探索性试验研究。一是温室机器人及目标识别。受地膜、光线和阴影等温室光环境影响,温室机器人机器视觉导航路径识别复杂程度较大,研究人员采用最小二乘法、K-means算法等多种数据挖掘算法融合 Hough 变换与模糊控制理论,就机器人导航路径识别进行了探索性试验研究。此外,果蔬成熟度和空间位置识别、病虫害识别也是果蔬采摘机器人研究的重要环节,目前研究主要集中在波段与图像分割方法选择方面。二是温室植物营养诊断。作为指导作物田间管理的重要手段之一,主要根据植物形态特征或器官中营养成分含量的变化,判断其体内营养元素丰缺状况,从而做好作物生长期灌溉与施肥等调控管理。图像技术诊断作物营养研究目前多集中于植物叶片水分与营养元素的检测,主要原理在于植物不同器官的反射率和含水率存在差异。

②农业水土工程（绿色类团）。近年来，水分胁迫对作物的影响及提高水分生产效率机理已成为研究热点，作物高效用水生理调控与非充分灌溉理论研究不断深入，再生水灌溉、调亏灌溉与非充分灌溉等研究对提高水利用效率起到了积极作用。目前有关再生水灌溉的研究主要集中在两个方面：一是再生水灌溉对土壤的影响，即对土壤理化性质、养分运移规律及空间变异性等的影响，包括对土壤中盐分和离子浓度的影响、土壤氮素迁移转化规律、地下水硝态氮空间变异性及污染成因分析、土壤斥水性等的分析；二是再生水灌溉对作物与果蔬产量及品质的影响，均取得一定的研究成果。调亏灌溉根据作物的生理生化作用受遗传特性或生长激素影响的特征，在作物生长发育的某一阶段施加一定程度的有益亏水度，调节其光合产物向不同组织器官的分配比例，从而提高所需收获的产量而舍弃部分营养器官的生长量和有机物质的总量，达到节水增产和改善作物品质的目的（庞秀明，2005）。其早期研究对象以枣树、桃树、梨树及葡萄等果树为主，近年来在粮食、瓜果（如甜瓜）、蔬菜及牧草方面的研究取得了一定进展，包括调亏灌溉对作物生理生态（叶片光合速率与蒸腾速率、根系生长、籽粒灌浆等）及产量的影响，调亏灌溉对作物耗水、水分/养分利用效率（水肥耦合效应）的影响，对果实品质和风味成分等的影响，以及调亏灌溉综合技术（如膜下滴灌）与经济效益评价等的研究。

③农村能源工程（黄色类团）。在能源日趋短缺的当下，生物能源等可再生能源仍是关注热点。在生物能源领域，秸秆作为主要研究对象，秸秆液化、气化与固化理论与技术研究趋于成熟，如秸秆固体燃料压块成型技术、秸秆直燃发电技术与秸秆生物气化沼气技术已趋成熟，大中型秸秆沼气工程在部分地区已经开始试验，秸秆液化生产纤维素乙醇技术取得进展（在酶制剂选择方面也取得进展），正在进行工业化试验。秸秆热解液化制备生物油技术目前关注较多，包括微波热解与真空热解等快速热解提取方法、不同

作物热解生物油主要成分分析、热解蒸气在线催化提质试验、秸秆生物油对直喷式柴油机燃烧与排放的影响研究等。关于太阳能应用研究,目前主要集中在农产品加工领域,即太阳能干燥。中国太阳能干燥应用研究起步较晚,20世纪80年代温室型太阳能干燥器有了较快发展,但时间较为短暂。至90年代,由于社会整体缺乏节能与环境保护观念,且农产品加工业尚处于起步阶段,对太阳能干燥技术需求不大,使该领域研究与应用陷入停滞。进入21世纪后,受能源短缺等影响,国内太阳能干燥技术应用与研究有了较快发展,除传统的谷物、果品与蔬菜外,研究领域还延伸至腊肉制品、茶叶、鲜花、牧草与污泥等的干燥工艺研究和干燥设备的开发与试制,尤其是近几年来,随着计算机与自动控制技术的引入,已取得了一些新的成果。中国科学技术大学设计的新型太阳能干燥房由太阳能集热系统、干燥控制系统和热泵系统三部分组成,该干燥房具有多种干燥方式,晴好天气下可采用闷晒式被动采暖干燥,天气状况稍差时可加入集热器主动式采暖,阴雨天或夜间可采用热泵除湿方式(季杰,2013)。

④精准农业机械(紫色类团)。精准农业是农业信息技术和现代农业机械制造技术的高度融合,是发达国家基于大规模经营和机械化作业条件下发展起来。目前,农业机械精准控制技术主要包括:一是农机行驶导航定位与自动驾驶精准控制。该技术是农业机械在作业环境中进行自主控制的关键技术。20世纪90年代后期国内才开始相关领域的研究,经过前期技术引进、消化与吸收,试验与研究虽取得一定的成果,但国内对该领域研究总体水平还处于试验分析阶段,尤以导航定位方法等理论分析居多。二是农具作业变量精准控制。该技术主要是对精量播种、精准施肥、精准喷灌等农具的孔道控制和流量控制研究。近年来,玉米、水稻与油菜精密/精量播种机研究广受关注,变量播种机设计与研制取得较多成果,包括播种机与排种器工作参数优化、排种器充种性能与排种器吸种过程的动力学分析、排种器投种过程分析、排种量传感器设计及排种性能监测、排种器种子破损试验等。

三是GPS接收器和产量监测系统。该领域国内研究刚刚开始起步。中国农业大学现代精细农业系统集成研究教育部重点实验室等单位合作设计了一种基于CAN总线技术、无线通信技术以及计算机网络技术的新型谷物智能测产系统。该系统包括车载子系统和远程监测子系统两部分,实现了谷物产量的现场监测、产量图绘制、远程监控与收获作业管理等功能。车载部分设计了弧形冲量传感器,通过机械减振和双板差分方法来降低收割机振动对谷物流量测量的影响,采用数字阈值滤波的方法来提高谷物产量的测量精度。系统远程监控部分开发的收获作业管理系统,实现了谷物产量的远程监测与管理(李新成等,2014)。

⑤数值模拟仿真技术应用(红色类团)。数值模拟(也称计算机模拟),是以电子计算机为工具,结合有限差值法与有限元等计算方法,通过数值计算和图像显示方法,对工程问题进行仿真模拟研究。其中,有限元法在工程设计中的应用最为广泛,该方法能够较准确地计算出形状复杂零件(如机架、汽轮机叶片、齿轮轮齿等)的应力与变形。在农业机械设计中,机械零部件的应力和变形问题是设计的一个重要环节,能够为强度和刚度等的设计计算提供依据。国内数值模拟方法始自20世纪80年代,进入90年代后有限元方法在农田水土工程与农机设计领域得到应用,包括不同田间工程措施条件下水分入渗机理及规律的数值模拟、滴灌系统土壤水分运动的动力学模型与数值模拟、微灌系统有限元法水力解析和设计以及地下水污染问题的有限元模拟分析;在农机设计领域,有限元模拟分析多应用于拖拉机,包括车架静强度分析、安全防护架的非线性有限元分析、拖拉机驾驶室声学设计、水田拖拉机轮脚与土壤相互作用的有限元分析等,也有研究对内燃机曲轴采用应力三维有限元分析。

近年来,模糊控制与遗传算法等人工智能理论与计算机模拟仿真分析在农业工程领域成为热点,除拖拉机与灌溉系统外,人工智能理论与分析方法在柴油机、离心泵、收获、温室内环境模拟、播种机机架与防堵装置的静强度分析、植保机械喷头与喷杆的结构优化、农产品物料粉碎与干燥等农产品加工领域中的研究与应用变得更加广泛和深入。

⑥光谱成像技术在农产品/食品检测中的应用(紫色类团)。21世纪以来,计算机图像处理技术的飞速发展使光谱分析技术和图像分析技术有机融合为一体,形成的光谱成像技术不仅具有光谱分辨能力,兼具图像分辨能力。近年来,以高效快速检测分析而著称的高光谱成像检测出现在农产品无损检测领域,光谱成像技术在农产品/食品品质安全无损检测中的应用研究已成为一个重要的发展趋势,包括农产品(包括粮食、水果、蔬菜)表面损伤与污染物检测、农产品内外品质检测、肉品质及微生物污染检测、水产品重金属(铅、镉、铜、锌和砷等)检测、农药残留与重金属污染检测等。近红外图像处理技术与高光谱成像技术在农产品检测领域的研究越来越深入,在光谱图像采集硬/软件系统设计、理论算法研究及提高预测模型相关性等方面进行了研究和探讨,已取得了一定的成果。赵娟等(2014)利用VS2010与Matlab混合编程方法,设计开发了用于农产品品质指标检测的高光谱成像在线检测系统的控制分析软件。该软件包括仪器参数设置模块、信号检测与控制模块和数据采集与分析模块,可完成图像采集、图像合成、运动控制、数据提取分析及存储、显示功能,实现了对农产品品质指标的无损、实时、快速检测分析。总体来看,国内相关研究在跟踪国际最新动态的基础上,以介绍与总结国外较为先进的研究理论和方法经验居多,结合国内实际情况进行方法创新和探索虽已取得了一定的成果,但农残表面特征检测、重金属与微生物污染检测等仍处于应用方法探索阶段。

⑦农业面源污染(浅蓝色类团)。传统农业生产中,非科学的经管理念和落后的生产方式是造成农业环境面源污染的重要因素,尤其是过量撒施化肥造成的化肥污染和大型养殖场禽畜粪便不做无害化处理随意堆放等产生的畜禽粪污污染。国内近来对化肥污染研究主要集中在以下几个方面:氮磷污染特征及其影响因素、污染负荷及风险/安全评估、氮磷流失规律及

迁移转化规律、氮磷污染模拟及灌溉模式优化、氮磷污染时空变异规律及特征、农田氮磷污染物径流流失及淋溶特性等;关于畜禽养殖污染研究主要涉及粪便污染负荷特征分析(如氮素)、畜禽粪便沼气工程等处理技术、畜禽粪便沼气发电工程技术理论研究与装置研究,研究取得了一定的成果,但主要集中于小尺度环境的探究。上海市环境科学研究院与复旦大学环境科学与工程系合作,采用清单分析方法和等标污染负荷法,以乡镇为单元研究了上海市化肥施用、有机肥施用、农作物秸秆、畜禽养殖、水产养殖、农村生活污水等农业面源污染来源化学需氧量(COD)、总氮(TN)、总磷(TP)等污染物的排放量及其贡献率,并根据各区域水环境功能区划分别在区县尺度和乡镇尺度分析了农业面源污染程度及其区域分布。研究表明,上海市农业面源污染最主要污染源为畜禽养殖,主要污染区域分布在农业产值相对较高且距离水源保护区较近的远郊区域(钱晓雍等,2011)。

⑧农作物长势遥感监测(粉红色类团)。农作物长势监测的目的是为田间管理提供及时的信息和早期估计产量。农作物长势遥感研究在中国起步较晚,始于20世纪80年代。"八五"期间,国家将遥感估产列为攻关课题,开展了全国重点产粮区主要农作物(冬小麦、水稻、玉米)大面积遥感估产,建立了综合遥感技术与GIS技术的估产运行系统,实现了种植面积提取、长势动态监测及产量估算的自动化。进入21世纪后,农作物长势遥感监测研究领域得到进一步拓宽,估产系统功能更加完善,估产模型构建、作物生长机理探索等研究取得了一定进展。以中国科学院遥感应用研究所开发的中国农情遥感监测系统为例,该系统以遥感数据标准化处理、云标识、云污染去除和非耕地去除为基础,生成质量一致的遥感数据产品集,提取区域作物生长过程。作物长势监测分为实时作物长势监测和作物生长趋势分析:实时作物长势监测可以定性和定量地在空间上分析作物生长状况,分级显示作物生长状况,分区域统计水田和旱地中不同长势占的比重;作物生长趋势分析可以进行年际间的生长过程对比,从时间轴上反映作物持续生长的差

异性(吴炳方等,2004)。

⑨土地利用工程(橙黄色类团)。近年来,土地利用工程在理论研究方面取得了一定的成就,从重视自然因素对土地格局的影响到生态、经济与社会影响因素统筹考虑,多方法综合应用得到发展,研究的广度与深度有了提升,主要包括三个方面:一是多方法综合应用成为主要趋势,各种数学模型的广泛应用拓展了土地利用研究领域,包括土地利用动态描述、土地利用绩效评价、气候与土地利用变化关系分析、土地整理工程设计优化、土地资源变化预测、耕地质量评价、土地质量变化等领域,研究的广度与深度不断增加。二是生态学理论在土地利用研究领域得到加强。系统生态学理论与景观生态学理论在土地利用工程领域的应用更加广泛,土地复垦后的景观生态评价,耕地/农田景观生态评价,土地整理后的生态规划与重建,城市土地损毁生态风险评估,基于生态服务价值与生态位理论的土地适用性评价及功能优化,土地利用生态价值、生态安全与生态效益分析仍是学术界关注的重点。不仅如此,非工程技术措施在土地利用中的重要作用也逐渐引起学术界的关注,从经济社会发展角度、人地关系角度探究土地利用工程与技术问题的关注度增加。三是土地/耕地利用变化对粮食安全的影响引发更多关注。耕地保护与粮食安全是维系社会稳定的基础。中国人多地少、自然灾害频繁,粮食生产、经济发展和生态建设三者用地之间的矛盾将在今后相当长的时期内仍十分突出。如何统筹耕地保护、挖掘耕地潜力,保障粮食生产安全成为土地利用工程研究面临的主要问题。研究人员从不同角度就耕地保护、耕地生产潜力挖掘、粮食安全保障措施等领域展开了研究,包括土地流转对农户意愿的影响、整地中的耕地保护与发展权、土地利用变化对粮食生产影响分析、土地利用结构与粮食产量关系分析等。核算区域耕地资源生产能力,揭示耕地生产能力层次差异,分析耕地资源生产潜力的空间分布特征,对于科学制定区域耕地利用与保护对策,特别是支撑区域土地整治以及高标准农田建设,保障国家耕地资源安全战略具有重要意义,相关方面

近年来也已引起关注。

⑩土壤侵蚀与水土保持(蓝色类团)。改革开放后,随着国外通用土壤流失方程(RUSLE)、水蚀预报模型(WEPP)、欧洲水蚀预报模型(EROSEM)等的引入,国内研究人员结合地域观测资料和实际情况对上述模型中相关因子指标及其算法进行修正,建立了符合国情的区域性水蚀预报模型。随着 20 世纪 80 年代电子计算机及遥感技术的应用与发展,土壤侵蚀科学研究取得长足的进展,在土壤侵蚀分类、侵蚀过程与机理、侵蚀预测与预报、侵蚀环境效应评价、坡面径流侵蚀规律与评价、坡面流失预报模型的建立(如中国土壤流失方程 CSLE)、小流域综合治理试验示范研究等领域均取得了重要研究成果。进入 21 世纪以后,分形理论、各种数学模型、InVEST 模型、"3S"技术、核素示踪及磁性示踪技术作为新技术、新方法被广泛应用于土壤侵蚀研究,促进了该领域研究的发展:土壤侵蚀预测预报模型,土壤侵蚀磁性示踪剂对土壤理化性质及作物生理特性、产量及品质的影响研究,磁性示踪条件下坡面土壤侵蚀产流、产沙及侵蚀空间分异特征研究,坡面径流侵蚀过程、产沙量、空间演化的模拟与预测,不同植被类型对坡面径流侵蚀产沙的影响等。近年来,针对黄土高原土壤侵蚀与水土流失严重的问题,黄土高原土壤侵蚀与旱地农业国家重点实验室完成了陇东黄土高原农牧交错带土地荒漠化驱动因子、荒漠化过程中自然与人为因素的定量分析,对黄土高原不同侵蚀类型区生物结皮固氮活性及对水热因子的响应机理进行了研究,生物炭对黄土高原典型土壤田间持水量与氮氧化合物运移特征的分析也取得了重要成果。

研究方法的多样化和新兴分支学科的繁荣成为本阶段学科研究发展的重要特征。不同分支学科的研究与发展水平存在一定差异,有些已经拥有了完善的研究规范和学科体系,成为成熟的分支学科,比如农业机械化工程学、农田水利工程学、农业信息化与电气化;有些发展程度则相对低一些,尽管已经拥有明确的研究范围和固定的研究方法,但学科体系尚未完善,学科建设比较薄弱,例如土地利用工程、农村能源工程等。近年来,自然灾害频发,化肥过度施用造成氮、磷排放污染等一系列环境问题涌现,如何防止水土流失和沙化、防止农业环境过度污染、防止不可再生资源过度消耗,提高和保持土壤肥力水平,保障粮食生产安全等议题引起了学术界的关注,围绕"高产、优质、高效和低耗"的可持续农业发展理念,农业工程学科在农业机械节能降耗、土地资源利用与生态均衡发展、土壤侵蚀与水田保持、农业面源污染控制、农村能源工程技术开发等领域加大了研究力度,无论在基础理论研究还是技术体系的创新上都取得了重要成果。

4.3.3 中国学科知识结构演化基本特征

科研项目研究是国家科技活动的重要内容,以项目为主线同样可以清晰地揭示学科发展方向和基本趋势。为准确、客观地揭示学科发展特征,基于上述共词聚类分析结果,辅以学科研究项目综合对学科发展情况加以评述。选择《中国科技项目创新成果鉴定意见数据库》为数据源(该数据库收录 1978 年以来正式登记的中国科技成果),检索获取 1980—2012 年农业工程不同分支学科科研项目,数据统计分析结果见图 4-12,综合农业工程学科研究热点与研究主题的变迁历史对学科发展趋势进行分析,农业工程学科发展主要呈现以下特征:

一是从科研项目资助来看学科发展经历缓慢增长与迅速增长两个阶段。20 世纪八九十年代,受国家科研资助大环境影响,农业工程学科受重视程度不够,学科项目资助数量低且发展较为缓慢。以国家自然科学基金为例,《国家自然科学基金学科分类目录及代码表》中至今仍未提供独立的农业工程学科分类及代码体系,相关分支学科内容仅仅涵盖在机械工程、电气科学与工程、水利科学与海洋工程等工程学科中,项目申请成功率显然受到较大的影响。总体来看,发展缓慢时期,除农业机械化工程与农田水利工程

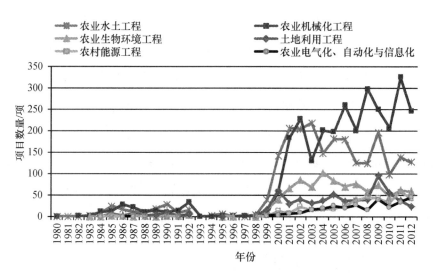

图4-12　1980—2012年各分支学科科研项目数量变化趋势图

（现农业水土工程）各种项目年均数量在10～20左右徘徊以外，其他学科年均不足10项，表明农业机械化与农田水利工程为该阶段学科发展的强势学科。其他学科尽管也开始起步，但学科发展势头较弱，学科研究热点与研究主题表现也是如此。20世纪90年代初期，学科项目资助出现短暂回落，至90年代后期开始复苏。2000年以来，学科进入全面快速发展阶段。项目资助数量急剧增加，农业机械化工程与农业水土工程仍保持强劲发展势头，至今，两学科年科研成果数量依然保持在百项以上，这也是两学科科研产出迅速增长的主要因素。其他分支学科在科研项目数量上也都有显著增长，但从项目数量上比较不难发现，农业生物环境工程要高于土地利用工程，农村能源工程与农业电气化、自动化与信息化学科项目数量最少，学科发展仍存在不同步现象。

　　二是新兴研究主题发展强劲，成熟主题进入稳定发展阶段。比较分析不同分支学科资助项目及学科研究主题发展趋势可以看出，进入21世纪以后，学科发展呈现出两种趋势：一种仍处于不断强化之势，为学科发展热门领域,包括农业机械化工程,农村能源工程,农业电气化、自动化与信息化分支学科。尽管2004年以后各分支学科都出现若干明显的涨落变化,但发展仍是主流趋势。农业机械机器视觉、导航定位及智能控制等热点研究领域仍将持续受到关注,畜禽、水产及主要农作物生产机械化与保护性耕作研究仍是近期关注的重点。此外,农业电气化、自动化与信息化学科内多数研究方向已趋成熟,发展较为稳定,但21世纪以后起步的精准农业研究领域,尽管形成较晚,但发展势头最为强劲,项目年均数量显著超越学科内其他研究方向并将受到持续重视(图4-13)。另一种是项目资助总量经过一段稳定时期以后,出现降低趋势,包括农业水土工程、农业生物环境工程与土地利用工程三个分支学科。其中,农业水土工程学科表现出的波动幅度较大,在波动的过程中出现缓慢下降趋势;农业生物环境工程也表现出类似的发展特征,但波动幅度相对较小,学科项目整体表现出稳中有降的趋势;土地利用工程2008年之前整体发展平稳,除2009年出现较大的波动之外,项目数量开始出现下降趋势。总体来看,学科研究项目数量的降低意味着该分支学科近年来旧的研究热点发展已趋成熟,研究方向趋稳,新的研究生产点还未形成,亟须开拓新的领域。

三是电子计算机和信息技术科学的应用为学科发展带来革命性的变革。20世纪90年代以计算机为核心的信息化技术与自动化技术的发展令人工智能研究取得重大突破,也为农业工程学科带来革命性的变化。进入21世纪以后,计算机图像处理、计算机仿真模拟、计算机视觉导航、自动控制与人工智能等理论与技术从无到有,逐渐进入研究人员视线,并由最初的纯理论计算到产品设计与开发,从产品设计到作物生长模拟,从无线传感器网络到物联网,计算机信息技术与网络技术在学科得到广泛应用,农业工程技术正在从机械化、自动化逐步向智能化发展。计算机科学技术的出现带动了农业工程学科相关领域的快速发展,学科研究主题得到了丰富与拓展。农业物联网技术与精准农业的有机结合不但可以促进高效利用各类农业资

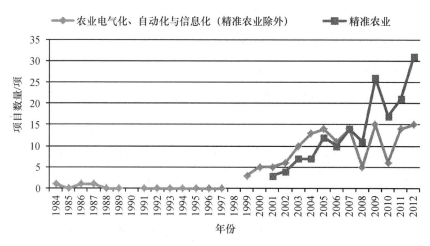

图 4-13　农业电气化、自动化与信息化学科科研项目数量变化情况

源和改善环境、最大限度提高农业生产力,而且可以实现农业优质、高产、低耗和环保的可持续发展,智能化精准农业将成为今后农业工程学科研究与发展的一个重要方向。

四是研究范围拓展与跨学科交叉融合成为主流趋势。由于学科研究和解决问题的特殊性,进入 21 世纪以来,学科研究重点开始跳出工程技术范畴和不同学科紧密结合,学科与自然科学、经济科学的结合越来越紧密,研究范围向整个农业生态系统拓展,无论是研究深度还是广度,跨学科交叉研究特性愈发显著。从大田农业耕作机械化,至播种、田间管理(植保、灌溉)与收获机械化,甚至产后干燥与加工机械化;从粮食作物到经济作物、从种植业到养殖业(畜禽、水产)机械化;从关注土壤参数与农业机械行走系统间的关系,到以水肥-土壤-作物-光合作用-干物质产量-经济效益为主线的智能化精准农业系统,工程技术与计算机信息科学、遥感科学与技术、生物学、生态学、经济学、管理学及数学、物理学与化学等学科相互交叉、相互融合,在农业工程学科研究中扮演着越来越重要的角色。此外,随着农机与作物品种、栽培技术、耕作制度等生产作业矛盾的涌现,农机与农艺相互适应、相互融合及共同发展变得愈发重要,建立农机与农艺相协调的技术体系仍是学科研究的重点。

五是学科理论与技术经历了引进消化吸收后进入自主创新阶段。学科无论是理论体系还是技术研究都经历了引进、消化、吸收与再创新的过程。新中国成立前曾以借鉴欧美为主,新中国成立后转向苏联,研究人员结合国情创新提出自己的理论与方法,如土动力剪强方程、切土动力模型、水田土壤的应力-应变-时间模型和水田土壤含水量与触变率之间的函数模型等。在技术上,诸多农业装备都经历了初期起步、引进、试用、研究、吸收、仿制开发、改进与创新,最后到逐渐成熟的持续发展过程。值得注意的是,随着对大型、高速农业机械需求的增多,许多国产农业机械零部件在高温、高压、重载和腐蚀等恶劣工况下运行时疲劳事件频发,产品在质量、可靠性及使用寿命等方面与国外还存在不小的差距。国外先进技术的引进能够增加学科技术积累,为增强自主创新能力奠定基础。但是,装备的核心技术和关键技术是有钱买不来的,只能通过自主创新获得。只追求引进技术,不注重消化吸收再创新,容易导致自主创新能力不足、技术水平提升空间有限。因此,学科加强原始创新、集成创新与引进、消化吸收后的再创新和再研究非常重要。

总体来看,随着粮食安全、水土资源保护、环境与生态安全等问题愈发凸显,学科研究重点正在从工程技术在农业中的应用向整个农业生物环境系统拓展,学科与计算机科学、遥感科学与技术、生物学、经济学等学科的结合越来越紧密,学科交叉融合与跨学科研究特性愈发显著,以水肥-土壤-作物-光合作用-干物质产量-经济效益为主线,农业工程研究领域开始拓展至农业生态系统。

4.4　中外知识结构演化之比较

4.4.1　知识结构演化的比较

学科发展与社会需求息息相关。不同国家不同的自然环境、经济状况、历史文化及社会制度必然导致中外农业工程学科发展上的差异。通过对国内外农业工程学科研究热点与研究主题知识结构的分析(表 4-13),不难发现:

表 4-13　中外农业工程学科知识结构演变之比较

类别	时间	国内	国外
研究热点	20 世纪 70 年代及以前	拖拉机、发动机、犁、牵引力	农业机械、拖拉机、土壤、灌溉、农用建筑、食品工程、数学模型、计算机仿真
	20 世纪 80 年代	拖拉机、发动机、耕作机具、土壤、水田耕作、农业机械化	农业机械、拖拉机、土壤、灌溉、农用建筑、食品工程、数学模型、计算机仿真、农业废弃物、生物质、农产品
	20 世纪 90 年代	拖拉机、计算机、干燥技术、农业机械化、土壤	模型、土壤、灌溉、谷物、侵蚀、径流、水质、干燥、喷雾、农药
	2000 年代	拖拉机、农业机械化、发动机(柴油机)、干燥技术、图像处理、神经网络、自动控制、人工智能、计算机仿真、数值模拟、"3S"技术、遥感监测、精准农业	土壤、模型、计算机仿真、流域、水、水质、粪污、光谱技术、精准农业、"3S"技术
	2010—2014 年	模型、土壤、图像处理、光谱技术、农产品、土地利用、遥感技术	模型、计算机仿真、猪、家禽、粪污、流域、水质、径流、氮、磷、灌溉、农产品、收获、干燥、生物质能源、可再生能源

续表 4-13

类别	时间	国内	国外
研究主题	20世纪90年代	种植业农业机械化、干燥机械化及养殖业机械化、动力机械拖拉机、地面机械仿生研究、农机疲劳寿命可靠性技术、保护性耕作技术、农田水利工程	农产品干燥理论及其技术、畜禽养殖废弃物管理及对环境的影响、农药喷施理论与技术研究、土壤侵蚀与水土保持研究、农田灌溉与排水
	2000年代	农业车辆自动控制技术、内燃机减排技术、农业水土工程、农村能源工程、计算机图像处理技术、精准农业、农业环境遥感监测、作物生长模拟模型	农产品干燥理论及其技术研究、畜禽养殖废弃物管理与资源化利用、农业非点源污染对水环境的影响、农药喷施理论与技术研究、农田灌溉与水资源利用、计算机图像处理、精准农业
	2010—2014年	计算机图像处理技术在温室中的应用、农村能源工程、精准农业、数值模拟仿真技术、农作物长势遥感监测、土地利用工程、土壤侵蚀与水土保持、农业水土工程、光谱成像技术在农产品/食品检测中的应用、农业面源污染	农产品干燥理论及其技术研究、畜禽养殖废弃物管理与生物质能源化利用、灌溉对作物蒸散发影响研究、精准施药、收获环节优化及仿真模拟研究、水文水质评价模型研究

(1)农业结构不同造就当今国内外学科研究各有侧重

畜牧业取代种植业是欧美发达国家的普遍发展规律,也是现代农业的重要标志。欧美各国畜牧业已经占据农业的主体地位,产值占农业产值的一半以上(英国占66.7%,德国60%以上,法国70%以上,美国畜牧业与种植业几乎各占一半,加拿大占50%以上)。20世纪60年代之前,欧美发达国家农业工程研究领域主要包括农业动力和机械、农用建筑、农田排灌和水土保持、农业电气化四大分支,其中优先发展畜禽舍、越冬饲料仓库、青贮塔、畜产品加工贮藏等农用建筑以及各种农业机具。70年代后农村能源工程和农业生物环境工程等内容引起关注,尤其是畜禽养殖废弃物所生产的环境污染及其资源化利用研究持续受到关注。近年来,欧美国家农业工程学科研究基本稳定在农产品加工(如干燥理论与技术)、自然资源与环境系统(如畜禽养殖废弃物管理与资源化利用、动物设施系统)、信息技术传感器与控制系统(计算机图像处理、"3S"技术、精准农药喷施理论与技术等)、水土工程(土壤侵蚀、农田灌溉与水资源利用、农业非点源污染对水环境的影响等)、可再生能源(如生物质能源)等。与欧美国家不同,中国2015年畜牧业产值首超30%,农业结构仍以种植业为主并将持续。因此,中国农业工程研究优先发展与种植业有关的农业机械、农田水利、农产品加工及贮藏,以保证种植业的稳定发展和农产品的高效利用。近年来,农业工程学科研究领域得到进一步凝练,以农业机械化工程、农业水土工程、农业生物环境与能源工程、农业电气化与自动化为核心领域的发展格局逐步趋稳,土地利用与农村能源工程得到较快发展。

(2)动力与机械等学科传统研究领域国内外关注度不同程度下降

早在20世纪70年代,发达国家相继实现农业机械化与现代化,学科实现农业生产过程机械化的使命宣告结束。在此背景下,20世纪90年代后农业增产和提高劳动生产率不再是学科研究关注的核心,动力与机械、农用建筑等传统研究领域的关注度开始下降,取而代之的是围绕农业生产资源有效利用及农业生态环境保护的可持续农业发展研究升温。与发达国家不同,中国全面实现农业机械化与现代化还有很长一段路要走。促进工业化、信息化、城镇化、农业现代化"四化"同步发展,对农业工程传统理论与技术研究仍然存在强烈需求。但研究显示,2010年以来,相对于精准农业、农村能源及计算机图像处理技术等发展较为强劲的新型研究领域,学科中拖拉机、农业机械化等传统研究领域关注度也出现相对的下降,诸如大功率拖拉机与玉米收获机械等关键技术领域我们与发达国家仍存在较大差距,农机农艺配套问题、丘陵山地机械化问题、粮食产后干燥及精加工技术等远不能满足国内发展需求。我们必须清晰地认识到,实现农业机械化是农业现代化的必要前提,农业机械化作为实现"四化同步"过程中多种资源要素的载体,加快实现农业产前、产中和产后各个环节机械化仍然需要农业工程科学技术理论的全方位支持。农机装备作为《中国制造 2025》十大重点领域之一,必将为动力与机械等传统农业机械领域的研究带来新的契机。学科发展在积极追赶国际前沿的同时仍需加强传统学科领域的研究,新型领域与传统领域双轮驱动,协同发展,由此满足农业现代化发展需求。

(3)智能农业等新兴研究主题国内外仍存在一定的差距

不难发现,国外农业工程学科研究比较注重新技术与新方法的跟踪与应用,能够做到农业工程学科研究与相关学科最新理论、方法与技术同步发展并及时融入学科,创新学科发展。比如,微电子与信息技术、遥感监测技术、光谱分析技术与现代生物学的发展及在农业工程学科中的应用几乎保持同步。基于学科后发外生型发展特征,国内农业工程学科无论是在学科理论基础、研究方法,还是技术创新与应用上,目前仍然更多地是以借鉴与模仿国外经验为主,自主创新研究仍存在短板。差距虽然存在,但近年来学科追赶国际前沿的步伐明显加快。尤其是在机器导航、图像处理、无线传感器等智能化理论与技术,农业物联网和精准装备等农业全程信息化和机械化技术体系,作物模型、流域模型等计算机模拟仿真理论与方法方面,引进与消化速度明显加快并逐渐形成了一些具有中国特色的理论和方法。学科研究总体上与国外相比仍然略显滞后,但学科创新动力明显加强,今后仍需在原始创新、引进消化吸收后再创新方面进行重点突破。

(4)多学科交叉与融合已成为国内外学科发展推动力

现代科学技术的发展令农业工程学科发展处于高度分化与高度综合相伴共生的特殊时期,跨学科研究已成为国内外学科发展的重要特征。首先,第三次工业技术革命推动了计算机技术与现代数学(如模糊数学、神经网络模型、优化理论等)和农业工程学科的紧密结合,并形成了前所未有的强大的模型模拟和数值仿真研究方法。其次,"3S"技术、激光技术、雷达和遥感监测技术、机器人技术、数字图像处理技术等一系列高新科学技术在学科领域中的应用,推动了新技术成果在农业工程技术领域的应用。第三是各种算法与程序的应用促进了人工智能技术在学科领域的应用。20 世纪 60 年代以后相继创立的有限元法、离散元法、边界元法及其各种耦合算法和程序有力地促进了农业工程学科与工程技术的发展。及时将相关学科领域的最新理论方法与技术成果引入农业工程学科,加快学科知识与技术创新已成为国内外学科发展的总体趋势。

4.4.2　中国学科研究发展的重点

2014 年中央一号文件指出,对于推进中国特色农业现代化,要始终把改革作为根本动力,立足国情农情,顺应时代要求,坚持传统精耕细作与现代物质技术装备相辅相成,实现高产、高效与资源生态永续利用协调兼顾,将农业机械化的发展提到前所未有的高度。2015 年 3 月 24 日,中共中央政治局会议审议通过《关于加快推进生态文明建设的意见》,"绿色化"作为一个新的概念被首次提出,党的十八大首次提出的"四化同步"目标进一步被提升为"五化协同",即协同推进新型工业化、城镇化、信息化、农业现代化和绿色化,这是国家发展现代化战略理念的又一次历史性转型。在资源与环境承载能力已经达到或接近上限的情况下,加快培育科技含量高、资源消耗低、环境污染少的产业结构和生产方式将成为推动社会发展新的增长点。

综合上述文件与政策所透露出的讯息与国内外农业工程学科研究知识结构的演进不难看出,中国农业工程学科研究在立足内需的同时应紧跟国际学科前沿研究,未来学科发展将紧密围绕资源、环境与信息化做好文章,学科研究领域有以下几个值得关注的趋势:

一是加强农业机械化工程领域研究仍是重中之重。学科研究将主要聚焦在大宗粮食作物与战略性经济作物生产全程机械化,重点突破玉米籽粒机收、机插秧、机采棉、甘蔗机收及丘陵山地农业机械化等薄弱环节。同时,在我国农业机械化由中级向高级过渡的结构改善与质量提升的关键时期,发展现代农业对农业装备的刚性需求将进一步加大。在满足不同层次需求的同时,多功能、大型化、智能化将成为农业装备发展的重要方向,物联网、云计算与云服务等新技术将在智能农业装备中得到充分体现。围绕智能制造与智能控制,重点突破智能装备数字化设计与仿真系统、智能装备测试平台、MEMS农业传感器、农业机器人、智能导航控制等关键技术,将物联网、大数据、云计算与云服务等先进信息技术融入智能农业装备设计将是未来智能农业装备研究的主要方向。

二是加强以精准农业与智能农业为核心的农业全程信息化和机械化技术体系。精准农业以精准、变量、可控和高效为特质,可有效减少化肥、农药等化学物质使用,对节约与高效利用各种资源、减少环境污染、改善生态环境等有着显著的促进作用。未来一段时间,加强"3S"技术、农业传感器技术和无线传感器网络仍是精准农业研究的核心,以农业传感器为核心的农田环境信息采集与监测、多传感器数据融合技术、纳米传感器、农业航空、航空变量喷洒控制、农业无人机系统、精准饲喂技术等研究将有待进一步深化。

三是加强农业与农村生产废弃物等生物质资源化利用研究。农业与农村废弃物来源于农林业生产、农产品加工、畜禽养殖和农村居民生活排放等多个领域,尽管国家提倡循环农业生产模式多年,但实际情况是资源短缺与大量农业废弃物没有得到有效再利用形成鲜明对比,农村很少有真正意义上的循环农业生产模式存在,农业与农村环境污染依旧呈现逐年加重的态势,尤其是水体与土壤环境的污染。因此,逐步建立与资源和环境相适应的发展方式是农业领域转变发展的重要方向,从高效、低耗、环保等理念入手,加强农业与农村废弃物的能源化、肥料化、饲料化及材料化利用等关键技术与设备研发仍是研究的关键,开发能够涵盖从废弃物收集贮运、工程转化到产品高效利用全产业链条各环节关键工艺与技术,如农业废弃物集储装备、快速堆肥装置、生物炭与乙醇等生物质能源生产工艺等将是今后一段时间的主要任务。

四是加强水肥农药等资源有效管理与应用及水质保护等方面的研究。在当前耕地、水资源短缺,靠扩大耕地面积提高粮食增产空间十分有限的背景下,保障粮食安全的一个重要方向是解决好地少水缺的资源环境约束,充分提高水肥农药等资源利用率与加强水质保护尤为重要。未来几年,以下研究领域仍需继续加强:加强水土资源高效安全利用理论与技术研究,重点探索深耕深松、保护性耕作、秸秆还田等工程技术对增加土壤有机质,提升土壤肥力与水土保持效应机理研究;开展土地整治、中低产田改造、坡耕地改造研究,使农业土地向良性循环方向发展;深入分析区域农业水资源系统演变与转化机理,加强灌区多水源联合调控与优化配置技术、再生水安全高效灌溉等技术研究,确保我国水土安全、粮食安全和生态安全,实现由单纯高产农业向优质、高效、安全农业转变。

五是加强现代化温室与植物工厂等设施农业智能化领域的研究。设施农业包括设施种植与设施养殖两个重要领域。近年来,我国在设施农业环境调控、农产品安全溯源、农业资源环境监测等领域的研究已实现信息的实时获取和数据共享,但多数应用还处于试验示范阶段。现代化温室(包括畜禽与水产养殖)和植物工厂是设施农业智能化研究的两个重要领域,相比现代化温室,摆脱大田生产环境制约的植物工厂是设施农业智能化发展的更高级阶段,集现代生物技术、信息技术与人工环境控制于一体,可实现农产品的标准化流水线式生产。在设施种植、养殖业由自动化向高级智能化转变的过程中,环境与生物信息采集与监测(包括设施环境因子、生物生产生长过程)、智能化系统控制平台、生物(作物或养殖品种)管理模型、智能灌溉、智能施肥、智能施药、智能光源、智能饲喂(喂料、喂水)、挤奶机器人、采摘机器人以及基于物联网的农产品质量溯源系统仍将是研究的核心。

4.4.3 中国创新学科研究的建议

作为后发外生型学科发展模式,在经历前期"引进、模仿"之后,学科理论与技术得到一定的积累,"外援"向"内生"发展转型将是必然。学科今后发展应沿着"消化、吸收、再创新"的自我创新的路径发展,通过借鉴促进自主创新能力提高,在保证传统研究内需的同时,紧跟国际学科发展前沿,双轮驱动,加快农业工程学科创新步伐,主要包括以下四个方面:

(1)在研究对象上,从农业向农业与生物环境系统延伸

毫无疑问,实现农业机械化仅仅是农业工程学科发展历程中的一个阶段性的使命,随着使命的完成,学科发展必然会进入一个全新的阶段。在实现农业机械化阶段,学科以提高粮食产量与劳动生产率为己任,研究内容主要着眼于促进工程技术在农业领域的应用。在新的历史阶段,保证安全与充足的粮食、清洁的空气和水环境、可再生能源与燃料以及合理利用自然资源成为学科新的使命,学科对象无论从深度还是广度上都必将面临拓展,从有限的农业生产领域向更为广阔的整个农业生产、食品安全、生物与自然资源以及生态环境系统拓展,从田间向餐桌延伸。

(2)在研究内容上,加强多学科融合以丰富学科理论体系

任何一门独立的学科都无法解释复杂的农业与生物系统问题,学科只有在整个科学体系的相互作用中才能得到发展。农业工程学科早期是以物理学与生物学理论为基础,研究农业生产中的工程问题。随着研究问题由简单到复杂,研究内容的深度与广度不断增加,逐步形成以农学、土壤学、生物学、生态学、环境学、经济管理学等为基础,集成机械、土木、电子工程与计算机信息工程技术等多种工程技术理论的一门综合性交叉学科。农业工程不应局限于单项技术的创新与突破,更多的研究应是综合多学科知识,向农机农艺结合、农业生物系统、食物安全生产方面延伸。21世纪是信息化与智能化的时代,加快物联网、云计算及大数据管理等现代信息技术在农业工程领域的集成与创新将有助于推动智慧农业的发展。

(3)在研究方法上,创新新理论与新方法在学科中的应用

一种科学只有成功地运用数学时,才算达到了真正完善的地步。农业

工程学科也不例外,各种数学方法、算法与模型的广泛应用推动了学科快速发展,数学模型与数学模拟已成为学科研究不可或缺的理论基础。数值计算方法、有限元方法、模糊数学、随机理论、信息论、控制论、神经网络模型、系统工程学、系统动力学与技术经济学等定性和定量方法的综合应用,使学科研究由早期以田间试验为主转变为一门有严格理论基础和研究方法的科学。

(4)在研究手段上,加强新兴科学技术应用助推学科发展

21世纪的科学技术,是以新型能源技术、信息技术、材料技术和现代生物技术四大学科为中心的时代。毋庸置疑,20世纪70年代以来计算机技术、信息技术、通信技术、红外技术、遥感技术、电测技术、现代工程技术以及各种自动化与智能化技术在学科研究中的相继应用,有力推动学科研究走向农业生产以外更广阔的领域,围绕动植物生产环境实时监测、自然资源有效利用、农业生态系统中水分—土壤—作物—大气—产量—效益关系的研究全面启动并取得了显著成效。中国农业工程学科未来的发展应充分汲取四大主流科学技术的最新研究成果,加快学科创新进程。在坚持新理论新方法创新传统农业机械化发展的同时,紧跟世界科学技术潮流,坚持传统与新兴领域"双轨"驱动模式,推动学科研究向食物、农业与生物系统方向拓展。

4.5 本章小结

本章运用科学计量学分析方法与可视化视图技术,分别从研究热点与研究主题两个维度详细分析和比较了国内外学科知识结构及其演化特征,得出以下主要结论:

1. 国外学科早期成熟主题逐渐降温,新型研究主题发展强劲;学科呈现出高度分化与高度综合动态发展过程,研究领域界限逐步被打破;学科发展区域不平衡,发展中国家与发达国家间差距在逐渐缩小。

2. 中国学科从科研项目资助来看经历缓慢增长与迅速增长两个阶段;当前新兴研究主题发展强劲,成熟主题进入稳定发展阶段;电子计算机和信息技术科学的应用为学科发展带来革命性的变革;研究范围拓展与跨学科交叉融合成为主流趋势;学科理论与技术经历引进消化吸收后已进入自主创新阶段。

3. 比较中外知识结构演化情况发现:社会发展阶段不同、农业结构不同造就国内外学科研究各有侧重;动力与机械等学科传统研究领域出现国内外关注度相对下降现象,中国实现农业生产全程机械化仍然需要传统农业机械化工程科学技术理论的全方位支持,学科新型前沿领域研究与传统研究领域应双轮驱动,协同发展;中国追赶国际学科前沿的步伐明显加快,但智能农业等新兴研究主题与国外相比仍存在一定的差距;学科创新动力明显加强,今后仍需在原始创新方面进行重点突破。

4. 中国学科发展研究重点:加强农业机械化工程领域研究仍是刚性需求;加强以精准农业与智能农业为核心的农业全程信息化和机械化技术体系;加强农业生产废弃物等生物质资源化利用研究;加强水肥农药等资源有效管理与应用及水质保护等方面研究。

5. 中国创新学科研究建议:在研究对象上应逐步实现从农业向农业与生物环境系统拓展与延伸;在研究内容上加强多学科融合以构建和丰富学科理论体系;在研究方法上创新新理论与新方法在学科中的应用;在研究手段上通过加强和重视新兴科学技术在学科研究中的助推作用,多方面合力来推动学科创新发展。

第 5 章

学科人才培养模式与课程体系的演变

培养适应社会发展需要的优秀人才始终是高等教育的核心追求。明确培养什么人才，如何培养人才，是解决农业工程学科人才培养的关键。

5.1 通才教育与专才教育

在不同的历史阶段，一个国家的人才观及教育价值观不同，高等教育对人才培养模式的选择也不尽相同，通才教育与专才教育是其中两种最基本的人才培养模式。

5.1.1 通才教育

美国是通才教育的集大成者，英国、法国和日本的农业工程教育也趋向于通才教育模式。20 世纪 30 年代，美国著名的教育改革家和思想家 R. M. Hutchins 在教育实践的基础上首先提出通才教育理念。他认为，高等教育的核心是通才教育，大学的学科专业教育应建立在通才教育的基础之上。1945 年，哈佛大学发表了题名为《自由世界的通才教育》的报告，对美国高等教育的发展产生了巨大的影响。报告指出,大学教育的目标,应该是培养"完整的、有教养的人",这样的"人"应该具备四项最基本的能力:一是有效思考的能力;二是清晰沟通的能力;三是正确的判断能力;四是具有分辨普遍性价值的认知能力。同时,要培养学生的这些能力,必须给予学生全面的知识,通才教育课程应该包括人文科学、社会科学和自然科学三大领域(J. B. Conant,1945)。

(1)通才教育的内涵。所谓通才,就是指知识面较广、发展较全面的人才。何谓通才教育? 一般来讲,通才教育是指专业面宽或横跨几个专业的、覆盖面广的一种教育,培养能适应若干种职业或专业的人的教育(徐毅鹏等,2000)。这种教育强调人文、社科与自然科学的均衡学习,培养学生宽泛的专业知识面,是一种个性得到全面发展的人才培养模式。

(2)通才教育模式的创新与发展。人才培养模式受社会生产力、政治制度及科学技术发展水平的影响较大,是一定历史条件下形成的产物。20世纪七八十年代,随着国际科技、经济竞争日趋激烈,知识更新不断加快,美国国内产业结构变化迅速,人才需求受市场支配日益明显,农业工程学科就业率持续降低、学科整体入学注册人数减少。此外,由于不加限制的自由选修课程,毕业生知识面过于宽泛、缺乏沟通交流能力、批判性思维与逻辑思维不足、独立工作能力及团队合作能力较差等问题也随之而来,加速了美国高等教育改革进程。90年代以后,为改变农业工程学科发展所面临的各种困境,学科对通识教育与专业教育进行了全面改革:

①确立通识教育目标,重构通识课程体系。为解决备受关注的本科教育质量及教育效果等问题,多数高校成立了由教师构成的通识教育工作委员会,由该委员会组织与指导通识教育课程改革。委员会工作职责主要涵盖三个方面,一是明确和制定通识教育目标,二是重构通识教育课程体系,三是组织课程规划的实施并跟踪与评价教育质量。本次改革中不同院校立足于各院校具体情况对通识教育提出了清晰的目标,如加州大学戴维斯分

校(1996)提出的通识教育目标包括：为所有专业领域的学习提供课程选择机会以此促进学生宽阔的知识面,通过不同学科知识及研究方法的学习来持续推动学生知识增长,通过加强写作训练与课堂参与促进学生学习兴趣,鼓励学生将已知方法与理论应用到更高层次课程学习中。基于上述目标,提出由 Topical Breadth、Social-Cultural Diversity 以及 Writing Experience 三部分组成的通识课程体系。与以往相比,课程在培养学生写作与语言表达、推理及批判性思维、提出与解决问题、信息处理能力方面得到加强。

②创设跨学科交叉课程,强化专业基础教育。为适应社会中出现的各种新问题及高科技发展带来的新需求,农业工程学科开始重视跨学科领域的知识学习,设置了许多跨学科专业和跨学科交叉课程,允许学生跨专业、跨学科和跨学院进行学习,培养学生多学科角度思考问题和解决问题的能力。通过不同学院、不同学科、不同领域的教师和研究人员的协作,促进学校跨学科人才的培养,积极寻求学科新的发展机遇。在重构通识课程的同时,加州大学戴维斯分校 1996 年将专业领域课程由原先的 84 学分提高至90 学分。通过开设生物学导论课程,大力加强生物学、生物系统和应用性农业科学课程的教育,其目的主要是促进科学理论教育与工程技术专业教育的结合,加强学生关于工程手段对植物、动物、人类和环境的潜在影响的理解,从而使得学生在保证具有宽广的基础理论知识的基础上,专业知识得到进一步的强化。

③加强不同院系间人才培养合作,拓宽专业领域。传统的科学研究与人才培养是按学科界线划分的,不同院系之间很少开展合作。科学的交叉与融合使得许多问题的解决需要多个学科领域相互配合,这样跨学科人才的培养显得比以往任何时候都更为必要和迫切。因此,拆除学科间壁垒,加强跨院系合作,开设新的专业,设置新的课程计划,汇集不同专业教师从事合作研究,进行联合培养,已成为美国研究型大学改革中的一个重要发展趋势(李兴业,2004)。以加州大学戴维斯分校为例,生物与农业工程系隶属于

工学院和农业与环境学院,生物系统工程专业将生命科学与工程学科有效联系在了一起,使小到分子、大到生态系统,范围广泛的生物系统基础理论及其发展前沿与工程技术得到了有机融合。工程学与生物学教师之间的有效合作,使教师对学科前沿以及自身研究专长的定位有了更为清晰的认识,合作研究领域广泛涵盖农业生产、自然资源、生物工程及食品工程,促进了学科人才的培养。

总体来看,美国农业/生物系统工程教育模式按照现代科学发展趋势,一方面建立了以基础理论知识为基础,"人的培养"和专业知识教育并重,强调在综合能力培养基础上的专业教育;另一方面,通过采取设置跨学科机构、跨学科专业和跨学科课程等方式,加强相关学科之间的联系、渗透。通才教育模式开始由重点强调"通才"向"宽口径+厚基础"的复合型人才转变。

5.1.2 专才教育

专才教育是相对于通才教育的一种人才培养模式,苏联是实行专才教育培养模式的典型代表,德国、法国也偏重于此。苏联成立初期,为满足国家工业化方针的需要,按照国民经济具体部门和某些地区的具体要求,在国家总体规划与指导下设立综合大学和单科性专门学院来分门别类地培养各个领域的专家,对促进国家经济建设和实现工业化做出了重要贡献。

(1)专才教育的内涵。所谓专才,是指对某一专业或某个领域的某一方面有深入研究的人才。也有学者认为,专才教育一般是指以培养具有某一学科的基本理论、知识和技能并能够从事某种职业或进行某个领域研究的人才为基本目标的教育模式(湖北省高等教育学会,2001)。简而言之,专才教育就是指培养专门人才的教育。与通才教育不同,专才教育不特别强调学生的能力和素质的全面发展,而是更注重学生的实践技能以及是否能够胜任行业的实际需要,重点在于学生实际工作能力的培养。

(2)模式的创新与发展。苏联成立初期至 20 世纪二三十年代,其人才培养模式是按具体部门和地区的需要培养定制的"现成的专家",该"专才教育"模式曾经一度取得成功。但是,随着世界经济格局的变换以及世界新技术革命的兴起和发展,科学技术呈现日新月异的发展态势,这种受高度集中、整齐划一经济管理体制所制约的"专才教育"的局限性逐渐暴露出来,专才教育模式培养的毕业生知识面狭窄的问题日趋突出,在工作领域的转移和科学技术发展的适应性上愈发显现窘境。为了改革过于狭窄的"专才教育"的弱点,苏联在二战结束之后,就开始了一系列专才教育模式改革的探索(蔡克勇,1987)。

①调整专业结构、拓宽专业面。二战后,为实现国民经济快速恢复和生产部门科学技术的高速发展,进一步拓宽培养专家的知识面,扩展新专业和扩展专门化的教学,高等工业教育采取了缩减专业课程、取消部分过细的专业课,增设具有广泛科学理论意义的普通专业课和普通基础课等一系列改革。20 世纪 50 年代中期,专业由 600 多种减少合并为 270 多种,通过归并、调整的方式,减少划分得过细、过窄的专业,以此扩大专业面,培养专业面宽的人才。60 年代后,为了解决专业分得过细的问题,进一步强调"高等教育的目前倾向是培养具有广泛业务能力的现代专家",以培养学识广博的现代通才(迟恩连,1986)。

②拓宽基础、加强科研训练。加强基础知识是扩大专业面的重要保证。1972—1974 年间,以加强学生基础和普通科学培养为目的,强调基础理论+专业训练+方法论的综合教育,工程专业教育的内容有了本质的变化。例如,要求所有工程专业都要学习电子计算机技术和生产过程自动化等新技术,并把参加科学研究作为培养未来工程师的不可分割的组成部分。1974 年,苏联教育部颁布了《高等学校大学生科研工作条例》,对大学生参加科研的目的、任务、内容、方法和奖励等做出了明确规定,高校开始把本科生的科研训练列入

正式的教学计划中(吴式颖,1984)。20世纪70年代后期,教育主管部门又提出要培养"知识面较宽的专门人才",强调知识综合化和多元化。

③加强文理互通,开设跨学科课程。第三次工业科学技术革命急剧加速了传统科学知识结构的裂变,科学研究领域相互渗透与分化趋势越发显著,一系列涉及国计民生的重大议题不得不借助跨学科研究来解决,对高等教育加强学科之间的相互渗透和相互交叉提出新的要求。在此背景下,"人文科学数学化,自然科学人文科学化"理念被提出,人文素质与能力培养并重被强调。20世纪80年代以后,苏联高等院校相继开设跨学科的课程,增设了指定与自由选修课,以拓展学生知识面。培养既博又专的人才已成为高等学校培养的一个总体目标,但这种目标既不是美国的通才培养模式,又不同于以往过度强调专业方向的专才培养模式。

归纳起来,苏联的人才培养模式改革主要以加强基础课程、减少专业课程为主,扩大专业口径的同时,注意加强跨学科学习和学生研究能力的培养。培养模式经由"专才教育"→"知识面较宽的专门人才"→"研究工程师"转变,采用的是一种循序渐进式的变革方式。

5.1.3 通才教育与专才教育的关系

如表5-1所示,两种培养模式在高等教育培养目标上具有一定的内在统一性,都以培养适应社会需要的合格人才为目标。从人才结构的角度来看,通才与专才都为人才,是人才的两种不同类型。两者没有绝对的优劣之分,均满足了不同国家不同时期经济建设与科技发展需要。从人才培养规律来看,两种不同的模式源自不同的社会制度,在特定的社会条件下,不同模式都符合相应的社会发展规律与人才培养规律,所培养的人才在社会中找到了自己的适宜岗位,发挥了应有的作用。但两者模式缘起不同,因此也存在一定的差异:

表 5-1　通才教育与专才教育的比较

项目		通才教育	专才教育
差异	知识结构	侧重基础训练,强调通识教育的重要性,力求体现知识的综合性	关注专业需求,重点强调专业教育,力求体现知识的专业性
	专业设置	专业设置宽口径,专业界限被弱化	专业设置过细,专业面较窄
	招生就业	市场经济指导下,一切由劳动力市场决定	计划经济指导下,国家统招统分
	培养目标	一专多能,德才兼备	某一专业领域的专家或技术人才
共性		两种模式培养的人才均满足了不同时期不同国家经济建设与科技发展需要,符合相应的社会发展规律与人才培养规律	

①在知识结构的组织上,基础训练与专业教育各有侧重。通才教育比较强调基本理论、基本技能和基本方法的训练,重视培养学生解决各种复杂、深刻问题的能力。实现通才教育的主要途径是设置通识教育课程体系,力求体现知识的全面性和完整性,课程广泛涉及人文、社会科学、艺术、自然科学和工程科学等领域。在此基础上,再给予必要的学科专业知识,充分体现学科之间的相互交叉、渗透、融合,有助于学生终生学习能力与创新能力的培养。也就是说,通才教育首先关注的是"人"的培养,其次才是将学生作为职业人来培养。基础知识的设置并不是为了紧密结合专业知识,而是为了培养学生具有做人、做事、做学问的基本素质,给予他们今后从事职业所需要的基础知识和技能。专业知识的学习,不仅是为了学生今后选择职业的需要,更重要的是通过学科专业的学习,培养学生从事该专业的能力和意识。

专才教育更为关注专业需求,侧重实践技能培养。专才教育模式给予学生的基础知识主要是基于专业的需要,学生所获得的基本能力也主要是为专业服务,基础知识与基本能力的培养都是围绕专业能力展开的。专才教育模式下,学校根据政府统一制定的人才培养标准来制定专业教学计划、设置课程,教学内容比较系统、完整,教学上有规定的统一模式,有统编教材,比较重视专业课程教学,尤其重视应用和操作性,有利于学生毕业后在该专业范围内较快熟悉业务,出成果(湖北省高等教育学会秘书处,2001)。由于专才教育主要是针对具体岗位和行业需要来进行的,学生在毕业之后能较快适应社会岗位的需要,但容易导致培养的人才短期内具有不可替代性。

②在专业设置上,两种模式专业口径宽窄不一,各有偏重。通才教育专业设置口径较为宽泛,专业界限被弱化。通才教育主张提高人文道德修养和增长科学文化知识两者并重,不提倡学生过早研修专业。通才教育模式强调宽广的理论基础知识与工程科学的结合,有利于培养基础理论扎实、知识面宽、适应性强的人才。在美国,学生入学后在接受两年或更长时间的基础教育之后,通过主修课与选修课的选择,自行组合各自不同的专门知识能力结构。因此,专业选择实际上是学生通过不同的课程组合而形成的专门化倾向,这种专业的确立是要到课程的后期才逐步形成。不仅如此,美国高校学生有充分选择专业、转换专业的权利,这种开放式的专业管理模式给了学生更多的"择业"机会。除自由选择专业之外,学生在课程选择上也有很多机会,学校鼓励跨学科、跨专业学习。"宽口径、厚基础"的人才培养模式不仅有利于学生按照自我兴趣和爱好选择相应的课程与专业,更有利于拓展学生未来的就业领域。

与通才教育截然不同,专才教育模式主要按照行业门类和产品设置系科和专业,专业设置过于细化,专业面比较窄。专才教育早期在课程体系的设计上知识结构单一,比较重理轻文,教学管理和实施过程过于整齐划一,灵活性不够。在文化素质教育方面,专才教育不及通才教育丰富,课程设置有明显缺陷,缺乏个性化发展机会。对于专才教育模式,学生在课程选择和专业转换上缺乏一定的自由度,此种模式重点强调与经济建设直接相关的专业教育和实践培训,旨在培养毕业后能立即发挥作用的"现成的专家"。专才教育模式学生毕业实行国家统一分配,到企业经过短暂的见习期后立即投入工作。尽管上手很快,但毕业生发展后劲不足,面对科学技术的飞速发展变化,相对缺乏创造性和适应性。

③在招生就业方面,不同模式是与其社会制度相适应的。人才培养模式是基于特定的历史条件与社会背景形成的,不同模式源自不同制度。通才与专才教育两种模式之所以不同,首先是由于美国、苏联两国的政治经济制度不同。美国通才教育模式是市场经济的产物,充分反映了现代科学技术在高度分化基础上的高度综合的总体发展趋势,其高等教育从招生到毕业分配完全由劳动力市场决定,毕业生自谋职业,由市场调节。在此背景下,学生专业性太强容易造成就业困难,而通才教育为学生扩大就业范围提供了较大的适应性。另一方面,通常美国的大企业、大公司都具有自己的专业培训机构,就业后的学生需要经过企业有针对性的培训之后才能上岗。美国农业工程学科的本科生大学阶段主要获取的是学科坚实的基础知识、良好的人文素质及宽泛的专业知识。要想成为一名合格的农业工程师,毕业生还需要参加美国工程教育学会(ASEE)与美国工程技术认证委员会(ABET)资格考试,获得相应的职业资格认证。相比之下,苏联是计划经济的国家,苏联在20世纪30年代开始工业化,急需各种专业技术人才,通才教育不能满足工业建设的迫切需要,因此急需大力发展专才教育。苏联高等教育从招生到就业分配都是按国家计划进行。虽然统招统分不一定很科学、很精确,但按照计划进行专业训练加快了人才培养速度,毕业生去向明确,为满足特殊时期人才需求发挥了重要作用。

一个国家究竟应该选择通才教育还是专才教育,是由其历史根源、社会背景、政治制度、经济制度及科技发展水平所决定的。无论是美国通才教育模式,还是苏联专才教育模式,都是建立在其各自基本国情基础之上,与其经济、文化、社会状况及其各自高等教育的整体发展相适应的。通才教育与专才教育二者之间并没有绝对的、严格的界限,仅仅是教育程度的差异,两种教育模式是互为辩证统一的一组概念。20世纪70年代以来,伴随第三次科技革命的开始,社会、经济、科技与文化的发展和高等工程教育改革的不断深入,美国、苏联两国在实施通才教育和专才教育两种培养模式的实践中相互取长补短,使得这两种模式得到进化发展,孕育出适合各国国情的现代化人才培养模式。进入 20 世纪 90 年代后,两国人才培养模式已有较多共性,从课程整体结构的设置来看,通专结合是课程体系的共同发展趋势(J. Bauwens 等,1989),课程结构既重视学生专业知识的培养,又强调使学生获得全面素质的发展,两者殊途同归。

5.2　中国农业工程人才培养模式的选择

作为中国高等教育的一个重要组成部分,农业工程教育模式的形成、发展与演变随中国高等教育大环境的变化而变化,先后经历了取道美国,后学苏联,再借鉴美国的过程。因此,农业工程学科的人才培养模式先后经历了从通才教育→专才教育→(通＋专)融合的变迁。

新中国成立前,金陵大学与中央大学照搬美国 20 世纪 40 年代的通才教育模式相继创建农业工程系并开始招收本科生开始,人才培养模式属于通才教育,但仅仅是昙花一现。

5.2.1　新中国成立初期的专才教育模式

受新中国成立初期政治环境影响,美式通才教育模式很快被否定。1950 年,第一次全国高等教育会议发布《关于实施高等学校课程改革的决定》中指出,高等学校应培养适合国家经济、政治、国防和文化建设当前与长远需要的人才,实行适当的专门化。根据会议精神,政务院随后颁布的《高等学校暂行规程》中明确提出,"适应国家建设的需要,进行教学工作,培养通晓基本理论与实际运用的专门人才"是中华人民共和国高等学校的重要任务。

自此,中国高等教育开始全盘仿制苏联:培养目标参照苏联"各种专门家和工程师"加以设置;专业设置上强调按国民经济计划对口培养专门人才,以"专才教育"思想制订专业培养目标,专业名称的命名主要以产品和职业为依据,专业面很窄,专业技术特色较为明显;在课程体系方面加强基础知识和基本技能的学习,知识传授采用"基础＋专业基础＋专业"模式。

中国高等教育放弃通才教育模式、选择专才教育模式是特殊历史时期下的产物,在相应的历史阶段为国家培养了大批急需的农业机械设计制造和农田水利工程等领域的高级技术人才。然而专才教育也有其弊端,一方面由于过分强调教育共性和统一性而忽视甚至扼杀了学生个性;另一方面,过于重视专业教育,人文社科类课程设置薄弱,忽视了对学生人文素质、智力与能力的培养,培养的学生具有一定的知识但社会适应性差,发展后劲弱,缺乏创新与应变能力。

5.2.2 改革开放后人才培养模式的探索

改革开放打开了中国的大门,国外高等教育改革的思潮不断涌入中国。欧美国家高等教育对能力培养的高度重视以及国内用人部门对大学生能力低下的不断反映,促使中国高等教育开始反思新中国成立三十年来只重视知识传授而不重视能力培养的片面性与危害性。专才教育过分强调"学以致用",培养出来的学生创新能力不强,已不适应迅速发展的市场经济对科技人才的新需求。因此,改革传统的人才培养模式,构建适应中国市场经济机制下的新型人才培养模式成为历史的必然选择。

(1)改革开放初期从重视专业知识到重视能力的转变

20世纪80年代初,国家提出"加强基础,发展智力,培养能力"教改12字方针。此时衡量人才的标准是一个人能力的高低,人才培养模式也由过度强调专业知识教育转为知识与能力并行的教育,以"专才教育"为特征的人才培养模式开始向专业面加宽、基础加厚方向拓展。中国高等教育界开始注意强化基础教育、拓宽专业知识和强化能力培养。但受到计划经济体制制约,高等院校招生与就业制度实行"统招统分",人才培养仍以专才为主。此外,招生专业一直沿用20世纪60年代制定的目录,专业划分过细、课程设置重理轻文、知识结构单一导致毕业生技能单一,只能在很窄的专业范围内发挥作用,缺乏对知识和技术的综合、重组和创造能力,发展后劲不足、创新与应变能力缺乏等问题仍然存在。

(2)20世纪80年代中期从重视能力到重视非智力因素的转变

1985年5月27日,《中共中央关于教育体制改革的决定》发布,明确提出改革高校招生与分配制度。实行多年的国家"统包"的招生制度,变成了不收费的国家计划招生和收费的国家调节招生同时并存的"双轨制"。招生与分配制度的变革对人才培养模式提出了新的要求,显然专才教育模式已经不适应毕业生自主择业的需求。与此同时,教育界也意识到非智力因素(包括政治品质、思想品质与道德品质等)对于人才培养的重要性。国家把12字方针发展到15字方针,即加强基础、发展智力、培养非智力因素,中国高等教育进入了一个新的发展阶段。1986年11月,《普通高等学校工科四年制本科教育的培养目标和本科教育的基本规格(征求意见稿)》明确提出:"培养适应社会主义建设需要的、德智体美全面发展的、获得工程师基本训练的高级工程技术人才",要求通过拓宽专业口径,建立合理的知识能力结构来增强毕业生适应性。高等教育对拓宽人才知识面、强化基础、增加通才教育提出了更高的要求,有学问、会做事、会做人成为评价高级工程技术人才的基本标准。

(3)20 世纪 90 年代后期提出通专结合的复合型人才培养模式

进入 20 世纪 90 年代以后,中国逐步完成了由计划经济向市场经济的转变,高等院校毕业生就业全部走向市场化,迫切要求人才培养模式的进一步转变。90 年代初,相关部门明确提出了加强人才素质教育问题,把人才培养模式由传统的知识教育模式转变到包括知识、能力在内的"厚基础、宽口径、重能力、高素质"教育模式上来,即知识+能力+素质并重的复合型人才培养模式。所谓"厚基础、宽口径、重能力、高素质",就是要求人才具备厚实的基础科学和基础理论知识以及必要的人文、社会科学知识,通过促进学科交叉渗透,逐步打破传统以院系为单位培养学生的体制束缚,通过推行学分制,缩减必修课,增加综合知识类选修课,拓宽专业口径,弱化专业边界,加大专业深度,成为能适应跨专业、跨学科工作和研究的复合型人才,主动适应社会和岗位的需求。复合型人才培养模式的优势在于它的适度,它既避免了专才的"过专而缺乏博",又避免了通才的"过宽而缺乏专",是专才教育与通才教育的融合,既有较宽的基础知识体系,又有较深的专业才能,从而使它更具创造性和适应性。

5.2.3 存在的问题及对策

从总的发展轨迹看,中国人才培养模式有一个从重知识、到重能力、再到重素质的发展过程,是由"通才教育"、"专才教育"模式逐步向"通+专"结合模式转变和适应的过程。进入 21 世纪以后,复合型人才培养模式得到了多方认可,但运行多年下来,仍存在以下几个方面的问题:

(1)人才培养与实际岗位需求脱节,用人单位参与度低

在"厚基础、宽口径"培养理念被工程教育界普遍认同的当下,却有不少用人单位提出希望学校进一步针对岗位设置培养人才。一方面,用人单位急需人才,另一方面,毕业生求职无门,造成供需双方错位和不能有效对接

的症结在哪儿？当前人才培养究竟是要宽口径还是适应市场需求的专口径？答案其实很简单，高校所采取的"宽口径"人才培养模式与企业所需专业深度要求并不矛盾。"企业在用人上讲求的是实用、好用原则，需要员工有比较强的职业素养"（柯进，2011）。何谓好用？何谓实用？很显然，企业等用人单位实际需要的不是适合所有岗位的"全才"，而是能胜任某个岗位、同时又一专多能的人才，这些能力与素质的培养都需要在校期间通过学习获得。用人单位之所以提出"好用"与"实用"，其实理由很实际：一是企业没有精力去培养人才，二是培养成本太高，这是一个很现实的问题。但是一直以来，中国农业工程人才培养模式的形成与制定都是局限在高等教育机构本身与主管机构之间，缺乏企业与社会用人单位等的参与，社会究竟需要什么样的人才？教育机构一家说了算。人才培养与真实的生产环境、市场需求存在一定的差距，这是导致人才培养与人才需求之间错位的主要原因。

（2）专业教育重理论、轻实践，被学术化问题较为突出

高等教育的基本职能包括培养人才、科学研究和服务社会。但不可否认，近年来中国高等教育改革出现一种特殊的现象，不同的院校都在积极争取将自己定位为综合型或研究教学型大学。受大环境影响，很多院校的农业工程教育开始选择走学术化的道路，过度强调学科的科研投入与成果产出，而培养专门人才的职能则在不断地被弱化。与其他学科一样，中国的农业工程教育是按照教育行政部门的统一设置专业制定教学计划、编排课程，人才培养模式高度集中统一，基本上是一个标准模式培养出来的。为保证"厚基础、宽口径"教育方针的实施，多数院校要求学生所掌握的知识既要面宽、又要专深，以满足毕业生从事各项工作的需要。因此，在教学方案的编制上多采取"多课程、高学时"的方案，在课程设置上技术性和实践性的内容不断削减，而理论性的内容不断增加；学生以知识理论学习为主，深入企业实践训练机会很少，接受项目训练和团队合作工作的实际机会就更可想而知。此外，目前多数高校与企业的深度合作较少，师生真正深入企业学习与

实践的机会不多。即使有,多数是走马观花,以参观为主,带着项目或有针对性地去解决实际问题的就更不多了,导致师生的专业能力与实际的社会需求之间出现了脱节。因此,在就业上表现出能力与岗位的不匹配就成为必然现象。

(3)青年教师的工程实践能力不足,显著影响教学效果

青年教师作为高等工程教育队伍的主体力量,担负着培养工程技术人才的重任。近年来,随着青年教师队伍的不断壮大,青年教师工程实践能力不足等问题开始逐渐暴露出来,导致青年教师缺乏工程实践能力的原因是多方面的,其中:一是高校进人制度的设计问题,只片面关注青年教师学历层次、理论水平与科研水平,而忽视工程实践经验与实践能力的要求。欧美国家的工科教师,其入职的第一个门槛是必须具有规定年限的工程师职业经历和一定的技术开发成就才能获得任职资格。反观中国,近年来各高校进人要求非硕即博,高水平论文数量成为一条硬指标。青年教师从学校毕业后直接加入教师队伍,自身缺乏长期的工程实践和工程师背景,毕业即上岗,而走上工作岗位后,又由于学校制度和政策等方面的原因,教师自己都没有到企业进行系统工程实践的锻炼机会,培养学生又从何谈起?青年教师对国内外前沿性的农业工程技术缺乏了解,在教学过程中很难用鲜活的工程案例来激发学生学习动力,很大程度上制约了学生工程意识与工程实践能力的培养与提高。二是高校考核与激励机制问题。当前国内高校工程教师普遍存在"工程化"不足的问题,受高校过于刚化的考核与激励机制的影响,至今还未引起教师本身的关注与重视。在重科研、轻教学,重理论研究、轻工程实践的大环境下,几乎所有的高校对工科教师职称评定、岗位聘任以及相关奖励政策的考核评价均瞄准了到校项目、经费数量、发表论文级别与数量及奖项上,而不是靠做了多少工程。高校政策制度的导向大大影响了青年教师参加工程实践锻炼的积极性,多数高校对青年教师工程实践能力的培养并没有引起足够的重视和支持,这也成为影响青年教师工程实

践能力不足的一个重要原因。很难想象,自身工程实践能力不足的教师如何能够培养出满足工业化发展所需要的,优秀的、具备工程实践能力的学生。

对于中国来讲,农业工程学科教育选择何种教育模式是一个比较复杂的问题,不仅需要与中国的经济体制改革相适应,而且还需要综合考虑中国农业现代化发展进程、高等教育的改革与发展方向等。到底哪一种模式更适合农业工程人才培养?其实人才培养模式不是固定不变的,是一个动态的发展过程。学科人才培养模式应立足于现实需求有选择性地加以抉择:

一是立足国情,构建"通+专"融合培养模式。通才教育与专才教育都是培养专业人才,并无明确的界说,其差别并不在于是否分专业培养专门人才,而在于培养人才所设置的专业面是宽还是窄(李翰如,1990)。随着科学技术的加速发展,科学高度分化与高度综合趋势愈发显著:一方面,学科划分越来越细,分支越来越多;另一方面,学科综合、整体化趋势越来越强烈。越来越多的边缘学科、交叉学科、综合性学科逐步形成,不仅自然学科内部分化、交叉趋势明显,自然科学与社会科学、人文科学交叉、融合趋势也越来越显著。农业工程学科是综合物理、生物等基础科学和机械、电子等工程技术而形成的一门多学科交叉的综合性科学与技术,是典型的多学科交叉的产物。学科高度分化与高度融合对高校人才培养模式与知识结构构成提出了新的要求,人才培养不仅需要其具备某领域的专门知识,而且还必须具备更为宽广的知识基础。要实现上述培养目标,通才教育和专才教育模式的相互融合将是必然的发展趋势,只是融合的程度需要根据市场经济下社会需求做出适当的调整,不能千篇一律,实行一刀切。

通才教育的形成与发展需要建立在高等教育逐步大众化甚至普及化的基础之上,进入21世纪以后,中国高等教育已实现了从精英教育到大众化教育的转变,实现通才教育已具备一定的基础条件。但是值得注意的是,未来我们在加强通才教育的同时,仍不能完全摒弃专才教育。专才教育模式在培养社会急需专业人才方面有着无可比拟的优势,而且对中国来说,目前仍缺乏大批专业人才。坚持通才教育和专才教育的融合是农业工程学科人才培养模式未来发展的主要趋势。

二是立足地域定位,创新多元化人才培养模式。在今后相当长一段时间内,中国仍需要大力发展农业工程学科,以适应农业现代化的发展。农业工程本科专业建设应把握好培养通用人才与专业人才相结合的尺度,提高学科声誉,加强社会认可度。在确定人才培养模式之前,要注意结合各高校所属地域的社会、经济发展情况以及地方用人单位对专业人才的具体需求,在发展通才教育的基础上加强专业教育与素质教育,培养既有扎实的基础知识,又具备较高的个人综合能力、创新能力和团队合作精神的高素质人才。在选择通才教育与专才教育的融合程度上,一定要因校、因地制宜。不同的院校使命不同,承当的社会责任不同,教学型院校可选择以专才教育为主、通才教育为辅的模式,即在厚基础的前提下,侧重于专业与实践教育训练,为当地输送合格的专业技术型、应用型人才为主;研究型院校则可以通才教育为主、专才教育为辅,在强调厚基础的同时,注重"宽口径、重能力、高素质"人才的培养,办出学科自身特色;教学科研型院校则可以结合专业具体情况,分类指导、确定相应的模式选择。总之,中国农业工程学科人才培养应在保证打好工程类通才教育的基础上,加强学生个体综合能力、团队合作能力及创新能力的发展,使学生在就业时具备广泛的适应能力;同时,通过农学、生物学等特色专业知识的学习,培养学生具有其他学科所不能替代的专业知识,以保障农业现代化建设对人才的需求。

5.3 中外农业工程课程体系之变迁

课程体系是指大学根据本校制定的人才培养目标而设计和构建的由既

各自独立又相互关联的一组课程所构成的有机整体(林健,2013)。作为实现培养目标的必要途径,课程体系决定了人才所需具备的知识、能力与素质。在不同的人才培养目标及人才观指导下,不同国家高等学校的课程结构与内容会呈现出不同的形态。

21世纪初,欧美农业工程学科已经或正在转型为农业与生物工程,其课程体系结构发生了一定的变化。为了清晰地梳理欧美农业工程学科专业课程体系的演变特点,探究国外农业工程学科在不同历史阶段的基本特征,基于数据的可获得性,本研究选择美国爱荷华州立大学、普渡大学、加州大学戴维斯分校、得克萨斯农工大学、加州州立理工大学圣路易斯分校、北达科他州立大学、奥本大学、肯塔基大学、亚利桑那州立大学、北卡罗来纳州立大学、路易斯安那州立大学,加拿大曼尼托巴大学,以及英国哈珀亚当斯大学、爱尔兰都柏林大学、荷兰瓦赫宁根大学、意大利巴勒莫大学、德国霍恩海姆大学与希腊雅典农业大学共计18所院校为例,就欧美学科变革前后两个不同历史阶段的课程体系加以纵向与横向比较,以期为中国农业工程学科变革提供参考。

5.3.1 变革前的欧美农业工程课程体系

在北美农业工程教育课程变革中,美国工程师职业委员会(ECPD,1932年成立,1980年更名为ABET)、美国工程教育学会(SPEE,1893年成立,1934年更名为ASEE)、ASAE等专业认证机构与专业学(协)会是不可或缺的推动力,尤其在工程课程建设、促进工程教育标准化方面发挥了重要的作用。二战后ASAE课程委员会对农业工程课程变革进行了积极的探索。根据对农业工程专业毕业生及其雇主需求的调查,1944—1945年,ASAE课程委员会与ASAE工业需求工作小组相继提出了农业工程课程设置建议,明确提出基础科学与工程科学具有同等重要地位,化学、物理、力学与工程设计课程需要加强,农学类课程不宜超过 15 学分,课程应以理论学习为主而不是技能培养,动力机械、水土保持、农用建筑、乡村电气化四个专门化(即专业方向)课程群首次出现,加强专业教育的同时个性化培养开始凸显。1949—1950 年间,加州大学戴维斯分校、伊利诺伊大学及普渡大学等 12 所院校以 ASAE 课程委员会建议模板所构建的农业工程课程体系获得 ECPD 认证(表5-2,学分占比由各类别课程学分占课内总学分比例计算所得)。很显然,基础教育在 20 世纪 50 年代的课程结构中占据绝对优势(其中,多数院校的工程科学要求超过了数学、物理与化学等基础科学),专业教育位居其次,通识教育在不同院校差异性较大,普渡大学最为重视,而爱荷华州立大学与加州大学戴维斯分校则关注度较低。

表 5-2　1950—1951 年美国部分学校农业工程课程结构(学分占比)　　%

课程类别		ASAE 建议	爱荷华州立大学	堪萨斯州立学院	加州大学戴维斯分校	明尼苏达大学	密歇根州立学院	普渡大学
1. 人文/通识教育		11.43	9.72	14.08	8.51	15.73	19.44	20.26
2. 基础教育	基础科学	25.71	23.61	26.76	22.70	25.28	18.06	23.53
	工程科学①	23.57	25.00	25.35	37.59	33.15	22.22	21.57
	农业科学	10.71	11.11	7.04	7.09	5.62	8.33	10.46
3. 专业教育	农业工程	15.71	19.44	19.01	15.60	15.73	13.89	15.03
	农业工程专门化	6.43	5.56	0.00	0.00	4.49	5.56	0.00
4. ROTC/NROTC②,体育		2.86	5.56	2.82	5.67	0.00	11.11	7.19
5. 选修课(任意)		3.57	0.00	4.93	2.84	0.00	1.39	1.96

数据整理自:Michael O'Brien. Evaluation by graduates of the program of agricultural engineering at the Iowa State College [D]. Iowa State University,1951:22.

①工程科学主要涵盖两大领域,即固体、液体与气体中的力学现象与电现象。1955 年,SPEE 发布的 Grinter 报告中建议的工程科学课程包括固体力学(静力学、动力学、材料力学)、流体力学、热力学、传输机制(热、质及势能)、电路现象、材料特性。

②ROTC/NROTC 指预备役军官/非预备役军官选修的课程。

1955 年,ASEE 响应哈佛通识教育理念,在其 Grinter 报告中强调,职业工程师除了自身的工程专业背景之外,通识教育与工程科学作为工程教育的核心应受到普遍的重视(ASEE,1994)。北美由通识教育(也称普通教育或文理教育)、基础课、专业课(主修课)与选修课四部分构成的课程体系一直延续至今。其中,通识教育主要包括人文与社会、文学艺术、历史文化、伦理思辨、写作交流等,多数院校还包括数学等自然科学,课程强调知识的广度,注重塑造学生完美的人格;基础课包括数学、物理和化学等基础科学、工程科学、农业/生物科学,为后续专业知识学习打下基础;主修课即专业课(含限制选修与指定选修),用于传授专业知识和技能训练的部分,强调知识的深度。选修课即自由或任意选修课,学生可从兴趣出发自由选择,以拓展知识面。相比较而言,二战前农业工程教育以实践应用为主,工程教师与企业保持着密切联系。战后农业工程教育改革总体倾向于加强通识教育,强调数学等基础课程与工程科学的理论学习,以工程应用与解决实际问题为主的工厂实习、田间实习等实践教育逐渐被弱化,导致工程教育后来在很长一段时间内与工业生产相互脱节,工程教师与毕业生缺乏解决实际问题能力的弊端逐渐显现。

与北美高校保持的四年学制不同,欧洲各国国情不同,不同院校农业工程本科专业(专门化)学制不同,其中三年制院校占40%,四年制院校占21%,五年制占39%。学制不同,开设课程也不尽相同,但各校农业工程专业课程内容总体可归为四大类,基础课、农学类、工程类及农业工程类(表5-3),不同学制课程侧重点不同,三年制教育更强调基础课的重要性,四年制则注重工程类与农业工程类专业课程的学习,而五年制重点强调基础课与农学类课程的学习。

表 5-3 欧洲院校农业工程专业课程结构(学分占比) %

学制	基础课	农学类	工程类	农业工程类	选修课	其他
三年制	24	17	17	18	15	9
四年制	18	10	24	24	16	8
五年制	22	23	17	17	13	8

资料来源:整理自 USAEE-TN. Proceedings of the 1st USAEE Workshop[R]. 2003.

20世纪70年代末80年代初,欧美相继实现农业机械化与现代化,社会关注度的持续下降推动学科进入变革前夕。这一时期北美高校有采用三学期制(如奥本大学),也有两学期制(如普渡大学),导致农业工程课程门数及学分设置差异较大,奥本大学总学分206,普渡大学为127学分。为便于直观比较,按照课程学分占课内总学分比例统计,北美部分院校课程结构见图5-1,欧洲部分院校课程结构如图5-2所示(20世纪90年代末数据),主要呈现以下几方面特征:

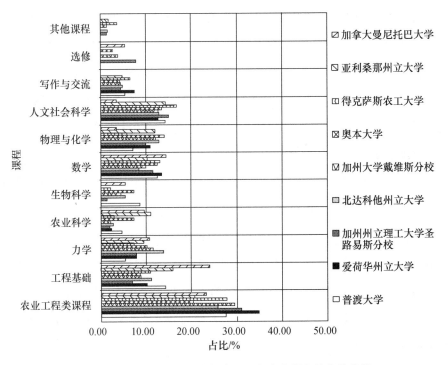

图 5-1　变革前北美部分院校农业工程专业课程结构的比较

(1)强调人文与社会科学知识的学习

为应对20世纪70年代美国大学生普遍出现的吸毒、暴力等伦理、道德和公民价值观危机,通识教育得到重点调整,以帮助学生学会如何学习、如何思考,学会人际沟通以及运用知识寻找解决问题的方法等。本次调整以

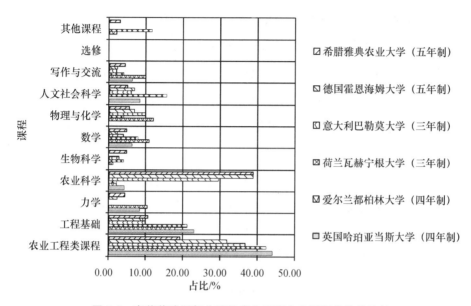

图 5-2　变革前欧洲部分院校农业工程专业课程结构的比较

人文社会科学改革力度最大,课程设置得到了显著加强,多数美国院校课程
比重高达 12％以上,广泛涉及政治、经济、管理、社会、历史、文学、艺术与伦理
学等领域。其中,加州州立理工大学与得克萨斯农工大学的占比高达 15％
以上,爱荷华州立大学占比最低,也达 12.65％。以爱荷华州立大学为例,农
业工程系要求的人文社会科学类课程主要包括三个层面:①经济系开设的
经济类课程,包括经济学原理、农村组织与管理及农业法。其中,经济学原
理第一个学期重点讲授资源分布、供求关系、国民收入、价格水平,以及财政
金融政策、银行系统经营与国际财政概述等内容;第二个学期以讲授生产与
消费理论、价格市场系统、完全与不完全竞争、商业与劳动管理及国际贸易
概论内容为主。农村组织与管理课程紧密结合农业生产实践与农场的运行
与管理,授课内容包括农村组织与管理(资金利用、经济原理及预算),危机
与备荒,资金积累与控制,企业规模,作物、牲畜及机械的应用与劳动管理
等。②工商管理系开设的课程,包括市场原理、会计原理、销售预测、销售管

理及与商业经营密切相关的商业法。培养学生具有系统分析和经济核算的观点,注重充分发挥学生对机器系统技术效能和经济效能的使用管理能力。③政治系开设的美国政府,对学生进行道德教育、法制教育和公民意识等相关教育。在欧洲,人文社科类课程同样得到重视,80％以上的院校开设经济学与社会学类课程,50％院校设有管理学类课程。此外,为使学生全面了解与农业相关的法律法规等政策,多数学校为学生开设农业法、商业法等法律法规课程,通过扩大专业以外的知识面,培养学生充分发挥各种工程措施在农业中的综合应用能力。相比之下,欧洲院校对人文社科知识的要求差异较大,荷兰瓦赫宁根大学高达 15.4％,希腊雅典农业大学仅 5.1％,爱尔兰都柏林大学为任选课程无法统计。

(2)注重文字表述与交流能力的培养

写作与交流培养在美国农业工程课程体系中占据重要的地位(约占总学分5％的比重),美国不同院校设置课程内容都较为相近,加拿大也由文学院开设有类似课程。在爱荷华州立大学,该类课程由四个部分组成:①英语系开设的作文与诵读、商业尺牍(商业函件撰写)及职业文件与报告写作三门课程,重点培养学生语言交流与应用,包括阅读、写作能力。其中较有特色的是商业尺牍课程,该课程重点讲述商业函件概述,传授学生按照专业特点练习写作不同类型函件;而职业文件与报告写作课程则侧重于讲授商业与技术文件及研究报告的撰写,教授学生按照专业特点,选写各种文件和报告,包括一些大型分析报告。②演讲系开设的演讲基础课,通过讲授修辞学、公共场合讲话、听众分析、兴趣与注意力、演讲材料的取舍与组织、风度与口才以及即兴演讲准备与口才的锻炼等,重点培养学生的演讲与表达能力。③新闻与公共交往系开设的宣传与公共关系,培养学生公共交往能力。④图书馆开设的图书资料利用课程,主要培养学生信息检索、信息获取和信息利用等信息素养。欧洲各国也比较重视语言与沟通交流能力的培养,近30％的院校开设语言类课程,50％的院校设有 Communication 类课程。其中,都柏林大学更是将文字表述与信息交流能力的培养贯穿于学位论文的写作中。总的看来,欧美社交语言文化类课程的设置重点在于培养学生读写交流能力、信息素养能力与公共沟通能力,通过强化相关商业、学术与技术文本的写作方法和技巧的训练,包括对问题和事件的辨析能力,理性推断和逻辑推理与分析问题的能力,文献搜集、整理、评价与分析能力,培养学生在独立思考基础上,就某个研究主题科学理性地提出个人观点,为学生后面的专业基础学习奠定扎实的基本功。

(3)重视自然科学基础知识的教育

北美高校都比较注重自然科学基础知识的教育,数学、力学、物理与化学课程所占比重较大。北美院校数学课程主要包括高等数学、解析几何、微积分、微分方程、应用数学等,侧重工程数学领域的教学;力学课程设置范围广泛涵盖了工程静力学、动力学、材料力学、热力学和流体力学多个领域,其中,静力学、动力学与材料力学是北美所有院校都开设的基础课程;化学课程包括普通化学、有机化学、生物化学及其相关实验;物理课程集中于普通物理及其实验教学。美国高校中,物理与化学合计所占学分的比重与力学、数学较为相近,由此也表明力学、数学在农业工程教育中的同等重要性。曼尼托巴大学对物理与化学要求很低,比重不足 4%,但力学课程要求明显突出,比重高达 10.78%。由于北美实行的是通才教育,不同院校课程体系的构建主要结合自身特色、立足于学科专业需求而设置,因此,不同院校的课程体系在一定程度上是存在差异的。调研的北美 9 所院校中,加州大学戴维斯分校要求学生选修力学 18 学分,物理与化学合计 22 学分,数学 36 学分,占总学分的 42.22%;爱荷华州立大学数学要求最低(17 学分),物理与化学 14 学分,力学 10 学分,数学、物理与化学及力学四门课程占总学分的比重也高达 32.41%;除普渡大学与明尼苏达大学外,其余院校自然科学基础课程所占比重均超过了 30%。欧洲各国对数理化的重视程度不及北美,除都柏林大学自然科学基础课占比超过 30% 以外,其余院校均不足 15%,

尤其是力学,近30％的院校力学课程缺失,如荷兰瓦赫宁根大学与意大利巴勒莫大学。

(4)合作教育课程创新工程实践教育

合作教育是高校与企业合作,有计划培养企业所需人才的一种在工作中学习的教育方式(农林部科教局,1978)。欧美高校注重理论与实践教育的结合,实践教育是欧美高等教育的一个突出特点。以爱荷华州立大学与加州大学戴维斯分校为例,作为农业工程实践教育中的一部分,农业工程系为大学二至四年级的学生设置有合作教育课程,但没有学分。经系批准,学生完成课程注册后,与企业签订正式协议,在企业完成至少一个完整学年的全职实践(两个学期加一个暑期)。企业要求为学生配备一名指导教师(supervisor),明确学生工作职责与工作内容,负责指导和管理学生在企业期间的工作与学习,帮助学生融入工作团队,实现从学生到企业雇员身份的转变,按照协议及时反馈学生工作期间的表现与评价学生工作能力。学生要求承担并完成企业分配的任务,学制相应延长为五年。如表5-4所示,合作教育中有一个很重要的角色是课程协调人,协调人作为教育团队中重要的职业指导教师,与普通课程教师传播与教授学术性理论与知识不同,协调人负责合作教育全程的联络、交流、指导与监督,承担的是非学术性的职业指导与教育工作。

欧洲高校也很注重实践教育,97％的院校规定学生必须完成一定时间的实践训练。其中,英国哈珀亚当斯大学是开展校企合作最深入的院校,其培养方案的设计紧密围绕国内产业需求,强调机械设计及相关理论的学习和实践,学生大学三年级要用一年的时间在企业完成实习,取得一定的实践经验。法国规定本科生必须结合12～16周的企业实践教育完成学位论文撰写,研究生要求5～6个月。合作教育为学生真正参与和体验真实的工程环境提供了机会,包括为学生今后职业规划提供指导、学业过程中资金援助、毕业后就业机会的掌握、对工程师职业的理解与认识、极有价值的职业

表 5-4　课程协调人与各方的关系及承担的职责

关系	职责
课程协调人-学生	1. 为学生就业的可能性以及实现就业所需资源提供指导,鼓励学生准确表达自己的职业目标; 2. 为学生提供具有建设性的就业建议,引导学生进行合理的合作就业; 3. 鼓励与激发学生寻求与其兴趣一致的就业机会,兼顾学生的资质与能力; 4. 定期到访每个学生的雇主,及时了解学生工作进展,实时调整合作任务
课程协调人-雇主	1. 争取企业对合作项目的支持; 2. 考虑到企业对人力资源持续的需求,将合作项目作为企业一项长久的计划; 3. 完成学生与雇主之间最佳协调效果,全面负责学生的合作就业指导、监督与评价
课程协调人-教师	1. 作为大学教育团队中的重要成员,与学校管理者、院系教师及学生就合作教育的理念与问题保持广泛的联系; 2. 为参加合作教育的各方提供服务

体验,以及个人知识及综合能力的提高,使学生愈发走向成熟。学生在企业中获得更多、更新的知识与技术,有利于反促院系教师提升自己的专业知识与工程技能。此外,合作教育同时也加强教师与企业间的联系,有助于院校丰富教育资源、优化教育环境。

(5)研究生课程设置灵活性强差异大

欧美研究生教育更加强调学生独立工作能力的培养,在培养要求方面具有较大灵活性,差异性也很大。欧洲各国的研究生教育机制各不相同,学制 1 年的院校占 6％,学制 1.5 年的占 16％,学制 2 年或 3 年的占 78％,不同学制的培养要求不同,课程设置更是千差万别。爱尔兰都柏林大学、意大利巴勒莫大学与德国汉诺威大学研究生阶段均无课程学习要求,学生可以根据导师要求自由选修或免修任何课程,而英国、丹麦、荷兰、希腊、比利时、葡萄牙、罗马尼亚、保加利亚、捷克斯洛伐克、立陶宛、拉脱维亚等国则要求完成一定数量的课程学习。北美院校学制相近,但不同院校课程设置的种类和数量没有统一的标准,课程类型丰富,灵活性较大,广泛涉及专业课、研究方法课、学术前沿课、实践课与研讨课等(表5-5)。受 ABET 认证影响,在专业课程架构上北美院校也表现出一定的共性,均强调研究方法与追踪学术前沿的重要性,力求体现工程技术变化对专业研究方向的影响。

表5-5　20世纪70年代中期美国部分高校农业工程专业研究生课程比较

学校	课程设置		
肯塔基大学	畜禽养殖废弃物处理	高级土壤、作物与机器的关系	
	工程分析	高级生物系统装备设计	
	作物、土壤与机器的关系	水利资源应用统计方法	
	生物系统环境设计	农业工程中的电磁辐射	
	高级水土保持工程	农业工程中的能量传递和质量运输	
	高级农业加工	工程中的相似性	
	系统分析与模拟	农业工程中的测试设备	
	微气候学	农业工程专题	
加州大学戴维斯分校	耕作与牵引中的土壤-机器关系	工程实验的设计与分析	
	食品加工工程高级操作	农业材料的物理性质	
	表面灌溉水力学	农业工程的选择问题	
	农业废弃物管理	讨论/分组学习	
	机械系统设计	研究	
	必修课	专业课	
北卡罗来纳州立大学	农业加工测试设备	农业机械设计与性能分析	
	农业工程研究	农业加工过程	土壤物理
	研讨会	物理化学	近代物理导论
	工程师用高等微积分	工程师实验统计学	行列式与矩阵理论
	中级物理Ⅰ,力学	高等植物生理Ⅰ和Ⅱ	高等微分方程
	中级物理Ⅱ,电磁学	实验应力分析	数值分析
		连续体力学Ⅰ和Ⅱ	专业课程(选择)
爱荷华州立大学	水土流失与泥沙运移	农业建筑的设计标准	高级水土控制工程学
	水文数据分析方法	农业动力与机械	农业电气化
	水资源工程学	土壤动力学	收获机械
	农业工程专题	专题研讨课	

资料整理自:中国农业机械学会,美国《农业工程系》资料(1979)及相关院校网站。

以肯塔基大学为例,该校农业工程专业所要求课程学分最低,为 24 学分,但其提供的课程种类与数量较多,水利资源应用统计方法及多个含有"高级"字样的前沿性课程被设置,几乎涵盖了 20 世纪 70 年代农业工程领域所有的热点和有待解决的问题。相比肯塔基大学,加州大学戴维斯分校、北卡罗来纳州立大学与爱荷华州立大学的课程主要围绕专业基础课程展开,开放讨论与实践教育较多,有利于培养学生宽泛的视野及分析和解决问题的能力。就北卡罗来纳州立大学而言,农业工程专业更为强调物理、数学与化学等基础课程在专业研究中的作用,基础课程设置占据了较大比重。而爱荷华州立大学则更强调水土工程、动力与机械、农业电气化等传统基础课程的学习。

总体来看,变革之前的欧美本科农业工程课程体系比较注重人文社科、自然科学及写作交流知识的学习,而且兼顾农学及生物科学在农业工程知识领域的补充,注重理论与实践教育相结合是欧美国家农业工程课程体系的一个重要特色。研究生培养方面欧美情况不同,差异较大。

5.3.2 变革后欧美农业/生物系统工程课程体系

经过 30 余年的酝酿与讨论,北美农业工程学科由基于工程的学科向基于生物的工程学科转变的理念在 21 世纪初达成了一致共识。2005 年,ASABE 的成立标志着美国农业工程学科的成功转型。借鉴北美经验,欧洲正在积极探索欧洲农业工程教育的发展方向。本研究以世界农业工程学科教育史上具有里程碑意义的爱荷华州立大学为代表,结合欧美其他相关院校,纵向分析欧美农业工程学科本科与研究生教育课程体系的发展与演变特征。

(1)积极探索核心课程构成,推动课程结构的创新

1990 年 ASAE 年会上,北美 36 个高校农业工程系的代表就农业工程学

科转型后如何构建生物工程核心课程平台及其重点领域的设计提出了建议。以 R. E. Garrett 为首的小组，在美国农业部资助下展开了生物工程学科核心课程平台研究，并在 1991 年召开的 ASAE 冬季会议上，提出了生物工程专业核心课程（表5-6），该课程平台突出强调了生物与工程两个核心主题（B. Y. Tao，1993）。1992 年，ASAE 选择北美 35 所设立生物工程专业的高校（含加拿大 3 所），就各校生物课程设置、讲授内容、ABET 认证等情况进行了调查分析。结果表明，不同高校学科课程设置不尽相同，但不同院校的课程体系均以生物工程核心课程为模板，紧密围绕工程与生物科学两个主题展开。

表 5-6　R. E. Garrett 小组提出的生物工程核心课程

课程名称	开课学年	先修课程	课程内容
工程生物学 I	第一学年	无	影响细胞、生物有机体及生物群体水平的生物系统结构、功能及能量转换等相关领域的工程解决方案
生物系统仪表及控制	第二学年	物理、数学、计算机程序设计	仪表及控制系统基础，着重于传感器及转换器在农业、生物及环境领域的应用
生物系统传输工程	第三学年	热力学、流体力学、生物工程	适用于工程领域的流体力学、热力学及生物工程
生物物料工程特性	第三学年	物理、生物、普通化学、微分方程、流体力学	生物材料在工程系统中的重要性，生物材料工程特性的术语及定义，生物系统中生物与非生物之间的交互作用
工程生物学 II	第三学年	物理、热力学、工程生物学、生物系统传输工程	生物有机体与其周围的热、空气、电磁及化学环境之间的交互作用
生物系统模拟	第四学年	计算机程序设计、微分方程、生物系统传输工程、工程生物学	用于生物系统识别、设计及测试的计算机仿真技术

为进一步了解学科专业核心课程发展现状,分别以爱荷华州立大学与奥本大学的生物系统工程专业与加州州立理工大学的生物资源与农业工程专业核心课程为例(表5-7),通过对比不同院校每门课程的具体描述来分析生物系统工程类专业核心课程设置,主要呈现以下特征:

表 5-7　美国部分院校生物系统工程专业核心课程结构的比较

爱荷华州立大学生物系统工程	奥本大学生物系统工程	加州州立理工大学 生物资源与农业工程	
电力与电子在农业工业中的应用	生物系统工程方法	生物资源与农业工程职业教育	
农业与生物系统工程仪表	生物系统仪表与控制	实验技能与安全	
农业与生物系统工程基础	生物与生物环境的热质传输	工程设计制图	
农业与生物系统项目管理与设计	生物系统地理空间技术	农业工程 CAD	
生物系统工程原理	生物系统过程工程	三维实体建模	电力基础
农业与生物系统工程数值方法	生物系统废弃物管理与利用	农业机械系统概论	农用建筑设计
生物系统的工程分析	生物系统的机械功率	农用建筑规划	生物资源工程原理
工程统计学	自然资源保护工程	工程测量	测量与计算机接口
农业与生物系统工程设计Ⅰ	生物系统工程专业实习	农业系统工程	水力学
农业与生物系统工程设计Ⅱ	生物系统工程设计	灌溉理论	设备工程Ⅰ、Ⅱ
材料力学	生物系统中的水力传输	灌溉工程	高级项目组织
材料力学实验	灌溉系统设计	灌溉原理	高级项目Ⅰ、Ⅱ
工程热力学			

①各校专业课程以生物工程核心课程为蓝本展开。从学分占比来看,同为生物系统工程专业的爱荷华州立大学与奥本大学较为接近,约占总学分的27%。从该课程设置数量来看,两者也基本相近。仅从两学校设置的课程名称上来比较,两者的差异还是很显著的。但通过仔细对比分析每门课程的授课内容后发现,两所院校实际上都是紧密围绕着20世纪90年代ASAE所提出的生物工程核心课程设立的,即课程名称不同,但内涵相同。如两所学校分别开设了农业与生物系统工程仪表、生物系统仪表与控制两门课程,两者的授课内容基本遵循了20世纪90年代ASEA所提出的建议,

课程内容主要围绕仪表及控制系统基础展开，着重于传感器及转换器在农业、生物及环境领域应用的讲授。此外，爱荷华州立大学开设的工程热力学、农业与生物系统工程基础与奥本大学开设的生物系统中的水力传输、生物与生物环境的热质传输，四门课程所讲述的主要内容同样是以 ASAE 建议的生物系统传输工程为中心展开的。而农业与生物系统工程数值方法与生物系统工程方法则从不同的角度对应了核心课程所建议的生物系统模拟。

与上述两所院校不同，加州州立理工大学生物资源与农业工程专业开设的课程数量最多，学分占比也较高，占总学分量的 37.77%，开设近 20 门课程。同样的，课程名称也是差异较大。从课程设置来看，该核心课程体系主要侧重于三个大的领域：生物系统模拟，同时开设工程设计制图、农业工程 CAD 及三维实体建模课程；工程生物学，生物资源工程原理尤其是灌溉领域，共开设水力学、灌溉理论、灌溉工程与灌溉原理四门课程，重点强调水分在土壤、水、植物之间传输、流动及对环境的影响；生物物料工程特性，开设农用建筑设计与农用建筑规划两门课程，重点讲授谷物存储及动物房舍等设计应考虑的环境影响因素，以及如何做好农用建筑的材料规划与设计等。此外，在课程的命名上，更多地使用了"生物资源"字样。

②不同院校专业核心课程设置各有侧重。爱荷华州立大学与奥本大学专业名称都是生物系统工程，但两者在专业课程设置上各有特色，爱荷华州立大学设立了一组农业与生物系统类课程，包括农业与生物系统工程仪表、农业与生物系统工程数值方法、农业与生物系统工程基础、农业与生物系统项目管理与设计、农业与生物系统工程设计Ⅰ、Ⅱ，由此表明该专业侧重于农业与生物系统工程项目的设计、规划与管理；奥本大学围绕生物系统开设生物系统工程方法、生物系统仪表与控制、生物系统地理空间技术、生物系统过程工程、生物系统的机械功率、生物系统中的水力传输、生物系统工程设计等基础理论方法与新技术应用特征显著的课程，在此基础上，生物系统

废弃物管理与利用及自然资源保护工程的开设表明该专业更强调自然资源与环境保护,这也恰好体现出其专业特色。由此可见,相同专业在不同的院校由于其历史渊源及学科发展定位的不同,基于不同的培养目标所设置的课程更符合学校自身学科发展方向,在保证学生拥有宽厚知识面的同时也关注到了不同领域专业知识的学习。加州州立理工大学的生物资源与农业工程核心课程特色就更为显著,其课程中保留了多门传统农业工程核心课程,如农业机械系统概论与农业系统工程,水力学与灌溉原理等。透过传统课程的设置,我们不难发现,加州州立理工大学的生物资源与农业工程专业更多地靠近传统农业工程。

总体来看,不管是相同专业还是不同专业之间的比较,由于院校科系设置的差异,不同学校在课程名称的表述上差异较大,但多数课程也存在名称不同、授课内容相似的现象。三所院校有两个共同的特点值得我们关注:一是核心课程实际上都是紧密围绕着 ASAE 提出的建议加以设置的,在高等教育相对高度自由的美国,核心标杆课程的设置有利于不同院校之间的学分认可,方便学生跨学科、跨专业交流学习。二是三所院校所开设的专业实习都同时强调"小组学习",要求通过团队合力完成工程项目的设计,课程考核同时采取小组汇报、课程报告与模型设计等多种形式,培养学生团队意识与合作精神,引导学生向专业工程师职业身份的转变。

③欧美农业/生物系统工程核心课程设置各具特色。与北美相比,由于不同国家的社会、经济及高等教育体制等的差异性较大,欧洲农业工程课程学科的变革要来得晚一些。1989 年,时任 CIGR 主席的 G. Pellizzi 等就欧盟各国农业工程课程体系发起比较研究,积极探索欧盟农业工程学科的未来发展趋势(P. A. Febo 等,2010)。进入 20 世纪 90 年代后,欧洲同样经历了美国七八十年代所遭遇的困境——生源减少、科研经费降低及众多新兴研究领域出现对学科发展产生强烈的冲击,欧盟部分院校开始在专业、课程及研究领域名称前赋予"生物"的尝试性改革,并进一步由"生物工程"替代农

业工程。在此背景下,参照美国发展经验,经过两年多的深入比较与研究,2005 年,USAEE-TN 起草并发布了农业/生物系统工程核心课程草案(表 5-8),该课程体系按照欧洲学分转换系统(ECTS)计算,共计 180 学分。与欧洲传统农业工程课程体系相比,该课程体系加强了工程学课程内容,以满足 FEANI 对工程专业的基本要求,显著减少与农学相关的课程。课程体系中基础知识(含数学、物理、化学、计算机与信息技术)及人文和经济等基础理

表 5-8　USAEE-TN 农业/生物系统工程课程体系

基础与选修课程(54~72 学分)		专业核心课程(64~76 学分)	
基础课程 (36~45 学分)	选修课 (18~27 学分)	工程部分 (44~51 学分)	农业/生物学部分 (20~25 学分)
数学(≥24)	工程学	工程学	植物生物学
计算机/信息科学	农业经济	静力学	动物生物学
物理	哲学导论	材料强度	土壤学导论
化学	司法与法律导论	动力学	农业气象学与微气象学
	社会学导论	流体力学	环境与生物体的相互影响
	技术与金融	应用热力学	
	基础设施管理	热质传输	
	工程伦理学	电力与电子	
		系统动力学	
专门化或模块化课程(44~50 学分,含工程部分 28~30 学分,农业/生物学 16~20 学分)			
水资源工程 机械系统与结构在农业与生物过程工程中的应用 结构系统与材料在农业与生物过程工程中的应用 农业与生物过程工程系统中废弃物的管理		生物工艺 农业与生物系统中的能源供应与管理 农业与生物过程工程中的信息技术与自动化	

说明:总学分要求 180 学分。学分是指 ECTS 学分,一个 ECTS 学分代表 25 个学习小时。其中包括 5 小时的上课时间,12 小时的课外作业和社会实践,7 小时的老师辅导,1 小时的考试。

论占 30%～40% 比重,专业核心课程与专门化课程均包括工程部分和农业/生物学两类课程,其中,工程部分计占 40%～45%,农业/生物学课程占 20%～25%(USAEE-TN,2005)。

USAEE-TN 提出的课程体系被具体化为三个模块:一是基础与选修课程,包括自然科学基础与人文社会科学;二是专业核心课程部分,明确包括工程与农业/生物学两个部分;第三部分是不同专门化(专业方向)的模块化课程,学生根据个人兴趣选择。与美国高校现行生物系统工程课程体系相比,USAEE-TN 在基础与选修课部分并没有强调写作、交流与演讲等通识教育课程的重要性,这是欧洲与美国课程结构差别最大的一个方面。在专业核心课程部分,为了满足 FEANI 对工程专业的基本要求,以力学与电学为主的工程课程约为农业/生物学领域课程的两倍,且核心课程在总学分中占比高达 35.5%～42.3%,显著高于前面提及的爱荷华州立大学等 3 所院校的水平。在专门化或模块化课程设计方面,欧洲与北美体系存在较多的共性,水资源工程、农业废弃物管理与应用、可再生能源利用与管理、机械与设施的信息化研究均围绕能源与生物系统展开。

2006 年,欧盟与美国共同发起的"美欧支持农业系统工程研究的政策导向措施"(POMSEBES)项目启动,项目为欧美系统交流生物系统工程课程建设搭建了一个理想的平台。但到目前为止,鉴于欧洲各国教育系统设置、管理机制及课程需求等多种因素影响,还没有形成新的统一的核心课程平台(D. Briassoulis 等,2008),仍以 USAEE-TN 提出的课程体系为基本标准,该体系 2007 年通过了 FEANI-EMC 认证。

(2)通识与专业教育兼顾,强调知识结构的多元化

通识教育与专业教育共同构成美国高等教育的课程体系。通识教育所追求的目标是提供给学生的不仅仅是具体知识的内容,而是不同学科的研究方法,由此来促进学生的智力发展(University of California,2012)。所调查的美国院校中,通识教育课程概括起来主要包含以下三类课程(表5-9):

为提高学生写作与演讲表达能力的课程,如说明文写作、报告写作、公共演讲等;使学生拓宽学科领域的基础知识的课程,主要是人文科学、自然科学和社会科学三个学科领域中的基础知识;促进学生综合素养提高的课程,通常包含艺术、体育、政治、宗教及伦理学等课程。

表 5-9 美国部分院校通识教育基本内容

加州大学戴维斯分校	普渡大学	康奈尔大学	得克萨斯农工大学	奥本大学
1 宽阔主题	1 社科与人文	1 文化分析	1 写作交流	1 信息素养
1.1 艺术与人文	2 写作与交流	2 历史分析	2 定量推理	2 分析能力与批判性思维
1.2 自然科学与工程	3 多元文化	3 文学艺术	3 自然科学(数学)	3 有效交流
1.3 社会科学	4 国际视野	4 知识、认识与道德	4 人文与视觉艺术	4 公民知情权与参与权
2 多元社会文化		5 社会行为分析	5 社会与行为科学、美国历史与政治	5 多元文化与意识
3 写作体验		6 工程通信	6 国际视野与多元文化	6 科学素养
		7 外语	7 健康与健身	7 审美与参与
		8 写作表达		

以加州大学戴维斯分校为例,该校通识教育由三部分组成:宽阔主题、多元社会文化及写作体验,尤其强调宽阔的知识面是通识教育的核心,这也恰好对应了美国一贯主张的通才教育理念。①宽阔主题旨在培养学生拥有广泛的学科知识,这些知识的学习可以培养学生批判性思维、思考如何获取知识,以及指导学生在研究问题时如何使用假设、相关理论基础与范式等方法。该部分共涵盖三个基本领域,包括艺术与人文、自然科学与工程、社会科学。艺术与人文知识的传授主要用于丰富学生关于人类知识传统、文化成就以及历史进程等方面的知识,自然科学与工程类的课程则主要教授学

生专业的科学思想与应用,社会科学主要集中于让学生对个体、社会、政治及经济领域的了解。②多元社会文化重点使学生了解人类的多元化特性,包括性别、民族、种族、宗教与社会阶层等知识,培养学生的文化修养,为学生正确看待人类文化文明提供一个广阔的视角。③写作体验课程通过采用教师指导和学生实践的方式来促进学生的写作能力。课程一般采用专题讨论方式就学生写作的逻辑连贯性、语言描述及语法使用等方面加以评述,学生根据教师意见进行修改,强化学生写作能力。相比加州大学与普渡大学简洁的通识教育要求,康奈尔大学、得克萨斯农工大学与奥本大学关于通识教育的培养目标更为具体化:奥本大学通识教育包括信息素养,分析能力与批判性思维,有效交流,公民知情权与参与权,多元文化与意识,科学素养,审美与参与;得克萨斯农工大学除新生入学教育之外,还设立了写作交流,定量推理,自然科学(数学),人文与视觉艺术,社会与行为科学、美国历史与政治,国际视野与多元文化,健康与健身七个类别的知识。康奈尔大学则更侧重道德行为、历史文化的学习。无论是审美还是人文与美术课程的开设,都是在培养学生高尚的审美情趣,即对文学与艺术作品的欣赏与评鉴,提高学生的综合素养。与上述院校相比,爱荷华州立大学工学院没有统一的 General Education Program 学分要求,但学校在培养学生沟通与写作能力、图书馆利用,以及美国多元化文化与国际视野方面都提出了明确要求,所有学生在大一或大二期间指定选修两门涉及批判性思维与沟通和写作、口头表达方面的课程。各学院根据具体情况在课程体系中设立相关课程,包括交流与写作、人文与社会科学及其相关自然科学与工程基础知识。

总体来看,美国高校所开设的通识教育广泛涵盖了历史文化、政治经济、科学技术与工程、科学与艺术、个体与社会、科研写作与交流等多个领域,科学与人文教育的相互融合有效强化了课程结构的综合性,对提升学生公民素养、拓展文化视野、加深知识学习、优化知识结构和提高学习能力和技术创新等方面都具有显著的促进作用。D. Krueger 等（2002）研究表明，在 20 世纪六七十年代，技术更新速度较为缓慢的时候，以专业、职业教育为特色的欧洲传统教育一度保持着较高的技术贡献率。但随着 80 年代信息时代到来，大量新技术涌现令技术更新速度加快，以通识教育著称的美国高等教育技术贡献率的增长速度显著超越欧洲，通识教育的普及成为美国工程技术创新赶超欧洲的重要原因。

（3）注重新科学技术知识的传授，课程内容更丰富

调查的美国 48 所相关院校中，虽然院系名称均已更名为农业/生物系统工程类，但目前仍有普渡大学、得克萨斯农工大学、爱荷华州立大学、北卡罗来纳州立大学、内布拉斯加大学（林肯分校）、俄亥俄州立大学、肯塔基大学、佐治亚大学、爱达荷大学、威斯康星大学麦迪逊分校与伊利诺伊香槟分校，共计 11 所院校设有传统农业工程专业或方向。其中，爱达荷大学保留农业工程专业，另有 10 所院校设有传统的动力与机器、车辆工程方向（现多称为机械系统工程方向）。变革前，爱荷华州立大学农业工程系设立农业工程与农业机械化两个专业，其中农业工程专业下设动力与机器、电力与加工、土水控制 3 个专门化。2014 年，农业与生物系统工程系共设置 4 个专业，保留原有农业工程专业、农业系统技术（即农业机械化专业）的同时，增设生物系统工程与工业技术两个新专业，并分别在农业工程与生物系统工程专业下设置若干个专业方向。其中，农业工程专业下设立传统的动物生产系统工程、土水资源工程、动力与机器 3 个专门化，生物系统工程则设立了近年来较为热点的生物环境工程、可再生能源专门化。可以说，农业工程学科源起爱荷华州立大学，现今该校依旧是农业工程学科专业传承传统与现代兼容并蓄、协同发展的一个良好典范。

科技与社会发展加速学科分化的同时也促进了学科专业课程结构的变革，学科课程设置更加关注专业最新科技成果、学科研究最新技术与方法及学科发展方向方面知识的传授。以爱荷华州立大学的"动力与机器"专门化

为例(表 5-10),20 世纪 70 年代专门化课程数量少,课程结构面较窄,设置的专业基础课程与专业课程局限在农业机械领域。进入 21 世纪以后,数学与计算机在工程技术领域的创新性应用,为农业工程技术理论与方法带来了新的突破,无论是动力与机器专门化,还是机械系统工程方向的课程设置明显丰富了许多:增加生物学、微生物学、生物材料的物理学特性等生物原理知识为专业必修课,强调农业与生物科学在工程技术领域的重要性;通过增设生物、环境、能源及计算机信息科学技术等前沿领域的专业选修课程,如可再生能源工程、空气质量与环境控制、嵌入式机器人、机器视觉、实体建模方法及其软件应用等新技术与新方法的学习,以期拓宽学生知识面的同时,激发与引导学生选择未来职业趋向。在研究生课程设置方面,也呈现出同样的变化。相比变革前,不同院校专业课程体系无论是数量还是类型更加丰富,生物环境工程、可再生能源、生物传感器、生物加工工程、计算机智能、GIS 及环境与资源等新的理论与技术被广泛涉及,跨学科、跨专业的交叉性

表 5-10　爱荷华州立大学动力与机器专门化开设课程的比较

2014—2015 年		1975—1977 年
专业必修课	专业选修课(任选 5 学分)	
农田机械的功能分析与设计	计算机制图类 任选一:	农业机械
农用拖拉机动力	参数化实体建模在工程中的应用	农业机械设计Ⅰ、Ⅱ
流体动力工程	Pro/ENGINEER 参数实体建模、绘	液压传动与控制
土壤学基础	图与评估	材料机械性质基础
生物学原理Ⅰ	以下课程任选一:	加工过程概论
动力学、流体力学	水土保持系统的设计与评价	机械设计Ⅰ、Ⅱ
制造工程、制造工程实验	食品加工与处理	动力学Ⅱ
机械构件设计	动物房舍环境改造系统的设计	应变测量方法及应用
材料科学与工程原理	木框架结构设计	工程师金相学
	生物系统的工程分析	

资料整理自:http://www.abe.iastate.edu/.

课程数量大增,环境控制与大气污染等新兴研究主题内容更为细化,实践、讨论与学术交流等多种形式的课程充分拓宽了学生视野。

整体来看,北美高校在创新生物系统工程专业的同时,多数院校并没有取消传统农业工程领域,而是对原有专业进行了新的分工。农业工程侧重于工程技术研究,而生物系统工程侧重于以可持续农业发展为目的的生物、资源与环境系统工程研究,这一点在课程体系的设置上表现更为突出。如图5-3所示,除专业课程与专业选修之外,爱荷华州立大学生物系统工程与农业工程两本科专业方向(均为128学分)对数学、物理与化学基础知识、写作与交流及人文与社会科学方面的要求保持相同;主要区别在于力学与生物科学课程设置上,农业工程方向对力学知识的要求高一些,对生物科学的要求主要体现在三个专门化课程里面,没有做独立要求;生物系统工程方向对力学知识要求少一些,更侧重于对生物学基础知识的传授,除生物系统工程专业课程与专业选修课程之外,尤其强调生物学与微生物学理论在生物系统工程课程结构中的重要性。

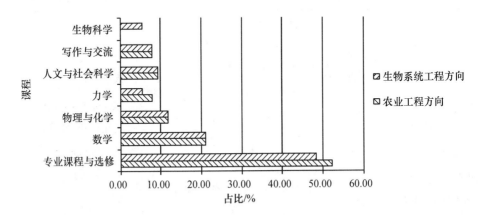

图5-3 2014年爱荷华州立大学生物系统工程与农业工程专业课程比较

上述情况也发生在北达科他州立大学,该校工学院设有农业与生物系统工程一个主修专业,分设农业工程与生物系统工程两个专业方向,总学分均为133,课程结构如图5-4所示:两专业方向共同的特征是在保持数学、写作与交流、人文与社会科学类课程基础上,对力学、物理与化学及生物科学的要求呈现出一定的变化。农业工程方向对力学知识 14.29% 学分占比的要求显著高于生物系统工程方向 9.02% 的比重,可见力学课程在农业工程方向的重要程度。相对而言,生物系统工程则更注重生物科学、物理与化学基础知识的学习。此外,农业工程 23 分的专业方向选修课中共设立了农业系统、环境系统与生物材料系统三个领域,提供选修课程数量共计 105 门,如此丰富的课程设置为学生提供了多种可选择方案,有利于拓展学生专业知识面。

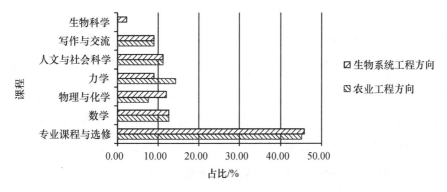

图 5-4 2013—2014 年北达科他州立大学生物系统工程与农业工程专业方向课程结构

(4)顶石课程成为热点,工程理论与实践走向融合

20 世纪 90 年代,为进一步降低工程教育中理论与实际操作能力之间的差距,美国工程教育界重新审视工程实践的本质,对工程教育过分侧重于工程理论分析,工程设计训练偏弱提出新的思考,以项目设计为中心的顶石课程(capstone course/capstone design)开始兴起。

顶石课程是美国高等工程教育的又一特色。作为本科阶段最后开设的课程,为学生提供了参加与解决实际工程项目的机会,被认为是学习环节中最重要的一环(R. H. Todd,1995)。课程通常安排在大三和大四,课堂讲授与项目设计并行,项目主要依赖课程完成。与合作教育课程中理论学习与实践教育平行模式不同,顶石课程实现了工程理论学习与实践教育的相互嵌入,是理论与实践、课程与项目真正实现融合的一体化课程。结合项目设计,顶石课程把学生大学阶段在课堂、实验室与课本中学到的知识融合在一起,集知识、技能与经验为一体,在提升学生写作与交流能力,强化工程伦理与工程经济学理论,增强学生的批判性思维、解决富有挑战性问题的能力以及促进学生对所学专业知识与技能的综合应用等方面全方位发挥作用。学生多数以团队形式承担较为复杂的项目设计任务,利用一个或多个学期完成项目设计、开发与测试,以期学生能够将所学理论知识综合应用于实践过程,从而获得产品方案设计、原型制造和测试等顶石经验。

课程多数安排在两学期内完成。第七学期要求学生首先参与课堂讲授,组合团队;然后,提出问题并与指导教师确定专题,定期参与实验设计课程;最后,形成实验设计方案,包括前提假设、材料需求、设备仪器需求、分析方法、预计失误、安全问题、成本预算以及时间安排等细节和任务,重点对学生进行项目构思与设计环节的训练。第八学期主要完成项目的设计、开发、测试与评估。也有安排在三个学期中完成的,如犹他州立大学,第五学期学生需要完成项目计划,包括项目采用的技术及管理计划;第六学期完成项目设计,并要求定期进行成果汇报;第七学期项目结题评审,汇报内容要求符合专业报告形式,由所在系师生共同参加评审与评价。除指导教师承当的科研项目外,顶石项目多来源于地区企业资助,能够解决企业实际问题是企业提供项目资助的基础。项目成果的知识产权归属问题通常需要企业、高校与学生三方进行约定,多数情况下知识产权归属企业,也有部分属于高校与学生的。教师、学生与企业在课程中有着不同的分工,承担着不同的职责,有着不同的收获。项目课程能够顺利实施的关键取决于项目资金与指导教师两个重要的环节。除教师已有项目之外,积极申请企业资助非常重要,通过为企业切实解决实际问题基础上,逐渐与企业建立良好合作关系;在指导教师培养方面,一方面需加强传统教师以教学为主到以指导为主教练身份的转变,另一方面教师专业背景是实现指导和满足训练需求的关键,加强教师自身的工程实践经验积累以及提高教师团队组织与管理能力也非常必要。作为顶石课程的合伙人企业获得与工程专业学生一道完成企业创新项目的同时,为学生在跨入职场前应用工程技术知识解决工程实际问题提供了重要的机会。

(5)研究生课程更新速度快且注重新技术新方法的及时引入

比较分析加州大学戴维斯分校与爱荷华州立大学研究生课程设置变化不难发现,20世纪70年代至今,两所学校的课程数量增长趋势均非常显著(图5-5)。加州大学戴维斯分校在20世纪70年代至80年代末课程平均从10门增至14门,是发展较为稳定的一个阶段,课程内容主要集中在机械系

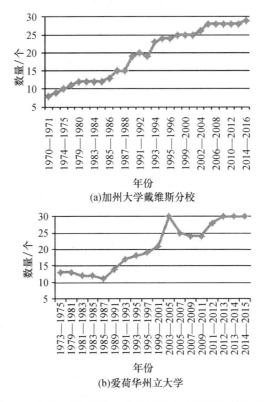

(a)加州大学戴维斯分校

(b)爱荷华州立大学

图5-5 农业/生物系统工程专业研究生课程数量的变化

统设计、农业原料的物理特性、农业废弃物管理、农业能源系统、水文学、喷灌与滴灌等传统领域。至 20 世纪 90 年代显著升至 23 门,是该校研究生课程改革最为重要的一个阶段(1992—1995 年经历了专业与系名的变更),涵盖"生物系统"字样的课程大增,生物系统工程研究方法、核磁共振成像在生物系统中的应用、食品与生物系统中的质量传递、食品加工与生物工程等课程相继出现。同时,模拟仪器、热处理工艺设计等新技术、新方法被提出,传统的机械系统设计、农用建筑设计被取而代之。2000 年后,课程设置增至27 门并进入稳定期,连续介质力学、可再生能源生物工艺等新理论、新技术课程被及时引入。

爱荷华州立大学 20 世纪 70 年代课程数量平均为 13 门,至 80 年代,传统农业动力与机械、农业电气化、农业建筑设计标准、电能在农业中的应用、水土控制工程、机械化(专题)等课程相继被取消,受此影响课程数量出现下降。进入 90 年代后,同加州大学戴维斯分校一样,研究生课程数量出现显著的飞跃,显著增至 19 门。构造与维修、作物环境调节与贮藏等传统课程内容被删除,农业与生物系统工程仪器、生物系统工程、作物生长模型、GIS、食品工程等围绕生物与环境主题的课程与专题内容被增加(表 5-11)。进入21 世纪以后,该校农业与生物系统工程专业的研究生课程更是增至 26 门,GIS 与自然资源管理、水文模型与 GIS 实验、作物与畜牧生产系统集成、农业系统仿真、生物过程工程量化、大气污染、微生物系统工程、生物工艺与生物产品等与生物、环境及自然资源密切相关的主题相继被增设,并对灌溉与排水、农业水质工程、微生物系统工程及作物生长模型应用等课程进行了及时的增减与微调。历经 20 年的探索,至 2010 年以后,该校研究生课程体系已基本趋向稳定。

20 世纪 90 年代以来,北美农业工程类专业均经历了传统与现代的更替,在课程数量和内容设置上进行了大幅度的调整与探索,新技术、新理论与新方法被及时引入与调整,两校研究生专业基础课程已趋稳定。

表 5-11 1971—2015 年爱荷华州立大学农业工程专业研究生课程设置变化情况

学年	数量	删除课程/专题	新增或变更课程/专题
1971—1975	13	无	废弃物管理
1979—1981	13	农业动力与机械	农业资源工程、农业系统仿真
1981—1983	12	水文资料分析技术、农业电气化	高级农业建筑设计、电能在农业中的应用
		农业建筑设计标准、水土控制工程	
		机械化（专题）	
1985—1987	11	电能在农业中的应用	创新性内容
1989—1991	14	农业资源工程	农业系统控制与仪器、灌溉与排水工程
		作物环境调节与贮藏（专题）	木质农业结构设计
1993—1995	18	收获机械	农业与生物系统工程仪器
			农业水质工程、食品工程
1999—2001	21	构造与维修（专题）	农副产品生物工艺、GIS
			生物材料的物理特性、作物生长模型
			生物系统工程（专题）、计算机辅助设计（专题）
			环境系统（专题）、食品工程（专题）

续表 5-11

学年	数量	删除课程/专题	新增或变更课程/专题
2003—2005	30	农业系统仿真 木质农业结构设计	水文模型与 GIS 实验,GIS 与自然资源管理 作物与畜牧生产系统集成,自然资源保护工程 田间机械功能分析与设计,作物收获动力学 粪污处理与生物副产品生物环境工艺(原农副产品生物环境工艺) 农用建筑设计,生物过程工程量化 作物生长模型应用,可持续农业科学技术
2005—2007	25	灌溉与排水工程,GIS,作物收获动力学	微生物工程(原粪污处理与生物质转化)
2007—2009	24	微生物系统工程 作物生长模型应用	计算机智能系统在农业与生物系统中的应用 土水监测系统设计与评价 生物材料的物理特性,大气污染 可持续农业基础(原可持续农业科学技术) 职业安全(专题)
2009—2011	24	流域模型与 GIS 实验	生物工艺与生物产品 食品与生物过程工程(原食品工程) 木框架结构设计(原农用建筑设计)
2011—2012	28		农机与生产系统的电子系统集成,生物质预处理
2012—2015	30		流域 TMDL 发展与实施,非点源污染与控制 生物系可再生能源基础,生物系统工程分析

资料来源:1971—2015 年 Iowa State University Catalog.

5.3.3 中国农业工程课程体系的变迁及存在的问题

中国农业工程学科课程体系伴随着高等教育大环境的发展变化而改变,同样也经历了先取道美国,后学苏联,再借鉴欧美的过程。

(1)新中国成立前仿制"美国"模式的通才教育课程体系

新中国成立前,学科人才培养模式以借鉴美国通才教育模式为主,课程体系的设立是与通才教育模式相适应的厚基础、宽口径的通才课程体系。以表5-12中国最早创建的四年制农业工程系课程为例,除论文写作之外(体育与军事训练没有学分,不作统计),共计开设课程44门,总学分155学分。其中,微积分、微分方程、物理、化学及力学相关基础课程占比高达26.5%,专业基础与专业课程涉及领域较为广泛,同时开设农事实习、锻造、机床试验等实践性很强的课程加强学生实践能力的培养,为学生尽可能多的提供田间机械操作与使用实践训练。该课程体系以美国课程体系为模板,结合中国国情进行了适当调整,强调中国农业工程师应在乡村工业、乡村卫生、乡村合作社的组织与管理、乡村公路建设及现代农业机械的共同使用方面加以重点培养。

(2)改革开放前"苏联"模式的专才教育课程体系

新中国成立后,随着高等教育的全盘"苏化",与培养模式相适应的课程体系也随之改变。作为教学计划的重要组成部分,高等农林院校课程计划的演变主要经历过三次大的调整。

①新中国成立初期由通才向专门化课程体系的过渡时期。1951年8月21日,教育部发布《关于各校拟定1951年度教学计划时应注意的几项原则的指示》[①]中指出:"应从培养一定专门人才所必需的课程着眼,业务课程应有重点,选修课尽量减少,以贯彻'在系统理论的基础上实行适当的专门化'的原则。"基于这一指示,以全国统一的教学计划和教学大纲为标志的专门

---

① 高等教育部办公厅编. 高等教育文献法令汇编(1949—1952),1958;64.

表 5-12　1948 年国立中央大学农业工程系开设的四年制本科课程

一年级		二年级	
课程名称	学分	课程名称	学分
政治理论	2	机械学	6
国文	6	应用力学	5
英语	6	材料力学	5
微积分	8	结构材料	3
普通物理	10	经验设计	2
画法几何学	2	机械制图	1
机械制图	2	测量学	2
锻造	2	工程热力学	3
农业基础原理	2	机床试验	2
农事实习	2	模型制造	2
军事训练	—	微分方程	3
体育	—	普通化学	6
		体育	—

三年级		四年级	
课程名称	学分	课程名称	学分
工程热力学	3	农用建筑	3
工程热力学实验	1	电气工程实验	1
机械设计	4	水土保持	3
材料试验	1	农机维修	3
水力学	3	农用动力	6
园艺学	4	土壤与化肥	3
电气工程	6	普通植物病理学或昆虫学	3
农场	6	乡村工业	2
作物生产	6	乳业机械	2
农业经济学	3	农业工程 Seminar	2
畜牧学或林学	3	论文写作	2
农业机械	3	体育	—
体育	—		

数据来源：Hansen E L，McColly H F，Stone A A，et al. A Report on Agriculture and Agricultural Engineering in China［R］. 1949：119-120.

化课程体系在中国高等教育领域拉开帷幕。1952 年院系调整后,参照苏联经验高校开始设置专业,取消了学分制教学管理制度,全部课程被列为必修课,很少或不设选修课,教学总时数列入计划内。遵照教育部印发的苏联高等农业院校教学计划,农林院校结合本校师资、经济、学生和设备等条件,相继制订了各自的课程计划。1952 年 10 月,北京农业机械化学院正式成立,学校以"学习苏联,改进教学"为中心任务,研究生教育与本科生教育同时起步。1952 年,学院最早开始招收农业机械、农业机器修理、汽车拖拉机专业方向的三年制研究生与一年制研究生班,所采用教材与教学大纲均来自苏联莫洛托夫农业机械化学院,苏联专家直接参与研究生培养,整个模式完全参照苏联的副博士模式进行,但缺乏完整的培养方案,直至 50 年代末。同时,学校创建农业生产过程机械化本科专业(四年制)并开设专业课程共计27 门(表 5-13),教学方式包括授课、实验或讨论、自修,其中授课共计 2 145

表 5-13　1952 年北京农业机械化学院农业生产过程机械化专业课程

课程名称	
政治	机械制图
俄文	机械制造基础实习
体育	农业机械运用学基础实习
应用高等数学	应用力学
普通物理	材料力学
普通化学及工程化学	热力学及内燃机
投影几何	机械原理
课程名称	
工程材料	燃料润滑油与水
金相学及热处理	农业机械学
机械设计	拖拉机及汽车学
电工学	拖拉机及农具修理学
耕作学及作物栽培	农机管理
动物饲养学	农业工程概论
水力学及水力机械	

资料来源:北京农业机械化学院 1952 年农业生产过程机械化专业教学进程计划.

学时(不包括体育),实验或讨论 2 700 学时,全部必修,没有开设选修课程。

基于特殊的历史时期,政治课程贯穿于四年的学习,俄文课程要求三学年。应用力学、材料力学、机械原理、农业机械学、拖拉机及汽车学、拖拉机及农具修理学、燃料润滑油与水、农机管理、土壤耕作及作物栽培等为主干课程。如图 5-6 所示,专业课程学时占比为 55.94%,专门化课程体系特色开始呈现。1952—1954 年间,农林院校专业教学计划经历了三次重要的调整,专业课程教学时数逐渐提高。以河北农学院为例,1954 年第三次教学计划调整将农学系的农学和果树蔬菜两个专业的农业机械化课程教学时数由102 学时增加到 136 学时(张璞等,1992)。

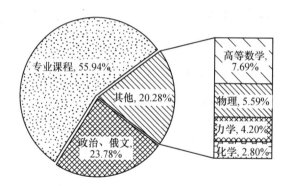

图 5-6　1952 年北京农业机械化学院农业生产过程机械化课程学时结构

②执行教育部统一的农林院校计划,专门化课程体系形成。1954 年 8 月,高等教育部颁发了高等农林院校的农学、畜牧、造林、水产养殖和农业机械化等 19 种专业的统一教学计划,学习苏联做法,指令学校试行,不得擅加改动。计划的内容结构,也主要学习苏联模式。当年 9 月份入学的学生,严格执行统一的教学计划,学制四年。1954 年 9 月 13 日,高等教育部发布《关于高等农林院校修订教学大纲的原则及说明的指示》[①]中指出:"为了保证执行统一教学计划和提高教学质量,培养具有统一规格和合乎标准的人

---

① 　高等教育部办公厅编．高等教育文献法令汇编(第 2 辑),1955:126.

才以适应国民经济建设的要求,随着统一教学计划的制定,必须着手进行各种课程教学大纲的修订工作。"全面照搬苏联教育计划所形成的专业课程体系,其主要特征是以专业为中心,专业设置实行与行业部门有计划按比例"对口"培养人才的做法,专业甚至细化到某一种产品,课程设置按照专业对号入座。课程体系所覆盖的知识面完全由专业口径的宽窄决定,体现在课程结构中就是严格按照专业培养规格设计,公共课、专业基础课、专业课和专业实习的顺序固定不变。统一的教学计划、统一的教学大纲、统一的教材,以及整齐划一的教学过程与教学管理,建立的专门化课程体系是一种高度统一、全程标准化的模式,这种高度统一的课程体系最大的特点是刚性过强,课程设置缺乏一定的综合性与灵活性。一方面,依据专业方向而设置的课程体系,不同专业之间除了政治、俄文与体育等少数公共课和数学、物理、化学与制图等部分基础课交叉外,相互之间是隔绝的;另一方面,由于严格执行统一教学计划与教学大纲,总学时高达 3 000～3 700 学时,严重偏离中国学生实际情况,导致学生知识能力结构单一,学习负担过重,教学效果并不是很理想。

③执行农业部全日制高等农业院校教学计划,教学工作走上正轨。1961 年 3 月,农业部发出《关于制订全日制高等农业院校(本科)教学计划的通知》,组织一部分学校,修订了农业生产机械化、农田水利、农业机械设计制造、农业电气化等 25 个专业教学计划,其中,农机专业被列为修订重点[①]。四年制专业总学时要求不超过 3 000 学时,五年制农田水利专业要求不超过 3 380 学时,农机化为 3 265～3 600 学时,在一定程度上纠正了生搬硬套苏联经验的做法,克服了"大跃进"中忽视以教学为主和发挥教师主导作用的缺点。要求各校参考并制定自己的教学计划,按规定程序审定。新修订的教学计划从 1962 年新生入学开始试行,由于贯彻了"以教学为主",恰当安

---

① 《中国教育年鉴》编辑部. 中国教育年鉴 1949—1981[M]. 北京:中国大百科全书出版社,1984:309.

排生产劳动和科学研究活动,加强了学生基础理论知识的学习,各项教学安排较为符合学生的认知和学习规律,各院校教学工作很快走上正轨。以河北农学院为例,1962年修订后的农田水利专业(五年制)总学时为3 350,农业机械化专业(五年制)为3 495学时(张璞等,1992),见表5-14。至1965年,五年制农业机械化专业课程总学时进一步调整为2 760学时。

表5-14 河北农学院1962年修订的本科专业课程体系

专业	总学时数	政治			外国语			基础课			专业课			体育课	
		门数	学时	占比/%	门数	学时	占比/%	门数	学时	占比/%	门数	学时	占比/%	学时	占比/%
农田水利	3 350	2	210	6.3	1	220	6.6	22	2 165	64.6	8	655	19.5	100	3.0
农业机械化	3 495	2	210	6.0	1	220	6.3	15	2 105	60.3	6	860	24.6	100	2.8

注:劳动周数包括分散劳动6周;考试周数包括考试、毕业论文设计、答辩及课程设计。

1963年4月,《高等学校培养研究生工作暂行条例(草案)》(简称《暂行条例》)发布试行,教育部要求各研究生招生单位按专业制定研究生培养方案,对专业研究方向、研究生应学习的专业基础课程和专门课程做出具体的规定。同时发布了《关于高等学校制订理工农医各专业研究生培养方案的几项原则规定(草案)》(以下简称《培养方案草案》),明确提出研究生学习期限为三年,总学时数为5 300~5 900,理论学习与科学研究时间大体各占一半。培养计划应包括政治理论课(160~200学时)、外国语(500~700学时)、专业基础课程和专门课程(2~4门,学生自学为主。也可选修其他课程,总计1 300~2 000学时)、毕业论文工作(2 500~3 200学时)四个部分。此外,学生需参加一定的校外实习与调查、教学实习及生产劳动等。按照《暂行条例》与《培养方案草案》要求,20世纪60年代初期,北京农业机械化学院研究生主要课程设置包括政治经济学、哲学、俄语、数学、力学、专业理论和第二外语等,并要求研究生必须参与科研、撰写论文并完成论文答辩。由于中国没有施行学位制度,毕业研究生均没有授予学位。

纵观上述三次调整,农业院校的课程体系由过渡到全面照搬,再到结合国情的调整,其核心都是围绕苏联模式展开的,虽然暴露出一些弊端,但对于刚刚成立、百废待兴的新中国,该课程体系在稳定教学秩序、培养规格化人才方面确实起了积极的作用。1958年"大跃进"期间提出教学、科研、生产三结合,由于过度强调生产劳动的作用,忽视了理论学习的重要性,严重违背了教育与人才培养规律,导致教育质量下降。1961年9月15日,中共中央印发《教育部直属高等学校暂行工作条例(草案)》,简称《高教六十条》,对1958—1960年"教育大革命"时期高等教育发展的经验教训进行了总结,规定理工科政治理论课的教学时间占总学时的10%左右,对课程结构进行了比较合理的调整。但1966年"文革"的爆发改变了中国高等教育发展的轨迹,在"火烧三层楼"(由基础课、专业课、提高课所构成的课程体系)的背景下,教学活动被要求坚持实践第一,大搞结合典型产品教学、结合战斗任务教学,以实现感性认识和理性认识的统一,违背了教育和学生认知规律,教育质量迅速下降,同时研究生教育也被迫停止。

改革开放之前的专门化课程体系是围绕"专业"而量身定做的。课程体系的构建以"专业"为基点,强调学科自身的知识体系,注重学科间纵向的关联度与系统性,全部课程均为必修,不设选修,课程模式过于单一,刚性较强,很难适应现代科学技术迅猛发展和科学技术变革的要求。

(3)20世纪80年代向拓宽专业口径、加强基础知识的过渡时期

1978年以后,中国高等教育工作进入恢复调整期。1979年,农林部组织力量历时两年修订主要专业教学计划,在总结新中国成立以来教学工作经验教训的同时,指出原有教学计划基础理论教育薄弱,强调本科教学应该着重打好基础,同时提出,农林高等教育应注意因材施教,由学校根据地区特点和学校条件,开设选修课或专题讲座,规定选修课必须占总学时的10%,四年制总学时一般控制在2 800学时之内。加强基础理论,突出专业重点,从"专业化"走向"基础化"成为20世纪80年代高等农林院校课程体系改革的主要趋势,课程建设主要呈现以下特征:

①调整课程结构,实现课程体系基础化。1985 年 5 月 27 日发出的《中共中央关于教育体制改革的决定》中指出:学校有权制定教学计划和教学大纲,国家及其教育管理部门要加强对高等教育的宏观指导和管理。依据这一精神,国家恢复宏观管理的同时,把制订教学计划和教学大纲的权力下放到了高校,在教学方面坚持实行宏观调控和微观搞活的方针。同年 8 月,国家教育委员会在哈尔滨召开了全国农科、林科本科生培养基本规格研讨会,对修订各专业教学计划必须共同遵循的原则作了讨论,提出四年制课内总学时一般控制在 2 600 学时以内,选修课可占课内总学时的 20%,以扩大教学知识面,增强学生学习主动性。专业课总学时要有所控制,实践性教学环节要有较大加强。

基础课与专业基础课的主要作用是为学生掌握专业知识和学习新科学知识打下宽厚的理论与技术基础,是学习专业知识的基础,而专业基础课又是基础课与专业课之间的桥梁,加强基础理论的学习在 20 世纪 80 年代初课程体系变革中被提上重要日程。以农业机械化专业为例,各校调整后的本科课程体系结构发生了显著的变化,总学时数基本控制在 2 500~2 600 学时之内,选修课占课内总学时的比重明显增加,课程门类与内容得到了更新调整。课程体系的结构调整,不再局限于课程教授学时数量上的变化,而更多地注重课程内容质量与教学效果的提高上。如图 5-7 所示(实践性教学环节周数除外),所调查的五所院校在本科课程结构上均呈现出共性特征:专业基础课程、公共课、基础课的学时占比位居前三甲,专业课程与选修课各具特色。

西南农业大学与河北农业大学调整后的课程结构中选修课所占比重均接近于 20%,南京农业大学、东北农学院与北京农业工程大学选修课程保持在 6%以上,尽管比重不是很高,但所开设选修课程门数均超过 15 门,打破了以往"专门化课程体系"不设选修课程的弊端,为学有余力的学生提供了更多开阔视野、丰富知识的机会。此外,课程结构的调整主要表现在课程门

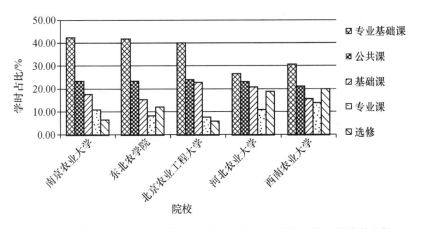

图 5-7 20 世纪 80 年代中后期农业机械化专业本科课程体系结构的比较

类和课程内容的更新,实现专业课程与基础课程、传统经典内容与现代科技新成就的综合与统一。公共课程主要包括中国革命史、马克思主义原理、社会主义建设、体育与外语等课程,占总学时的 21%~23%。基础课多数院校以高等数学、物理和化学(个别院校如南京农业大学、西南农业大学不设化学)为主,北京农业工程大学增设线性代数、概率论与数理统计、计算方法等课程为基础课,基础课程占比高达 22.83%,为调查院校之最。为适应第三次工业技术革命要求,许多院校大力强化基础课程,开设了算法语言、BASIC 语言及程序设计、计算机原理应用等计算机类课程作为公共必修课,除必要的政治理论课程外,大学语文、科技写作与文献检索课程等人文社科类课程相继开设,人文社科类教育的必要性在工程教育中逐步体现。在课程内容方面,一方面通过压缩传统经典课程课时,也称为课程内部改造,通过大课化小,精简内容,以及增加反映学科最新成就的知识,实现课程新旧知识的整合与协调;另一方面,通过纵横调节课程间的内容结构,横即为并行有联系课程内容的调整,纵即对前行课程与后续课程的衔接与调整,去除内容重复和知识陈旧课程,使传统专业课程设置数量得到有效调整,所占比重呈现下降趋势,基础课程略有增加,从而形成新的专业与基础兼顾、文理课程综合的新学科专业课程体系。

②创新学分制课程计划,增加学科结构弹性。1984 年开始,农林院校相继以"加强基础、拓宽专业、重视实践和培养能力"为基本原则,改革学年制教学计划,通过压缩总学时与必修课,增加选修课与实践环节,建立富有弹性的学分制课程体系,增强学生学习的自主性和灵活性,使之形成合理的知识与智能结构。课程在加强基础理论教学的同时,注重实践能力的培养。

华中农业大学自 1985 级新生开始实行学分制,该校先后三次全面修订了全校本科专科专业计划。修订内容包括[①]:压缩总学时的同时增加选修学时,各专业总学时由 3 000 学时左右降至 2 700 学时,选修课要求一般占总学时的 15%,达到 400 学时,每门课的授课时数一般减少 15%左右,实验实习时间不变。确保基础理论课在教学计划中的地位,基础课一般达到了专业计划必修学时的 33%以上。加强英语和计算机课程教学,保证本科生英语教学时数稳定在 280 学时,计算机课作为必修课列入了各专业教学计划。根据专业培养目标要求,从知识结构、智力结构、技能结构等几个方面对课程进行了合理的设置,使知识内容的衔接更为合理。新的教学计划在培养目标中突出能力培养,重点加强了实践性教学环节。1986 年 8 月 8 日,国家教委在哈尔滨召开的普通高等学校农科、林科本科生培养基本规格研讨会上,对四年制工程技术类专业教学计划进一步提出:要求四年制工程技术类专业一般不超过 2 400 学时为宜,理论教学(包括讲课、习题课、讨论课)总周数不应少于 115 周,专业课学时一般不宜超过总学时的 12%~18%,学生的课内外计划学习量应控制在 1:1.2 以内,实践性教学环节(包括专业劳动、教学实习、生产实习、毕业实习、课程设计、毕业设计或论文)一般不应少于23 周(熊明安,1999)。

相比本科生教育改革,研究生培养方案改革步伐还要早一些。继 1981

---

① 华中农业大学校史编委会.华中农业大学校史 1898—1998[Z],1998:167.

年国务院批准首批博士和硕士学位授予单位、学科及专业点之后,结合 1982 年教育部印发的《关于高等学校制订理、工、农、医各专业研究生培养方案的几项规定》及 1983 年农牧渔业部颁发的《各专业硕士学位研究生培养方案(试行草案)》的要求,获得相关专业学位授权的院校相继构建了新的研究生课程体系,课程结构包括必修课(学位课和方向必选课)与选修课,新的课程学习开始采用学分制。由于研究生教育刚刚恢复,各招生院校的研究生课程体系开始在实践中不断探索前行。

总体来看,20 世纪 80 年代的课程体系改革是在保证专业主干课程质量的前提下,开设了大量系统性强、理论较深的选修课,包括大学语文等文科类选修课,专业类公共选修课,以及人文科学类的公选课等。选修课的大量开设,不仅促进了新兴、交叉学科的建立、发展以及不同学科、专业之间相互渗透,而且改变原有课程体系专业课程设置单一、文科课程缺乏的局面,课程结构得到有效优化,学科结构更具弹性,为学生跨学科选择和自我发展提供了一定的自由空间,也为专才教育向通才教育模式的转变创造了一定的条件。

(4)20 世纪 90 年代共性培养向重视学生个性化培养的调整时期

20 世纪 80 年代的课程体系改革是在反思苏联式的专门化课程体系基础上发起的,以突破过于"刚性"的课程结构为目的,课程改革重点关注学生知识结构与能力的调整,虽然课程结构在综合性与灵活性方面取得了突破,但课程体系仍遵循"基础课＋专业基础课＋专业课"的"三层楼"结构,因材施教主要通过大幅增加选修课程来到达目的。随着计划经济向市场经济的转变,"过弱的文化陶冶,过窄的专业教育,过重的功利导向"(骆少明等,2010),以及围绕专业设置课程体系的专才教育模式已经不能够适应社会发展需求。

1994 年 6 月 20 日,国家教委与农林部联合发布的《关于进一步推进高等农林教育改革和发展的若干意见》中指出,应积极探索新时期的人才培养模式,培养适应社会需要的多规格、复合型人才,人才培养实行"大口径进,小口径出"[①]。加强基础、拓宽专业口径,实行按系(院)或类招生,"宽口径、厚基础、复合型人才培养模式"等理念相继被提出。农业工程课程体系的构建理念发生了重要转变:一是从"单纯的专业教育"向注重"综合素质教育"转变;二是从"重传授知识"向"传授知识和能力培养并重"转变;三是从过分强调学生共性培养向重视学生个性化培养转变。

以北京农业工程大学为例(表 5-15),与 20 世纪 80 年代末农业机械化本科专业课程体系相比,1995 年重新修订的农业机械化与自动化专业课程结构的变化主要呈现以下特征:①基础课数量与知识范围得到拓展,在增加计算机基础、程序设计基础等基础课程的同时,适当降低了技术基础(专业基础)课程的门类。此外,基础课还增设了农业经济类课程,使学生的知识面有所拓宽。②大幅度提高选修课程的比重,扩大学生选课的自由度。1995 年专

表 5-15　北京农业工程大学不同时期农业机械化本科专业课程结构的比较

1988 年	课程类别		门数	学时占比/%
农业机械化	公共课		5	23.85
	基础课		6	22.83
	技术基础课		15	39.80
	专业课		4	7.66
	选修		25	5.86

1995 年	课程类别		门数	学时占比/%
农业机械化 与自动化	公共基础课		15	40.79
	技术基础课		14	29.93
	专业课	必修	11	13.49
		选修	9	9.21
	选修(含专业选 修与任意选修)		—	6.58

数据来源:北京农业工程大学教学手册(1995 版).

---

① 国家教委,农业部,林业部.国家教委、农业部、林业部关于印发《关于进一步推进高等农林教育改革和发展的若干意见》的通知.教高[1994]11 号,1994-06-20.

业选修与任意选修课的占比合计为 15.79%，而 80 年代末选修课程（包括专业选修与任意选修）仅占 5.86% 的比重。但是，从课程结构及其课程内容设置来看，农业机械化专业课程体系仍未摆脱专才教育的基本框架。

研究生培养是农业工程学科建设中重要的一环，研究生学位制度的建立推动了学科的建设与发展。随着社会发展对人才需求的变化，早期制定的研究生培养方案尤其是课程体系开始出现不适应。1988 年，农业部组织全国有关专家开始修订与制订涉农学科硕士学位研究生培养方案和博士学位研究生培养基本要求工作，并分别于 1990 年和 1991 年相继出台农业机械化、农业机械设计与制造、农业水土工程硕士学位研究生培养方案和博士学位研究生培养基本要求，农田水利工程、农村能源工程硕士学位研究生培养方案和学位论文要求也同期出台，1992 年由农业部教育司发布在全国执行，成为 20 世纪 90 年代农业工程学科研究生培养的主要依据，各院校在此基础上根据各自的特点和不同的专业设置加以调整。

以农业机械化专业为例（表 5-16），相比 20 世纪 80 年代初期创建的培养方案，本次研究生培养方案的修/制定工作主要呈现以下特征：①兼顾专业的共性与各研究方向的差异性，硕/博士专业基础课分别要求与本科/硕士课程衔接，内容适度加宽、加深，在宽度与广度上做足，课程内容不仅强调要具备先进的工艺与结构知识，还要有一定的理论与原理分析深度，同时强调技术与农业生物生长发育规律之间的内在联系。②以社会发展需求为导向，新增多门前沿性理论与技术课程。如计算机原理及技术、系统工程、机电一体化及现代控制理论等 20 世纪 80 年代在欧美发达国家兴起的理论与技术开始应用在农用动力与作业机械领域，瞄准国际发展新趋势并将其及时补充到研究生课程体系是本次修订的一个显著特征。此外，本次修订在强调学生自学的同时，还首次增设了研讨课，重点培养学生独立思考、分析与综合能力，加大对学科前沿动态的交流与学习。课程设置基本按照学位课（必修课）、必选课（指定选修课）与选修课（一般选修课）的方式划分，除外语和政治理论等公共学位课外,其他学位课按二级学科设置,硕士要求 30～40 学分,博士 15～20 学分。

表 5-16　1990 年农业部发布的农业机械化专业硕/博士课程体系

类别	硕士课程	博士课程	备注
学位课 (必修课)	马克思主义理论(4 学分) 外国语(6～8 学分) 工程数学(4～6 学分) 高等农业机械化学(3 学分) 农业机械化(3 学分)	马克思主义理论 外国语 专业基础理论课	博士要求掌握 2 门外国语
必选课 (指定选修课)	计算机原理及技术(2 学分) 计算机应用基础(2 学分) 系统工程或农业系统工程(3 学分) ⋮ (共计 27 门课程)	专业课	根据研究方向, 硕士由导师指 定 2～4 门
选修课 (一般选修课)	机电一体化(2 学分) 数据库(2 学分) 信息控制论(2 学分) 液压控制(3 学分) ⋮ (共计 20 门课程)	无	一般选修 1～ 2 门

资料来源:中华人民共和国农业部编.农学科硕士学位研究生培养方案、博士学位研究生培养基本要求(汇编二),1982.

　　20 世纪 90 年代,农业工程课程体系改革的时代背景发生了深刻变化:国家经济体制开始向社会主义市场经济转轨,原本形成于计划经济体制下的"对口专业教育"观念,急需向不断变化的社会需求转变与适应,人才培养从强调"对口性"转向强调"适应性",教育大环境的变化促进了农业工程课程体系的变革。"厚基础、宽口径"教育理念正式提出改变了以往"千人一面"的培养理念。但是,政策的实际执行并没有从根本上突破专业教育模式的束缚,不同院校虽然根据国家政策以及高等教育形势的需要不断地进行调整与改革,但学科人才培养基本上还是在专业教育的框架内进行的,硕士研究生的学位课程依旧强调按照二级学科设置,修订工作仅仅是对原有模式的修补,课程体系改革并未取得根本性的进展,课程体系集成多,创新相对较少。

(5)21世纪以素质教育为导向的通专结合全面改革时期

进入21世纪后,高等教育整体环境、学科自身发展及教育对象等都发生了显著变化。在"大类招生、大类培养"背景下,拓宽共同的学科基础(即学科基础相同的几个专业按类打通培养),推进低年级基础性课程通用化和扩展专业知识领域(推进通识教育,加强学生人文素质和科学素养教育),高年级柔性设置专业方向课程,成为新本科专业目录实施后课程体系改革的总体方向。

①"平台＋模块"式课程模式的创新打破了以专业为导向的"三层楼"课程体系模式。1998年本科专业目录的调整思路是以学科性质与学科特点作为专业划分的主要依据,本次调整农业工程学科正式专业调整为四个,与原有专业目录相比,专业口径得到了显著拓宽,并增设农业工程为目录外专业。专业口径的拓宽意味着专业种类的减少,为拓宽学科基础课程、推进基础课程通用化、灵活设置专业方向课程创造了前提条件。进入21世纪后,"通识教育基础上宽口径的专业教育"人才培养模式被广为采纳,围绕专业而设置的传统专门化课程体系真正实现了彻底的改造,"平台＋模块"式课程体系模式被创新性提出(图5-8)。

"平台＋模块"课程模式通常由通识教育平台、学科大类与专业基础平台、专业教育平台三部分构成。其中,通识教育平台一般包括全校性公共课与通选课程,包括政治、外语、体育、计算机、数学与物理等课程,主要涵盖数学与自然科学、人文社会科学、语言学、经济管理学、文学与艺术等,是对农

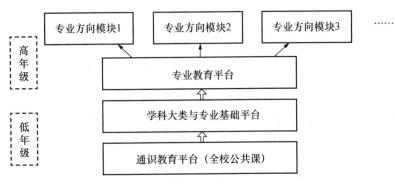

图 5-8 "平台＋模块"课程结构模式

业工程学科基础知识的拓宽。通识教育平台创新性地构建人才知识与素质结构,有利于培养学生的社会适应能力;学科大类与专业基础平台旨在加强学生的共同基础,淡化专业界限,通过打通学科大类所覆盖不同专业的专业基础课,经整合而形成的统一的大类专业或学科的基础课群,是专业教育的核心;专业教育平台通常是指专业方向课程,是由农业工程学科或专业大类下的专业课组成的专业方向课组,课时较少,旨在培养学生掌握必要的专业知识与技能。与"三层楼"式课程结构模式不同,"平台＋模块"式课程结构最典型的特点是除必修课程外,在不同平台中设置可供学生自由选择的模块化课程。

以教育部 2000 年 8 月启动的"世行贷款 21 世纪初高等教育教学改革项目——农业工程大类本科人才培养的研究与实践"项目为契机,以宽口径、复合型高级工程技术人才为培养目标,经过 4 年的实践与探索,中国农业大学提出农业工程大类专业"两平台、三阶梯"课程体系模式(张文立等,2006)(图 5-9)。

该模式是典型的"平台＋模块"式课程结构,课程重心结构明显降低,充分体现了"夯实基础,通专结合"的课程构建基本原则。"平台"由基础教育平台与专业教育平台两个部分组成。其中,基础教育平台由通识教育(包括

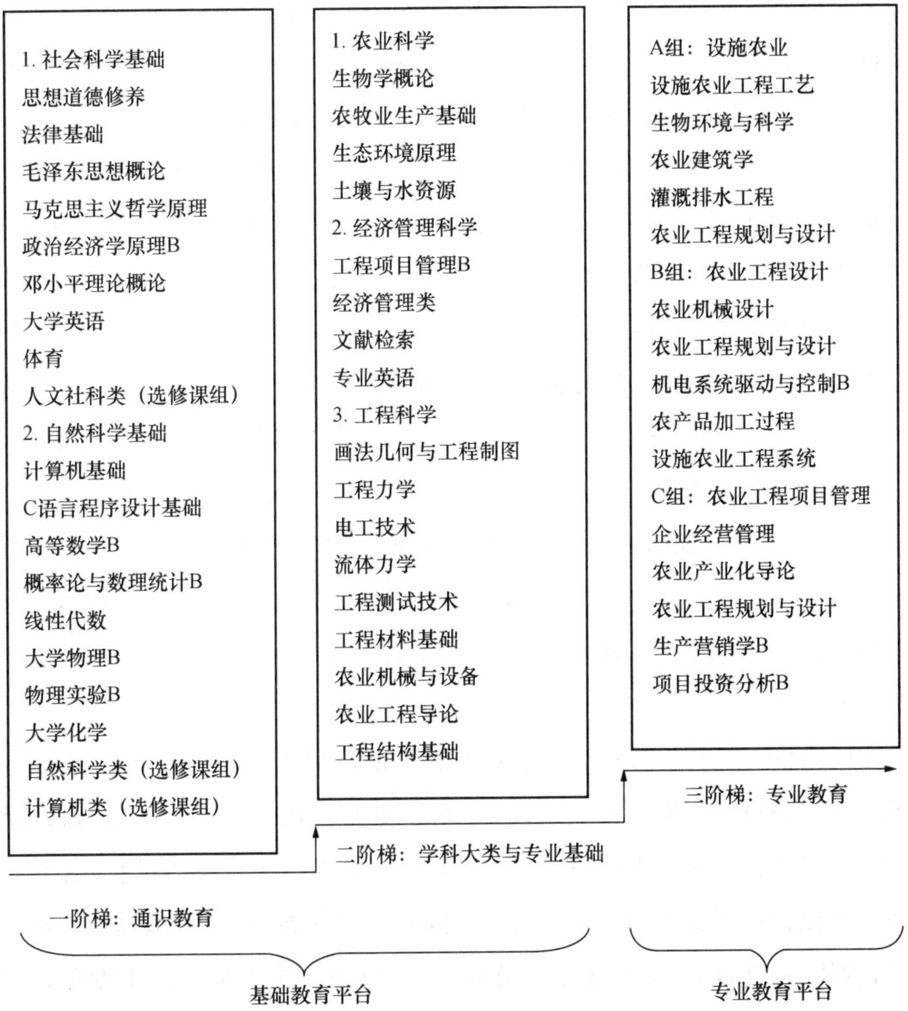

1. 社会科学基础	1. 农业科学	A组：设施农业
思想道德修养	生物学概论	设施农业工程工艺
法律基础	农牧业生产基础	生物环境与科学
毛泽东思想概论	生态环境原理	农业建筑学
马克思主义哲学原理	土壤与水资源	灌溉排水工程
政治经济学原理B	2. 经济管理科学	农业工程规划与设计
邓小平理论概论	工程项目管理B	B组：农业工程设计
大学英语	经济管理类	农业机械设计
体育	文献检索	农业工程规划与设计
人文社科类（选修课组）	专业英语	机电系统驱动与控制B
2. 自然科学基础	3. 工程科学	农产品加工过程
计算机基础	画法几何与工程制图	设施农业工程系统
C语言程序设计基础	工程力学	C组：农业工程项目管理
高等数学B	电工技术	企业经营管理
概率论与数理统计B	流体力学	农业产业化导论
线性代数	工程测试技术	农业工程规划与设计
大学物理B	工程材料基础	生产营销学B
物理实验B	农业机械与设备	项目投资分析B
大学化学	农业工程导论	
自然科学类（选修课组）	工程结构基础	
计算机类（选修课组）		

三阶梯：专业教育

二阶梯：学科大类与专业基础

一阶梯：通识教育

基础教育平台　　　　　　　　专业教育平台

图5-9　"两平台、三阶梯"课程体系

社会科学与自然科学基础理论模块）和学科大类与专业基础（包括农业科学、经济管理科学和工程科学三个模块）两部分构成。其中，社会科学基础中除必修课程外，增设人文社会科学类选修课组，课程设置突破了传统以政治理论课为主的模式，内容广泛涉及经济、管理、法律、科技、哲学、文学与艺术等领域，为加强学生学科知识基础，拓宽学生知识面，增强学生适应能力提供了必要的支撑。学科大类与专业基础平台是按照农业工程一级学科设置的大类教育平台。在此平台上，学生系统地接受比较宽泛的生物生产系统、农业工程机具装备、农业设施与环境、信息与自动化技术以及农业工程项目规划设计管理等知识，培养学生从事农业工程规划、设计、开发、建设、管理、教学或试验研究等的工作能力。专业教育平台共设置了设施农业、农业工程设计和农业工程项目管理三个模块，为选修课程体系。其中的模块是对专业知识体系的内容分解，并按专业内容与结构组合而成的课程群，旨在构建不同的专门化模块方向，使学生根据自身的特点和兴趣爱好自由选择自身发展的空间。同时，为学生提供学习农业工程领域相关知识的机会，即任意选修课程的机会。在专业教育平台上，学生要求选定一个必修课程组，同时要求在其他两个课组中选修一定学分，为学生提供更为广泛的课程选择机会并由此扩大学生知识面，充分激发学生学习主动性与积极性，因材施教，培养工程技术型、研究开发型、技术管理型和经营管理型等不同规格的技术人才。

"平台＋模块"课程模式将各级平台上的课程按学科门类分类，组成各种学科知识模块与专业技能模块，实现了专业口径的大幅度拓宽，通过对模块课程知识的纵向衔接、横向拓展实现了课程结构的整体优化，有效增加学生课程选择自由度和自主学习时间，充分体现了学科"厚基础、宽口径、重能力、高素质"的人才培养总体要求，打破了半个世纪以来专业口径狭窄的专才教育模式。在遵循通识教育与专业教育相结合的课程改革指导思想基础上，学科人才培养目标由"专而窄"向"通而宽"转变成为多数院校的共识。

在研究生教育方面，1992 年后，农业部等上级主管部门不再组织统一修订培养方案，由培养单位在研究生培养实施基础上不断自行修订。为满足国家现代化建设对学科高层次专门人才培养的需要，根据国务院学位委员会、国家教育委员会 1997 年颁布的《授予博士、硕士学位和培养研究生的学科、专业目录》与1998年教育部下发的《教育部关于修订研究生培养方案的指导意见》文件精神，新一轮的学科专业研究生培养方案修订工作启动。本次修订确立了以社会需求为导向，建立与社会主义市场经济体制及科学技术发展相适应的研究生培养体系的指导方针，新的课程体系在贯彻加强理论基础和知识面、实现全面素质培养和保持学科专业特色基本原则的前提下，基于压缩学时、拓宽范围和改进方法等多维角度，重点突出对基础课程知识综合性、前沿性与交叉性的要求，学位课程中重点增加了一级学科课程和方法论，以及素质教育类课程，以促进研究生创新能力和综合素质培养。

②课程结构重心显著降低，"基础化"课程设置原则充分体现。苏联模式专门化课程体系中基础科目设置的目的是为学习专门科目准备必要的基础知识，为专门科目服务，对基础课程的要求是"够用即可"，因此，整个课程体系的结构重心倾向于专业课程。20世纪80年代与90年代农业工程学科两次课程体系的改革仍是在专业教育的框架内进行的，改革没有突破原有课程体系的框架，从性质上来讲，课程体系还未突破计划经济时代的束缚，基础化是相对于专门化而言的。"平台＋模块"课程结构模式中，通识教育模块、学科大类与专业基础平台课程的分量大幅增加，专业教育平台的课程经整合后显著减少，课程结构重心明显降低，宽口径、基础化课程设置原则得以充分体现。实践中，如表5-17所示，不同院校结合自身情况对旧的课程体系进行了革新，课程结构各有侧重。所调查的6所院校中（数据整理自各校2009—2012年教学计划），除安徽农业大学与山东农业大学通识教育所占学分比重不足20％以外，其余四所院校通识教育的学分比重均超过23％；专业课程的设置西北农林科技大学走在队伍的前面，学分占比降至7.85％，中国农业大学以12.84％的比重位居第二。

表 5-17 不同院校农业机械化与自动化专业课程体系的比较

课程类别		中国农业大学		华南农业大学		华中农业大学		安徽农业大学		西北农林科技大学		山东农业大学	
		学分	占比/%	学分	占比/%	学分	占比/%	学分	占比/%	学分	占比/%	学分	占比/%
通识教育		45.0	26.87	51.0	28.81	47.0	29.10	56.0	18.06	38.0	22.67	26.0	15.12
基础教育	数学	17.0	10.15	15.0	8.47	19.0	11.76	25.0	8.06	23.0	13.37	15.0	8.72
	物理	7.5	4.48	0.0	0.00	5.5	3.41	11.0	3.55	6.0	3.49	6.5	3.78
	力学	6.5	3.88	9.0	5.08	8.5	5.26	11.0	3.55	8.5	4.94	7.0	4.07
	农学	2.0	1.19	—	—	2.0	1.24	—	—	2.0	1.16	2.0*	1.16
专业基础		34.0	20.30	21.5	12.15	28.5	17.65	51.0	16.45	45.0	26.16	30.0	17.44
专业教育		21.5	12.84	41.0	23.16	34.5	21.36	89.0	28.71	13.5	7.85	48.5	28.20
实践教育等		34.0	20.30	36.5	18.64	16.5	10.22	67.0	21.61	35.0	20.35	37.5	21.80
合计		167.5	100.00	177.0	100.00	161.5	100.00	310.0	100.00	172.0	100.00	172.5	100.00

数据来源：整理自各院校网站。基础教育包括学科基础与专业基础课程；专业教育包括专业核心课程、专业特色课程（专业方向课程）。

* 该校将其设置为专业核心课程。

(6)学生能力评价和通识教育理念与现实存在较大差距

21 世纪以来,农业工程课程体系改革取得了突破性进展,"平台＋模块"课程体系模式的提出改变了长期单一的专业教育倾向,20 世纪兴起的通才与专才教育之争已经演变成通识教育与专业教育平衡点的探索,学生能力与综合素质培养成为农业工程学科人才培养的首要任务。模块化课程体系的设立使学生自主选择性显著增强,不仅有效拓宽了学生知识面,优化了知识结构,而且使课程结构重心明显降低。但不容忽视的是,实际运行中,农业工程课程体系仍存在一定的短板:

①课程建设缺乏对学生能力培养目标的评价与落实。学生能力评价是高等工程教育专业评估的一项重要指标,其数据获取主要来源于课程体系。ABET(1997)推出新的工程教育评估准则"工程准则 2000"(Engineering Criterion 2000,EC2000),该专业评估准则重点强调对学习效果的评估,评估内容广泛涵盖了 11 个方面(ABET a~k)对学生能力培养的要求,包括应用数学、科学和工程知识能力;设计、实验与数据处理能力;按照要求设计系统、单元和过程的能力;在跨学科团队中工作的能力;验证、阐述和解决工程问题的能力;职业伦理和社会责任感;有效的语言交流能力;必要的宽口径教育,以使学生理解全球和社会复杂环境对工程问题的冲击;与时俱进的终生学习能力;具有有关当今热点问题的知识;应用各种技术和现代工程工具去解决实际问题的能力。参加 ABET 专业评估的院校均以该准则为标准,采用构建课程与学生能力培养(也称专业产出)映射矩阵的方式,来清晰地反映每门课程所能够提供的专业产出,以及相应产出所采用的考核手段和所需要的必备考核数据。

课程与专业产出映射矩阵可从两个不同角度加以诠释:从课程角度,需说明该课程主要讲授哪些内容,以此来衡量学生需掌握什么样的能力,可采用何种手段或方法来考核该产出,诸如问卷调查、作业抽样调查或考试等;从专业产出(学生能力培养)角度,矩阵要求能够充分体现某项 ABET 能力可通过哪些课程得到考察,不同课程是通过什么样的教学内容和要求实现此产出目标的,并要求每门课程提供能够说明学生能力的相关数据和证据。课程评价数据由任课教师负责采集整理,在课程开始做好计划并在结束后撰写课程报告。报告内容需明确该课程所考核的专业产出和相应的考核手段并需逐项列出产出的考核结果及对每条产出结果的具体分析,根据分析结果对课程提出进一步的改进建议。如此细致的学生能力评价不仅有利于及时反馈课程教学效果,而且进一步强化了教师的教学责任,促进了教学实践的改进与提高。

相比国外发达的工程教育评估与认证机制对专业课程与专业产出评价所起的促进作用,中国农业工程教育在课程体系建设与学生能力培养目标的对接上仍存在一定的欠缺。尽管不同院校在农业工程相关专业培养方案中均提及学生能力培养要求,但在具体的课程体系落实中缺乏相应的课程与专业产出的映射关系的梳理及评价机制,学生能力培养目标的实现停留在文字规范上,具体的实践有待建立统一的评价机制与进一步规范化管理。

②通识教育课程理念与实际操作依旧存在认同差异。进入 21 世纪以来,"拓宽专业,加强基础"成为中国高等教育的主流思想,农业工程学科课程体系改革也不例外,不同院校结合自身情况进行了多种适应性的探索,尽管做法不尽相同,但"通识教育＋专业教育"课程结构已成为普遍认可的模式。通识教育不只强调"学知识",更注重的是"育人",尤其注重学生品性、思维及人格的养成。虽然多数院校开始在课程类别名称前冠以"通识教育",但对通识教育目标普遍存在认识不到位或不明确的现象。

多数院校通识教育理念与实践之间存在显著差距。通识教育目标是有效开展和实施通识教育的前提。当前,通识教育理念的贯彻在学科专业培养目标中鲜有体现,通识教育多是专才教育的基础或补充,培养"高级工程技术人才"仍是多数院校主要的培养目标。以农业机械化及其自动化专业人才培养方案为例,2009 年,华南农业大学对该专业的定位:本专业培养德、智、体全面发展，掌握机械及其自动化装备的设计和制造知识，具备机械及其自动化装备的设计制造、试验鉴定、选型配套、设备维护、技术推广、经营管理等能力并将其应用于农业生产，能从事与机械及其自动化有关的设计、制造、设备维护、运用管理、科研和教学等工作的高级工程技术应用型人才。2010 年修订的华中农业大学本科培养方案提出，本专业培养具备农业机械及其自动化的构造原理、设计与性能试验研究、使用管理及现代生物学知识，能在农业机械领域、畜牧工程领域和可再生能源领域开展农业机械与装备、畜牧机械与装备的设计与制造，农业领域生产机械化的规划与设计，能胜任企业和事业单位本领域的教学与科研、规划与管理、营销与服务等方面工作的高级工程技术人才。中国农业大学农业工程大类本科专业培养目标定位是，面向农业工程开发建设、科技创新的需要，培养具有现代科学技术知识和工程实践能力的农业工程科学研究、设计规划、开发建设和管理，农业设施与环境，农业资源开发与利用，现代农业生产技术集成与管理，自动控制与检测等方面的高级复合型工程技术人才。三所院校均强调了培养"高级工程技术人才"，而没有关注到具体培养"什么样的人"。

通识教育课程的设置说明高校具备了一定的通识教育思想，但由于国家教育行政主管部门一直未出台相关正式的指导性文件，导致多数高校管理层与决策层在通识教育理念的贯彻上多处于观望状态，在专业培养目标中未体现有明确的通识教育目标。大学教育不仅需要培养人才，更重要的是育人，培养具有终生学习能力的人、有文化素养的人。通识教育要不要做？怎么做？至今不同院校依然存在理念认同的问题。从通识课程设置的内容来看，现有通识课程对社会交往能力、语言表达能力、审美能力及批判性思维等的培养普遍比较忽视。由此也反映出通识教育在我国高等教育中所处的尴尬境地：在理念上，通识教育的重要性被不断地肯定，但在实践中，通识教育的重要性又不断被弱化，甚至忽视。总而言之，尽管通识教育思想已经在课程体系中有所涉及，但多数院校仅仅把通识教育作为宽口径专业教育的基础,通识教育目标与通识教育课程的作用及其重要性有待自上而下的重视与推动。

5.4 中外农业工程课程体系比较

进入 21 世纪以来,随着农林类院校对"夯实基础,通专结合"课程构建原则的认可,学科课程体系改革取得了突破性进展。本研究以中美两国具有一定代表性的爱荷华州立大学、北达科他州立大学、中国农业大学与西北农林科技大学为例,就当前中外农业工程本科专业课程体系的发展状况加以比较分析。因美国高校的毕业设计没有学分,以下数据统计时国内毕业设计与军训学分除外,具体统计结果见表 5-18。

(1)通识教育理念认识不同,课程内容差异显著

爱荷华州立大学通识课程在整个课程结构中所占比例达 17.19%,北达科他州立大学为 20.3%,两校课程设置内容基本相同,不仅包括传统的写作与交流、文化与社会研究、科学推理等领域,而且开始更多地关注对学生信息素养、多元文化、全球意识、技术能力,以及批判性思维与解决问题能力的培养。通识课程的建构广泛涵盖人类各个重要知识领域,以扩展学生的知识及认识能力,通过跨学科学习与训练,充分拓展学生知识面,培养学生终生学习的能力。中国两所大学通识教育课程所占比重分别高达 29.22% 与 26.11%,但值得关注的是在课程内容设置及分配上与美国两所院校差异非常显著:通识教育显性课程包括全校必修课程和文化素质教育选修课程两大类,全校必修课程中,思想政治类课程占据通识教育 1/4 的份额,传统的计算机类、体育及语言类课程占据通识教育近一半的份额,比重高达 40% 以上。上述两者合并占据通识教育近 3/4 的份

表5-18 中美农业工程专业课程学分结构的比较

课程构成	课程名称与类别	爱荷华华州立大学（农业工程专业）						北达科他州立大学 农业工程		中国农业大学 农业工程		西北农林科技大学① 农业机械化与自动化	
		农用动力与机器		动物生产系统工程		水土资源工程							
		学分	占比/%	学分	占比/%	学分	占比/%	学分	占比/%	学分	占比/%	学分	占比/%
通识教育	写作与交流	10.0	7.81	10.0	7.81	10.0	7.81	12.0	9.02	—	—	1.0	0.63
	人文社科等②	12.0	9.38	12.0	9.38	12.0	9.38	15.0	11.28	45.0	29.22	40.5	25.48
基础教育	数学	14.0	10.94	14.0	10.94	14.0	10.94	17.0	12.78	17.0	11.04	20.5	12.89
	物理	10.0	7.81	10.0	7.81	13.0	10.16	4.0	3.01	9.0	5.84	6.0	3.77
	化学	5.0	3.91	5.0	3.91	5.0	3.91	6.0	4.51	6.5	4.22	—	—
	农学/生物	6.0	4.69	6.0	4.69	9.0	7.03	③	③	5.0	3.55	2.0	1.26
专业	合计	37.0	28.90	43.0	33.59	25.0	19.53	50.0	37.60	32.0	20.78	53.5	33.65
基础	其中:力学	13.0	10.16	10.0	7.81	10.0	7.81	19.0	14.29	6.5	4.22	10.0	6.29
专业教育④		34.0	26.56	28.0	21.88	40.0	31.25	29.0	21.80	39.5	25.65	35.5	22.33
合计		128.0	100.00	128.0	100.00	128.0	100.00	133.0	100.00	154.0	100.00	159.0	100.00

数据说明：数据整理自各院校网站；

①培养方案中将自然科学基础设置于通识教育中，统计时单独列出计算；

②包括思想政治，计算机，体育及语言类课程；

③设有9学分的化学，生物学任意选修课，基础课程中没有涉及；

④中国农业大学与西北农林科技大学毕业设计及军训等计入基础课程，工程实习等计入专业教育。

额,国家硬性规定的马克思主义原理、思想道德修养与法律基础、中国近现代史纲要及毛泽东思想、邓小平理论和"三个代表"重要思想概论四门课程在全校必修公共课仍占据主导地位,是传统课程体系的延续。剩余的 1/4 为新增的人文社科类、文学艺术类与经济管理类公选课程,是近年来借鉴国外大学通识教育理念基础上课程改革新设置的课程,两校所占份额均与思想政治类基本持平。由此看来,中外通识教育课程的设置各有侧重,美国课程设置重在知识的广度,内容更趋国际化与多元化,中国则更多集中在四门传统思想政治理论课程。

总体来看,美国高校农业工程专业对通识教育要求涉及的范围较为广泛,课程内容更趋多元化,在拓展文化视野、培养道德情操、加深知识学习、提升学生综合素养与提高学生终生学习能力等方面都有体现;中国农林院校开设通识课程刚刚起步,主要集中在传统的思想政治理论领域,新的课程内容虽有涉及,但仍在探索与完善阶段。

(2)注重基础理论的重要性,课程选择各有侧重

①在自然科学基础方面,爱荷华州立大学农业工程专业所设置的三个方向的基础教育各有侧重:力学课程的重要性在农用动力与机器方向得到体现,而土水资源工程则更侧重于物理、农学与生物科学类知识。动物生产系统工程对数学、物理、化学及农学与生物科学的要求不是很突出。北达科他州立大学所设置的课程则更能够体现出力学、数学知识的重要性,两者所占比重分别为 14.29% 与 12.78%,物理学知识的重要性则要逊色很多,仅为 3.01%,属于了解水平。②专业基础(包括工程科学与机械工程类等课程)差距较大,爱荷华州立大学动物生产系统工程专业基础课程的比重高达 33.59%,课程广泛涉及工程制图导论、热力学、农用建筑结构分析、钢结构与混凝土结构设计及环境污染控制等领域,共计 7 门课程。而土水资源工程方向课程主要以水文学与水力学为主,共计 3 门课程。北达科他州立大学工程与专业基础课程占比为 21.80%。③美国两所院校专业教育课程设

置总体超过20％,其中,爱荷华州立大学土水资源工程方向更是高达31.25％。不同专业方向课程中均包括农业与生物系统工程导论体验,工程制图、工程设计与管理等综合类课程,在重视基础理论教学的同时,通过设置较多的基础课程和专业课程,注重加强对学生专业研究能力与应用能力的培养,已成为美国通专相结合课程体系构建的一个基本方向。④从课程性质来看,必修课占据爱荷华州立大学农业工程专业课程体系的主导地位,128学分中不同专业方向分别有21～28学分为选修课程,也就是说,选修课程占16.40％～21.88％。在北达科他州立大学,选修课共计46学分,占34.59％的比重。美国一直以来被认为是大学选课制实行最为彻底的国家,限选课自由度大,任选课门类众多,学生可以在众多的选修课中选修适合的课程。但从爱荷华州立大学与北达科他州立大学课程结构特征来看,美国不同院校对于选修与必修课程的设计还是存在一定差异的。

与美国两所院校相比,中国两所高校农业工程类专业课程设置具有自己的特点:①在自然科学基础方面,专业对数学的重视程度较高(图5-10)。西北农林科技大学数学课程占比为12.89％,中国农业大学为11.04％,与美国两所高校基本接近。对力学的要求国内显著低于美国两所院校,物理课程比重虽不及爱荷华州立大学,但均高于北达科他州立大学。此外,中国高校对化学、农业与生物类知识要求也明显不足。与北达科他州立大学7.03％的农业与生物类课程占比相比,中国高校对农业与生物类课程的重视程度显然要低许多。②在加强通识教育、拓宽基础教育、凝练专业教育的思想导引下,通过加大课程重组与整合力度,农业工程专业课程体系改革清除了旧课程体系中内容重复或内容过于陈旧的课程,专业教育得到进一步的凝练,目前国内专业教育比重与美国两所院校较为接近。经过瘦身后,中国农业大学专业基础课程在整个课程体系中的比重显著降低,但西北农林科技大学仍保持较高的比重。③必修与选修课程的分配上,中国农业大学选修课程所占比重为27.27％,西北农林科技大学所占比重为25.55％,显著高出爱荷华州立大学所要求的 16.40％～21.88％的课程比重,与北达科他州立大学 24.06％水平较为接近。

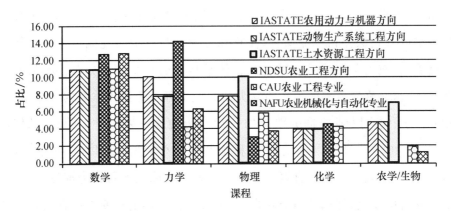

图 5-10　中外农业工程专业/方向部分基础课程学分占比情况比较

爱荷华州立大学缩写 IASTATE,北达科他州立大学缩写 NDSU,

中国农业大学缩写 CAU,西北农林科技大学缩写 NAFU

比较中美农业工程专业课程学分占比情况可以看出:相比 20 世纪七八十年代,美国近年来在保证宽泛的通识教育基础上,专业教育得到了明显加强,专业教育理念在不断得到强化。而中国则在苏联专才教育基础上,加强通识教育的同时,厚基础、宽口径成为新的课程体系构建的基本方向,在拓展基础教育的同时,适度整合、压缩专业必修课程的学分,提高选修课程比例,增强课程计划弹性,给予学生更多的自主学习空间,满足学生个性化发展需求成为当前主要的趋势。两个国家起点不同,发展路径不同,但课程结构改革的最终目标是一致的。

学科人才培养的核心工作是课程体系的建设。中国农业工程专业课程体系建设仍处在积极探索阶段,不同院校需结合学校办学定位、学科建设及人才培养规格等基本情况,综合考虑课程体系的构建与完善:

①完善课程学生能力评价机制,加强教育质量监督。1998 年,教育部在《关于深化教学改革,培养适应 21 世纪需要的高质量人才的意见》中明确指

出:对高等学校教学工作进行评价是诊断学校教学工作,深化教学改革,促进教学建设和提高教育质量的重要手段,也是实施教学管理的重要方式。各高等学校要继续探索加强教学质量检查监督的措施和办法,并使之逐步科学化、规范化、制度化。教育部对高等学校的教学工作进行整体性评价。

围绕培养目标,实现培养目标、培养要求与课程体系的一体化设计。培养目标是完成专业学习后毕业生所应具备的整体工作能力,是学生能力培养要求与课程体系构建的基础与前提。学生能力培养主要通过课程体系的架构得以实现,评判课程体系是否能够满足学生能力培养要求,需对专业目标有较为准确的定位,尤其是毕业生在相应行业中 5～10 年内的地位、作用、影响和贡献。学生能力培养要求的制定要着眼于学生在不同阶段,尤其是大学四年学业中所获得的基本能力。根据学生能力培养要求制定课程总体要求及每门课程的教学要求,建立课程与能力培养的映射关系矩阵,使每门课程及整个课程体系与培养目标和能力培养要求直接联系起来,形成完善的课程与学生能力评价机制。课程与能力评价映射关系矩阵的建立不仅有利于促进老师很直观地认识到为什么教、教什么、效果如何,强化课程教学质量控制;而且也能够让学生明白学什么、为什么学,提高学生学习兴趣,促进教学效果的提升。此外,通过映射关系的建立,还可有效厘清不同课程学科知识点之间的纵横关系,为重组和优化教学内容提供新的依据。

②正确认识通识教育的重要性,加强课程结构改造。厚基础、宽口径是通识教育理念的核心。20 世纪 90 年代以来,国内外高等教育课程体系改革与发展走向总体趋于一致,通识教育与专业教育协调发展已成为主流思想。通识教育重在"育人",为社会培养德才兼备的合格公民。通识课程广泛涵盖人文科学、社会科学与自然科学的多个领域,三者的有机结合不仅有利于拓展学生知识面,奠定学生宽厚的基础知识,更重要的是注重对学生获取知识能力和整体素质的培养,从而增强学生的社会适应能力,这一点是以往专业教育为主课程体系所严重缺乏的。尽管国家还未从行政管理的角度发文

加强通识教育,但 20 世纪 80 年代以来教育界就通识教育的广泛讨论已达成一致理念,坚持通识教育基础上的通才教育与专才教育的融合将是未来高等教育的发展方向。

现代工程不仅包括技术层面的要求,还要考虑社会、经济、环境、生态、文化、伦理等非技术层面的因素,而这需要多学科、多领域的共同协作与支持(雷庆,2010)。一方面,基于"大工程观"理念,农业工程课程体系建设必须从根本上打破学科专业壁垒,强化基础理论教学,重视文理渗透,重视跨学科协同,强化课程的基础性与综合性,以适应科学综合化和现代化农业发展的要求。另一方面,随着知识更新速度的加快,学生自我学习、知识自我更新能力的培养愈发重要。基础科学作为整个科学技术的理论基础,是科学知识体系中最成熟、最稳定的部分,对培养学生的可持续发展能力具有稳定的支撑作用。

近年来,多数院校课程的基础化改造在"量"上取得了突破,但在"质"的方面以及课程结构性改造上有待加强。课程体系改革是一项系统工程,需要准确选择合适的人才培养模式,确立相应的专业培养目标与学生能力培养要求,借此推动课程体系改革。依据人才培养总体设计,合理规划知识、能力与素质整体结构,处理好传统与现代、基础与应用、通识与专业等关系。

5.5 本章小结

本章从中外农业工程学科人才培养模式与课程体系发展演变分析及比较中,得出以下结论:

1. 国内外起点不同的通才教育模式与专才教育模式呈现出相同的发展方向,两种模式的有机融合成为必然趋势。中国高等教育已具备一定的通才教育基础条件,不同院校应结合学校办学定位,立足地域需求,创建多元化人才培养模式。

2. 变革前欧美农业工程课程建设比较重视人文社科领域中的经济类、管理类及政治类内容,变革后课程内容广泛涉及历史文化、政治经济、科学与艺术、个体与社会等多个领域,内容设置更加国际化与多元化;变革前学科注重自然科学等基础知识的教育,变革后以生物与工程为特色的专业核心课程建设得到加强;写作与交流、实践教育始终受到重视;研究生课程设置灵活、差异性大,但总体上表现出更新速度快且注重新技术与新方法的及时引入。

3. 经历先取道美国,后学苏联,再借鉴欧美的曲折发展历程,中国农业工程课程建设已进入了"通+专"结合的全面变革时期,但在通识教育理念的认识与贯彻落实方面存在一定的不足,课程建设缺乏对学生"做人"与"做事"能力培养目标的评价与落实。

4. 国外通识教育更多强调学生信息素养、多元文化、全球意识、技术能力,以及批判性思维与解决问题能力的培养,国内更为强调思想政治理论方面的教育。在基础教育上,因发展阶段不同,中外课程设置侧重点各异。中国农业工程学科应通过强化基础理论教学,重视文理渗透,积极推进通识教育课程改革,以适应科学综合化和现代化农业发展的要求。同时,应建立和完善学生能力评价机制,加强人才培养质量监督机制建设。

第 6 章

农业工程高等教育的创新与发展

随着科技、经济和社会的飞速发展,工程与社会、经济、科学以及不同学科之间相互交叉、相互影响,形成了既相互依存、相互促进,又相互制约的关系,推动了国际工程教育大改革。为应对持续变化的世界,能力比专业知识更为重要的理念已经被国际工程教育界广为认可(熊光晶等,2008)。进入21世纪以来,世界各国都在积极推进工程教育改革,多角度探索创新型工程人才培养机制,提高工程学科毕业生的综合能力,已经成为全球工程教育的发展趋势。

6.1 学科专业、学位制度及专业认证

学科专业不仅是高等教育制度建设的核心,也是高等工程教育改革的重要方面。不同国家源于不同的高等教育管理机制,形成的学科专业设置管理模式也不尽相同。

6.1.1 中外学科专业设置模式

(1)北美国家学科专业目录制定程序严格,高校学科专业设置高度自主

美国与加拿大均属于地方分权制国家,联邦政府没有直接管理高校的

权力,属于一般性的指导和咨询机构。虽然联邦政府不直接参与管理学校,但联邦教育部(负责教育资助以及与资助相关的日常管理工作)可就教育中发生的问题组织研究和提出建议,引导高等教育的发展方向。高校作为法人实体,在学科专业、课程设置和科学研究及社会服务等方面具有实质性自主权。美国与加拿大早期并没有统一的学科专业分类,各州高校主要依据社会需要来设立所需学科。尽管国家不干涉高校学科专业设置自主权,但联邦教育部在编制国家学科专业信息服务方面较为积极,能够及时预测与反映学科专业最新进展,引导学校及时规划与调整学科专业布局。

1980 年,美国国家教育统计中心(NCES)和美国教育部(USDE)通过采集全国各高等院校的学科专业数据,统计、整理后颁布了首个能够反映美国高校学科划分与专业设置基本状况的学科专业分类目录,即 Classification of Instructional Programs(CIP),并于 1985 年、1990 年与 2000 年分别进行了修订。关于学科专业的设置、保留、增设与删减,CIP 制定有严格的标准[①]。①学科专业设置要求满足三个条件:已经有教育机构或其他被认可的机构设置该学科专业;学科专业必须有自己独立的课程或学习计划,且所有课程或学习计划应为一个有机整体;完成教育机构提供的该学科专业的结构化学习计划后可获得相应的学位或证书。②保留或新增学科专业要求满足四个条件:联邦统计数据表明最近 3 年内至少有 3 个州,共计 10 个以上高等教育机构授予至少 30 个该学科专业的学位;由联邦教育调查提出新增学科专业代码书面申请;由联邦机构、政府或加拿大当局提出修订或新增代码需求,并提供该学科专业领域已经存在的证据以及需求的必要性;基于当局拥有的中高等教育数据资料证实设置该学科专业的可行性。③删除已有专业要求满足三个条件:联邦统计数据表明近 3 年内,有不足 3 个州、10 个以下高等教育机构授予该学科专业学位不足 30 个;该领域权威机构提供的证

① National Center for Education Statistics. Classification of Instructional Programs-2000[R]. 2002: 4-5.

据证实该学科专业已经不存在或将不再设置;分析有关中高等教育数据资料证实该学科专业事实上没有开设。CIP 的制订是基于充分调研与数据统计基础上形成的,国家教育统计中心通过调查、统计高等教育机构与学科专业相关的各种数据资料,结合自身已有的一些数据与其他部门的数据,拟定初稿并通过多种方式广泛征求 CIP 使用者意见,包括政府部门、评鉴机构、专业学会、协会、大学管理人员等,在综合各方面意见基础上,按照上述既定原则不断完善形成的,目录制定过程具有多元主体参与(高校为主体,政府积极参与)、自下而上、统计归类的特征。

美国新版 CIP2000 设置学科群(两位数代码,如 14 工学)、学科(四位数代码,14.03 农业/生物工程)与专业(六位数代码,14.0301 农业/生物工程)三级体系,目录共设 52 个学科群。农业/生物工程(CIP1990 为农业工程)与农业机械化分属不同的学科群,农业/生物工程为工学学科群下属的学科,该学科下仅设农业工程/生物工程一个专业。农业机械化作为"农学与农业经营及相关"学科群下属的学科,下设农业机械化(综合),农业工程中与农业机械化相关的研究,农用动力机械,交通与物资运移服务学科群中与农业相关的内容,农业机械和设备/机械技术,汽车维护与修理技术学科中与农业机械相关内容等共计 6 个专业。加拿大学科专业分类目录(CIP Canada)于 2000 年颁布,体系结构主要借鉴美国,2011 年进行了修订。新版目录中将农业/生物工程学科与专业重新修订为农业工程学科与专业,不同院校设置的具体方向包括农业工程、生物工程、生物工艺工程、生物资源工程、食品工程、食品加工工程及土壤工程等。美国、加拿大两国目前已形成集学术型、专业应用型、职业技术型三种学科专业类型于一体的学科专业体系,同时提供研究生、本科生、专科生和职业技术不同学历层次水平的教育,保证了学位授予与学科代码设置的一致性。

(2)欧洲各国教育管理体制各异,高校学科专业设置自主权限有松有紧

①分权制与集权制于一体的复合型高等教育管理模式。英国、德国两

国由中央与地方政府共同承担教育管理职能,兼有集权制与分权制特征。20世纪60—90年代,英国对多科技术学院(具有自治权的大学系统之外的公共教育部门,以培养高级技术人才为目的,19世纪60年代在英国兴起)专业设置由国家统一管理,具有自治权利的大学则拥有充分的专业自主设置权。1992年,多科技术学院全部转型升级为大学,高校自主设立学科专业权限增加,只需高校评议会(Senate of University)批准即可,不再受政府的直接管制。英国首个全国性的高等教育专业分类体系形成于1962年。1985年,大学统一招生委员会(Universities Central Council on Admission,UCCA)、大学教育资助委员会(University Grants Committee,UGC)和大学统计记录委员会(Universities Statistical Record,USR)共同编制颁发新的学科专业分类体系 Standard Classification of Academic Subjects(SCAS),1986年多科技术学院招生委员会(Polytechnics Central Admissions Service,PCAS)也开始采用该专业分类体系。1993年,由大学统一招生委员会、多科技术学院招生委员会与英国大学入学考试常务委员会(Standing Conference on University Entrance,SCUE)合并成立高等院校招生委员会(Universities and Colleges Admission Service,UCAS),一直沿用 SCAS 体系至2001年。1999年,英国高等教育统计局(Higher Education Statistics Agency,HESA)与 UCAS 合作推出首个联合专业分类体系版本(the Joint Academic Coding System v1.7,JACS),并于2002年开始推广使用,历经2007年、2012年修订。分类代码由一个字母和三个数字表征,字母表示学科群,首个数字为第一级学科,第二、三位数字依次表示对上一级学科更细的划分。如,D表示兽医学、农学及相关学科学科群,D400表示农学(一级学科),D470表示农业技术(二级学科),下设D471农业机械化(Agricultural Machinery)与D472农业灌溉与排水(Agricultural Irrigation and Drainage)两个方向。

德国联邦教育部不直接主管高等教育,但通过项目资助方式影响大学的发展方向。以往德国高校学科专业设置和开设课程都必须经过州政府批准。21 世纪以来,数百年以来由政府决定大学学科和专业设置的传统发生了革命性的变革,原先由州教育部批准设置学科和专业的权限改为由专家评定设置,学校办学自主权限得到扩大。德国高等教育属于联邦体制,在高等教育管理中虽然不及别的国家那么自由,但近年来已经取得突破,最新高等教育体制改革中强调取消联邦政府制定《高等学校总纲法》的权力,联邦政府只保留高校入学、结业和文凭互认等方面的管辖权。2013 年以来,高校建设已全部由各州负责,而不再归联邦政府管辖。州政府对于高校的管理不干涉高校具体的学术事务。高校的主要经费来源于州政府的拨款与资助,但高校在学科专业设置上具有很大的自主权。与英国一样,德国学科专业分类目录不是由联邦或州教育主管部门自行制定的,而是依据国家《高等学校统计法》(Hochschul Statistic Gesetz),由联邦统计局基于各高校开设具体专业(fach)的基础上综合统计编制而成的。德国学科专业分类体系由两部分构成,一部分是适用于学生的"专业群、学习范围和学习专业"目录,另一部分是适用于教师的"专业群、教学与研究范围和专业领域"目录。在农业、林业与营养科学学科群下,设有农学、食品与饮料技术一级学科,设农业技术与食品技术两个二级学科。

②典型的中央集权制高等教育管理模式。高等教育中央集权制是指教育几乎全由国家创建,中央政府通过计划、立法、拨款、监督等手段直接调控与管理高等教育的一切活动。欧洲国家中,法国与意大利的高等教育管理属于典型的中央集权制。法国中央教育行政部门的根本任务是确定国家教育的总体方针和制度,进行统一的领导和管理,包括整个国民教育组成结构、文凭、学制、专业、课程、布局,制定国家教育发展战略,根据国内外教育发展形势调整有关政策和制度,组织和检查相关原则的落实。意大利高等教育长期受中央集权管理影响。1989 年政府颁布的第 168 号令首次提出加强高校自治权。1993 年政府颁发的第 537 号令规定大学可以比较自由地分

配预算，但在学位、培养计划和课程方面还没有自治权①。与中央集权管理体制相适应，中央教育行政部门的核心任务还集中在规划、管理与监控高校系统发展，政府依旧负责制定国家教育中长期发展战略与规划，确定招生政策，调整学校布局，决定高校学科专业的开设、取消、合并与调整等，包括学制、课程教学大纲的制定。

（3）中国学科专业设置正由"按计划供给"向高校一定程度的让渡放权

在中国，伴随着经济模式的变换，学科专业设置管理模式也经历了相应的变迁。在计划经济时期，国家对高等教育管理模式属于高度集权制，教育制度、教育资源及学科布局均采用计划性调控，是一种"按计划供给"的集权管理体制。进入 20 世纪 90 年代后，随着计划经济向市场经济的转变，为进一步建立人才培养同市场需求机制的有效对接，国家开始着手放宽原有的学科专业设置过于封闭、集中的机制，提出加强素质教育、拓宽专业口径和整合学科专业的新思路。几经改革，学科专业设置与管理权限下放式管理模式正在代替原来的统一计划管理模式，高校作为人才培养单位在自主设置学科专业的权限方面得到一定的让渡，但所设学科与专业必须在国家统一的专业目录内选择，调整或新增学科专业需备案或接受国家的严格审批，传统的计划管理力量仍占据主导位置。如，教育部印发的《普通高等学校本科专业设置管理规定》（教高〔2012〕9 号）第三章（专业设置）、第十条规定"专业设置和调整实行备案或审批制度"。第十三条则规定"高校设置尚未列入《专业目录》的新专业（以下简称新专业），经下列程序报教育部审批"。此外，中国当前用以学位授权审核与学科管理、学位授予单位开展学位授予与人才培养工作为目的的学科专业目录由国务院学位委员会批准的《普通高等学校本科专业目录》和《授予博士、硕士学位和培养研究生的学科、专业目

①　European Commission，Directorate-General Education and Culture. The extent and impact of higher education governance reform across Europe[EB/R]．[2015-04-06]．http：//www. utwente. nl/bms/cheps/publications/publications％ 202006/governance2. pdf.

录》两部分组成,仍实行本专科专业目录与研究生学科(专业)目录各自独立运行的模式。不仅学科专业名称本身存在差异,而且学科专业代码也不一致,导致社会对学科专业的认知存在一定的混乱。

(4)中外学科目录制定与执行过程存在显著差异

①目录制定主体的差异。基于分权制或复合制的高等教育管理模式中,学科专业目录的制定主体来自于高校,而非政府。美国、加拿大、英国与德国的学科专业分类目录均以高校各年招生学科专业为依据,由国家统计部门与教育主管部门等联合统计、整理,并广泛征求政府部门、教育评价机构、专业学会、协会等民间机构、大学管理人员及使用者等多方意见基础上编制而成,是一种由多元主体参与、基于统计归纳形成的学科专业目录,能够对现有学科教育状况做出真实反映。而以中央集权制为特点的法国与中国的学科专业体系的提出、制定到发布全程由政府部门主导完成。

②目录制定过程的差异。美国、加拿大、英国与德国选择的是一种以统计为特征的制定流程,学科专业的选择设置有一定的标准,只有相当数量高校已经设置该专业且有一定的毕业生获得相应学位才能被统计进学科目录,学科专业体系的形成是基于现有高校人才培养结果的一种"统计归纳"。中国学科专业分类目录的制定一般由政府主导,通过政府提出、发文组织、领导参与等流程,在对高校与科研机构征求意见的基础上加以编制,学科专业设置目前也设定了基本要求,但缺乏具体数量度量与考核,学科专业目录的设定基于政府单一主体、自上而下的制定流程。

③目录执行过程的差异。美国、英国、德国及加拿大的学科专业分类目录是为了方便国家统计和管理,基于现有高校开设的学科专业调查数据统计编制而成,分类目录对高等教育机构中的学科专业发展主要起组织、报道和参考作用。与上述国家学科专业分类目录划分相比,中国与法国的分类目录对高校具有很强的约束力,决定高校学科专业的增设、更名、撤销等,目录作为政府管理高校的一种方式和手段,尽管在近年来的高等教育改革中

已经有所放宽,但国家依旧是调控高校实施学科专业设置与调整的主体。此外,欧美各国的学科专业分类体系已经上下打通,适用于不同层次的人才培养,包括研究生、本科生、专科生和职业技术不同学历层次水平的教育,将学术型、专业应用型、职业技术型三种不同学科专业类型纳入了统一的分类体系。

总体来看,中外各国因高等教育管理制度的不同以及对知识结构认知的不同导致学科专业分类产生一定的分歧。在科学技术相对落后、以计划经济和"精英人才"培养为导向的特殊时期,由政府主导的中国学科专业分类及其学科建设规范和引导了学科的发展,加快了农业机械化建设人才的培养,在一定的历史时期发挥了其独特的作用。随着精英教育向"大众化"教育的转变,欧美发达国家严格的学科专业制定标准以及宽松的学科专业管理值得我们借鉴:在制定主体上,国家主导的同时应加强参与主体的多元化,在目录制定中广泛征求高校、科研机构、行业协会及企业用人单位等多方意见,使学科专业设置更接近社会需求。在制定程序上,学科专业设置、增减应建立一个可供量化的评价指标,尽可能减少人为因素的影响。在分类目录执行上,目录的法律效应不容忽视,但其作用应限定在规范与指导层面,而非通过指令直接干涉学校学科专业设置与建设。对于重点学科专业的建设,国家可以通过科研立项等其他途径吸引社会关注,引导学科建设。

6.1.2 中外学位制度与专业认证

(1)北美成熟的学位体系与专业认证制度建设引领世界发展方向

美国与加拿大的学位体系为副学士、学士、硕士、博士四级学位体系[1]。副学士(associate degree)学位是学位体系中的初级学位,在美国及加拿大部

---

① Degree and pathway programs at university in USA and Canada [EB/OL]. [2015-04-06]. http://www.universitiesintheusa.com/.

分社区学院、专科学院、初级学院及具有学士学位授予权的学院和大学设立。要求学生在两年时间内修完学分课即可毕业,也可适当延长时间。副学士学位对于不想投入四年时间完成本科学业的学生来讲是一个不错的选择,学位主要授予健康科学、计算机信息系统、会计、平面制图及酒店管理等较为职业化的专业,有利于学生毕业后直接就业。学生还可继续完成两年的学习,获取学士学位。学士学位是北美本科教育普遍授予的一种学位,学制 4 年(加拿大 Royal Roads University 例外,学制为 3 年)。学士学位包括学术型与专业型两大类。其中,文学学士(bachelor of arts,BA)与理学学士(bachelor of science,BS/BSc)属于学术型学士学位,其他则为专业型学士学位,如工商管理学士(bachelor of business administration,BBA),美术学士(bachelor of fine arts,BFA),商科学士(bachelor of commerce,BCom)等。硕士学位是学生获得学士学位后继续攻读 1~3 年研究生课程而获得的高级学位,学位类型与学士学位基本相同。博士学位是北美高等教育系统中代表最高学术水平的学位,包括学术型(research/scholarship)与专业型(professional practice)两类学位①,学制为 4 年。学术型博士学位以学术研究为目标,注重理论与方法研究,一般授予哲学博士(Ph. D.)和科学博士(DSc 或 ScD)。专业型博士以应用研究为目标,要求在应用上有所创新,授予教育学博士、法学博士、工程博士等近 50 种类型。北美目前农业/生物系统工程学科授予的学术型学位包括理学学士、理学硕士、哲学博士三种。专业学位有工学硕士和工学博士两种,主要培养学生解决实际问题的能力,对学术研究要求较少。

学位授权属于学术管理范畴,北美高校在获得办学许可与学位授予权后,在法律许可范围之内,高校独立运行与管理,实现学校自治、学术自由以及教授治校,自行完成学位授予。虽然政府不直接参与高校学术管理,但严

---

① National Center for Education Statistics Glossary. [EB/OL]. [2015-04-08]. http://nces. ed. gov/.

格的第三方评价制度(非官方的学科专业认证机构)发育已经非常成熟,有效地保证了高度自治情况下的高校教育质量。以 ABET 为例,该组织是一个独立于政府之外的民间组织,专门从事应用科学、计算机、工程与工程技术领域的教育认证,其专业认定已得到北美高教界和工程界的广泛认可和支持。不仅如此,ABET 还是华盛顿协议(Washington Accord)的组织者之一,与多个国家/地区签署有多边资格互认协议,其专业认证获得广泛的国际承认,目前已有 28 个国家/地区的 698 所高等教育机构参与该组织认证。爱荷华州立大学、内布拉斯加州立大学与堪萨斯州立大学农业工程专业最早于 1937 年获得 ECPD 专业资格认证,加州大学戴维斯分校、伊利诺伊大学及普渡大学等 12 所院校的农业工程专业于 1950 年获得 ECPD 专业资格认证。

北美国家学位制度的标准化建设与管理适应了美国、加拿大两国社会与经济加速发展的需要,多元化学位体系与专业认证制度保证了社会对科学和技术两类人才的需求,推动了北美高等教育的持续发展。

(2)欧洲高等教育区的建立加快了欧盟学位与专业认证的国际化

欧洲各国传统高等教育体系千差万别,学位制度自成一体。除英国的学士、硕士和博士三级体系相对清晰外,其他国家学位制度有简有繁,差异显著。如德国的两级学位制度(无学士层次),意大利单一学位制(四年制毕业授予 Laurea 毕业证书),法国名目繁多的各种学位和文凭制。

20 世纪 90 年代以后,随着欧洲各国大学本科教育逐步走向普及,硕士专业人才需求明显加剧。1999 年 6 月 19 日,包括英国、德国、法国和意大利在内的欧洲 29 个国家的教育部长在意大利博洛尼亚共同发表了《博洛尼亚宣言》,提出到 2010 年建成"欧洲高等教育区"计划,在设立的六项近期工作目标中,有两项目标与欧洲学制与学位结构改革直接相关:一是引入更加便于国际间理解和比较的学位体系;二是引入由本科教育和研究生教育两个阶段组成的两级学制。伴随着欧洲高等教育一体化进程的加快,2003 年

9 月 19 日,40 个欧洲国家的教育部长共同签署了《柏林公报》[①],提出在继续推进两级学制改革基础上,进一步将博士教育作为高等教育第三阶段纳入博洛尼亚进程。2009 年 4 月 29 日,由欧洲 46 个国家教育部长签署发表《鲁汶公报》[②]明确了未来 10 年(至 2020 年)建设"欧洲高等教育区"的工作重点,强调了在"三级学位体系"(three-cycle degree system)的基础上建立欧洲高等教育区的目标,保证各国高等教育多样性的同时建立简单易行、可操作性较强的三阶段学位转换体系。欧洲各国旨在建立欧洲高等教育一体化的努力已从最初的两级学位制度发展到包括学士(180～240 ECTS 学分)、硕士(90～120 ECTS 学分)和博士(没有明确要求)三个层次在内的三级学位制度体系[③]。

在推进学位体系改革的同时,在欧洲范围内建立广泛国际认可、基于工程项目产出的通用认证框架标准开发被提上日程,欧洲工程学位认证建设取得显著进展。欧洲工程教育认证网络(European Network for Accreditation of Engineering Education,ENAEE)建立并得到迅速发展,与华盛顿协议等国际工程教育专业认证体系一道加快了欧洲工程专业教育认证国际化的进程。ENAEE 并不直接参与认证,而是实行"申请授权"制,希望获得欧洲工程教育专业认证标签(European Accredited Engineer Label,EUR-ACE Label)授权的国家需要先向 ENAEE 提出申请,由 EUR-ACE 标签委员会具体负责申请国的资格审核,包括资料审核、现场考察等,最终作出 EUR-ACE Label 使用授权的决定。获得授权的认证仅限学士与硕士学位两级项目,有限期

① Communiqué of the Conference of European Ministers Responsible for Higher Education. Realising the European Higher Education Area [EB/OL]. [2015-03-15]. http://www. ond. vlaanderen. be/.

② Communiqué of the Conference of European Ministers Responsible for Higher Education. The Bologna Process 2020 -The European Higher Education Area in the New Decade [EB/OL]. [2010-03-15]. http://www. ond. vlaanderen. be/.

③ Bologna Working Group. A Framework for Qualifications of the European Higher Education Area[R]. 2005.

限为 5 年。截至 2014 年底,已有 13 个认证机构获得 EUR-ACE Label 使用授权,涉及 21 个国家、300 多所院校的 1 600 多个工程专业①。目前,欧洲仅有爱尔兰 Institute of Technology Tralee 农业工程专业学士学位于 2005 年通过 EUR-ACE 标签认证,相对于其他工程专业,农业工程专业认证进展相对较为缓慢。

三级学位体系与工程教育认证网络的建立在保障欧洲各国不同层次、不同类型的教育间建立畅通的衔接与联系,促进国家间高等教育资格互认和学历对等关系以及教育国际化等方面发挥了重要的作用。目前,欧洲各国已从根本上接受和采纳了博洛尼亚进程,不同国家改革与学位制度重建进程不同,学位体系尚处在转型之中,新旧学制和学位并存是当前欧洲各国高等教育的一个突出特点。以 Harper Adams University 为例,该校学士学位分为荣誉学位与普通学位两种(荣誉学位的级别高于普通学位),农业工程专业毕业生可授予学士学位,包括理学学士荣誉学位 BSc(Hons)和工程学学士荣誉学位 BEng(Hons),硕士学位包括工程学硕士学位。

(3)中国学位体系与工程教育专业认证工作逐步与国际标准接轨

1981 年 1 月 1 日,《中华人民共和国学位条例》(简称《学位条例》)正式颁布实施,标志着新中国学位制度正式建立,为我国学位体系的建立奠定了法律基础和制度保障。此后,《学位条例实施办法》和《审定学位授予单位的原则和方法》等规章制度的实施与《学位条例》共同构成了具有中国特色的三级学位制度、学位授权审核制度和学位授予制度。按照《学位条例》规定,中国实施包括学士(学制 4～5 年)、硕士(学制 2～3 年)和博士(学制 3～4 年)在内的三级学位制度。不同学位按照学科门类分别授予哲学、经济学、法学、教育学、文学、历史学、理学、工学、农学、医学、军事学、管理学、艺术学学士学位/硕士学位/博士学位。1990 年以前,学位授予主要以考察学术为

---

① European Network for Accreditation of Engineering Education. Database of EUR-ACE Labelled Engineering Degree Programmes[EB/OL]. [2015-04-06]. http://eurace. enaee. eu/index. php.

主。随着改革开放后社会对应用型高级专门人才的需求日益强烈，单一的学术型学位制度已无法满足社会需求。1990年，借鉴北美工商管理硕士等专业型硕士培养模式，国家相继试办了建筑、法律及工程专业硕士等。1997年，国务院正式颁布《专业学位设置审批暂行办法》，明确专业学位是为培养特定职业高层次专门人才而设置的，分为学士、硕士、博士三级体系，各级专业学位与对应的学术型学位处于同一层次。目前专业学位以硕士层次为主（共计39种），博士层次专业学位有口腔医学等5种，学士层次专业学位仅建筑学1种。专业学位按照专业学位类型授予，学位的名称表示为"××（职业领域）硕士（学士、博士）专业学位"。专业学位作为一种具有职业背景的学位，与学术型学位双轨并行，极大丰富了中国的学位体系构成。1981年，农业机械设计与制造、农业机械化分别作为工学与农学门类下的二级学科获得首批博士学位授予权。同年，农业机械设计与制造（工学门类下的二级学科）获得硕士学位授予权。1990年，农业工程作为独立的一级学科（工学门类）获得博、硕士学位授予权。自此，农业工程学科建立了独立的学士、硕士与博士三级学位体系。20世纪末，农业机械化推广硕士、农业信息化推广硕士、农业工程领域工程硕士学位相继获得授权，农业工程学科学位体系呈现多元化发展态势。

纵观欧美发达国家，工程教育专业认证已成为保障工程教育质量的一项必备制度。相比欧美，中国工程教育专业认证起步较晚。为建立具有国际实质等效性的中国特色工程教育专业认证制度，2006年，教育部成立了工程教育专业认证专家委员会及其秘书处，起草并出台了《工程教育专业认证实施办法（试行）》，并于当年选定电子工程及其自动化、计算机科学与技术、机械设计制造及其自动化和化学工程与工艺四个本科专业开展认证试点工作，中国工程教育专业认证体系在探索中不断完善，专业认证通用标准、各专业补充标准相继建立。2013年中国顺利成为《华盛顿协议》预备成员，工程教育专业认证体系和认证结果得到《华盛顿协议》签约国家和地区的认可,不仅为获得中国专业认证的工程类学生走出国门提供了必备"通行证",而且为今后建立职业工程师注册制度奠定了基础。中国工程教育专业认证工作近年来总体发展速度较快,截至 2014 年,共有 105 所院校参加了地质、机械、计算机科学与技术、食品科学与工程等 16 类专业的认证工作。相比计算机科学与技术、运输工程等较为热门的工程专业,农业工程类专业认证工作发展相对滞后,2013 年以来,仅有武汉大学、西北农林科技大学、内蒙古农业大学和中国农业大学四所院校的农业水利工程专业得到认证。2014 年开始,开展工程专业认证工作较早的清华大学等多所院校已经开始积极启动 ABET 工程专业教育的认证,农业工程学科专业认证亟须加强。

6.2 欧美 CDIO 工程教育模式

近年来,欧美最有代表性的研究成果为 CDIO 国际合作组织提出的 CDIO 工程教育模式(D. R. Brodeur 等,2002)。2011 年,修订后的 CDIO 工程教育模式第二版正式发布。CDIO 的理念不仅继承和发展了欧美 20 多年来工程教育改革的理念,更重要的是系统地提出了具有可操作性的 CDIO 能力培养大纲和用以测评实施效果的 12 项标准。

6.2.1 CDIO 工程教育模式的基本框架

CDIO 代表构思(conceive)、设计(design)、实现(implement)和运行(operate),是以产品研发到产品运行的生命周期为载体,把职场环境引入到学校作为教育的环境,让学生以主动的、实践的、课程之间有机联系的方式来学习的一种工程教育模式(CDIO,2004)。模式的核心内容包括一个愿景、一个大纲和一个标准。CDIO 愿景(即人才培养目标)提出,现代工程教育应为学生提供一种强调学科基础、建立在现实的工程产品和系统基础上的工程教育,培养学生掌握深厚的学科基础知识,领导新产品和新系统的开发和运行。一体化课程设计将互有关联的课程进行整合,通过一个具体的方案或产品设计将人际交往技能、团队协作与交流能力以及产品、过程与系统的构思、设计、实现与运行等能力融合在一个课程体系中,将经验学习与主动学习有机融合于课程之中。CDIO 能力培养大纲是对人才培养目标的详细导引,大纲第二版将工程毕业生的能力分为 4 个方面(表 6-1),包括学科基础知识,个人职业技能与职业道德,人际交往技能、团队协作与交流能力,以及在企业和社会环境下的构思、设计、实现、运行能力(E. F. Crawley 等,2011),要求以产品生命周期为学习主线,对工程师应该具备的学科基础知识和能力以逐级细化的方式表达出来,形成可操作强、对学生和教师具有双重指导意义的目标体系。能力培养大纲具体由四个层次构成,一级指标为主体目标,包括上述 4 个大的类别;二级指标为每个大类别下设立的具体目标,是对工程专业应具备的实践与学术能力的明晰,共计 19 项;三级指标是对每项具体目标内容的细化,共计 102 项;在第四个层次,大纲参考联合国教科文组织(UNESCO)提出的"终生学习的四大支柱"及 ABET-EC2010 中标准全部内容对三级指标做了具体的描述,逐级细化后的指标具备较强的可操作性,有利于科学地将这些能力要求整合到课程计划中,并由此制定教学与评估的规划。

CDIO 标准 2.0 版(2011)涵盖六个方面的内容(表 6-2),分别考察工程教育的背景环境,课程计划的制定与实施,工程设计、实现经验和实践场所,教与学的方法,教师工程实践及综合能力,学生能力考核和专业评估。标准最显著的特点表现在五个方面:①建立各学科相互支撑的课程体系,明确个人能力、人际交往能力以及产品、过程和系统构建能力的培养整合在同一个

表 6-1 CDIO 能力培养大纲(2.0 版)

一级指标	二级指标	三级指标
1 学科知识和推理 (UNESCO:学习知识)	1.1 数学与科学基础知识	1.1.1 数学(包括统计学) 1.1.2 物理 1.1.3 化学 1.1.4 生物
	1.2 核心工程基础知识	
	1.3 高级工程基础知识、方法与工具	
2 个人职业技能与职业道德 (UNESCO:学会做人)	2.1 分析推理和解决问题	2.1.1 认识和表述问题 2.1.2 建模 2.1.3 定量分析与评价 2.1.4 对不确定性因素分析 2.1.5 解决方法和建议
	2.2 实验、调查与知识探究	2.2.1 建立假设 2.2.2 查阅印刷或电子文献 2.2.3 实验探索 2.2.4 假设检验与论证
	2.3 系统思维	2.3.1 整体思维 2.3.2 系统内的涌现与交互 2.3.3 优先级和焦点 2.3.4 决断时权衡、判断和平衡

续表 6-1

一级指标	二级指标	三级指标
	2.4 智力、思考与学习	2.4.1 面对不确定性能够主动做出决定
		2.4.2 执着与变通
		2.4.3 创造性思维
		2.4.4 批评性思维
		2.4.5 自我认知,自我检视及知识整合
		2.4.6 终生学习与受教育
2 个人职业技能与职业道德		2.4.7 时间和资源的管理
(UNESCO:学会做人)	2.5 道德,公平与其他职责	2.5.1 职业道德、诚信与社会责任
		2.5.2 职业行为
		2.5.3 生活中积极的愿景与意图
		2.5.4 与世界工程发展保持同步
		2.5.5 公平与多元化
		2.5.6 信任与忠诚
3 人际交往技能,团队协作与交流	3.1 团队精神	3.1.1 组建高效团队
(UNESCO:学会共处)		3.1.2 团队运行
		3.1.3 团队成长和演变
		3.1.4 领导能力
		3.1.5 技术与跨学科团队

续表 6-1

一级指标	二级指标	三级指标
3 人际交往技能、团队协作与交流（UNESCO：学会共处）	3.2 交流	3.2.1 交流策略
		3.2.2 交流结构
		3.2.3 写作交流
		3.2.4 电子/多媒体交流
		3.2.5 图表交流
		3.2.6 口头陈述
		3.2.7 质询、聆听与讨论
		3.2.8 谈判、和解与解决冲突
		3.2.9 组织能力
		3.2.10 建立不同的人脉与网络关系
	3.3 外语交流	3.3.1 英语交流
		3.3.2 其他地区语言交流
		3.3.3 其他外语
4 在企业和社会环境下的构思、设计、实施和运行（CDIO）能力——创新过程（UNESCO：学会做事）	4.1 外部、社会和环境	4.1.1 工程师的角色和责任
		4.1.2 工程对社会与环境的影响
		4.1.3 社会对工程的规范
		4.1.4 历史和文化环境
		4.1.5 当代焦点和价值观
		4.1.6 发展全球观
		4.1.7 可持续性及可持续发展的需求

续表 6-1

一级指标	二级指标	三级指标
4 在企业和社会环境下的构思、设计、实施和运行(CDIO)能力——创新过程(UNESCO:学会做事)	4.2 企业及商业环境	4.2.1 认识不同的企业文化
		4.2.2 企业策略、目标和计划
		4.2.3 技术创业
		4.2.4 在组织中工作
		4.2.5 在国际组织中工作
		4.2.6 新技术发展与评估
		4.2.7 过程项目财务与经济
	4.3 构思、系统工程与管理	4.3.1 理解需求并设立目标
		4.3.2 定义功能、概念和体系结构
		4.3.3 系统工程建模与接口
		4.3.4 项目发展管理
	4.4 设计	4.4.1 设计过程
		4.4.2 阶段性设计过程与方法
		4.4.3 设计中对知识的利用
		4.4.4 本学科专业设计
		4.4.5 跨学科专业设计
		4.4.6 综合可持续、安全、美观、可操作性及其他目标的多体设计
	4.5 实施	4.5.1 设计可持续发展实施的过程
		4.5.2 硬件制造过程
		4.5.3 软件实现过程
		4.5.4 硬件、软件的集成
		4.5.5 测试、验证、认证以及取得证书
		4.5.6 实施管理

续表6-1

一级指标	二级指标	三级指标
4 在企业和社会环境下的构思、设计、实施和运行(CDIO)能力——创新过程 (UNESCO:学会做事)	4.6 运行	4.6.1 设计和优化可持续与安全操作
		4.6.2 培训及操作
		4.6.3 支持系统的生命周期
		4.6.4 系统改进和演变
		4.6.5 弃置处理与产品报废问题
		4.6.6 运行管理
	4.7 工程领导能力	4.7.1 识别问题、难题及焦点
		4.7.2 创造性思维与交流的可能性
		4.7.3 提出解决方案
		4.7.4 创建解决方案的概念
		4.7.5 建立、领导和推广组织
		4.7.6 规划、管理与完成项目
		4.7.7 判断、批判性推理提出解决方案
		4.7.8 创新——概念、设计及新产品与服务的介绍
		4.7.9 发明——新设备、新产品或新服务材料或加工的发明创造
		4.7.10 实施与运行——可传递价值的新产品与新服务的创造与运行
	4.8 企业家精神	4.8.1 企业创建、规划、领导与组织
		4.8.2 商业计划与发展
		4.8.3 公司资本与财务
		4.8.4 创新产品营销
		4.8.5 应用新技术未来构想产品与服务
		4.8.6 创新系统、网络、基础结构与服务
		4.8.7 团队建设与工程流程启动
		4.8.8 知识产权管理

课程计划中;②强调将教室或现代实践场所的设计、实现和动手学习的经验作为以工程为基础的经验学习的基础;③重点提出主动学习和经验学习同学科课程学习相结合的原则;④建立了完整的考核评估过程;⑤要求通过加强教师的综合能力,重新整合现有资源,在保持现有资源的情况下实现CDIO 愿景。

表 6-2　CDIO 标准(2.0 版)

标准	内容
1. 以 CDIO 为基本环境	学校使命和专业目标在什么程度上反映了 CDIO 的理念,即把产品、过程或系统的构思、设计、实施和运行作为工程教育的环境?
	技术知识和能力的教学实践在多大程度上以产品、过程或系统的生产周期作为工程教育的框架或环境?
2. 学习目标	从具体学习成果看,基本个人能力、人际能力和对产品、过程和系统的构建能力在多大程度上满足专业目标并经过专业利益相关者的检验?
	专业利益相关者是如何参与学生必须达到的各种能力和水平标准的制定的?
3. 一体化教学计划	个人能力、人际能力和对产品、过程和系统的构建能力在培养计划中是如何反映的?
	培养计划的设计在什么程度上做到了各学科之间相互支撑,并明确地将基本个人能力、人际能力和对产品、过程和系统构建能力的培养融于其中?
4. 工程导论	工程导论在多大程度上激发了学生在相应核心工程领域的应用方面的兴趣和动力?
5. 设计、实现经验	培养计划是否包含至少两个设计?实现经历是否全面(其中一个为基本水平,一个为高级水平)?在课内外活动中学生有多少机会参与产品、过程和系统的构思、设计、实施和运行?
6. 工程实践场所	实践场所和其他学习环境怎样支持学生动手和直接经验的学习?
	学生有多大机会在现代工程软件和实验室内发展其从事产品、过程和系统构建的知识、能力和态度?
	实践场所是否以学生为中心,方便、易进入并易于交流?

续表 6-2

标准	内容
7. 综合性学习经验	综合性学习经验能否帮助学生取得学科知识以及基本个人能力、人际能力和产品、过程和系统构建能力？
	综合性学习经验如何将学科学习和工程职业训练融合在一起？
8. 主动学习	主动学习和经验学习方法怎样在 CDIO 环境下促进专业目标的达成？
	教和学的方法在多大程度上基于学生自己的思考和解决问题的活动？
9. 教师能力的提升	用于提升教师基本个人能力和人际能力以及产品、过程和系统构建能力的举措能得到怎样的支持和鼓励？
10. 教师教学能力的提高	有哪些措施用来提高教师在一体化学习经验、运用主动和经验学习方法以及学生考核等方面的能力？
11. 学生考核	学生的基本个人能力和人际能力，产品、过程和系统构建能力以及学科知识如何融入专业考核之中？
	这些考核如何度量和记录？
	学生在何种程度上达到专业目标？
12. 专业评估	有无针对 CDIO 12 条标准的系统化评估过程？
	评估结果在多大程度上反馈给学生、教师以及其他利益相关者，以促进持续改进？
	专业教育有哪些效果和影响？

高等工程教育到底达到什么样的教学效果才能够满足社会的需求？换句话说，当代社会究竟需要培养什么样的工科毕业生？工科毕业生应具备哪些知识、能力和素质？其水平应达到何种程度才能满足社会需求，才能适应工作岗位？CDIO 工程教育模式很好地回答了上述疑问，提供了一种全新的教育方法，不仅有助于解决工程教育普遍存在的教育与实践相互脱节问题，并可满足学生和社会的需求，已成为国际工程教育改革的主要方向。

6.2.2 CDIO 工程教育模式的特色与创新

（1）CDIO 能力培养大纲的完备性与可操作性

CDIO 能力培养大纲的制定充分借鉴与参考了高等教育机构、企业用人单位及已有工程师认证机构的意见、要求及相关标准,从人才培养、人才需求及人才培养标准三个角度全方位诠释了工程人才培养模式的基本内涵,内容体系的完整性毋庸置疑,符合当前国际工程教育的发展方向。CDIO 研究过程中,研究人员曾对麻省理工学院全校和其工学院的人才培养要求、波音公司提出的工程师所应该具备的品质以及 ABET-EC2000 的标准作了严格的比对(J. Bankela 等,2003)。同时,还参考了英国工程专业能力标准 UK-SPEC、英国工业联合会(CBI)关于创新性的要求,以及英国皇家工程院关于可持续性发展的工程教育指南。除上述地区性及院校标准与要求之外,CDIO 充分借鉴联合国教科文组织(UNESCO)于 1996 年发表的《学习:内在的宝藏》(*Learning:The Treasure Within*)所提出的"终生学习的四大支柱",CDIO 能力培养大纲的四个层面与教育的四大支柱一一对应。其中,学科知识要求对应于学习知识(learning to know);个人职业技能与职业道德对应于学会做人(learning to be);人际交往技能、团队协作与交流对应于学会共处(learning to live together);企业和社会环境下的构思、设计、实施和运行能力对应于学会做事(learning to do)。

CDIO 的理念不仅继承和发展了欧美 20 多年来工程教育改革的理念,更重要的是系统地提出了完备的、可操作性强的能力培养大纲以及与之配套的 12 项检验测评标准,反映了当代世界工程教育发展目标的主流要求。在具体指标上,大纲将各种能力要求逐级分解细化,其详细程度到了可以直接借用的程度,可操作性很强。

(2)能力培养目标明确,适于不同工科专业

工程教育是培养工程专业人才的主要渠道,对专业人才的知识、能力和素质等的形成起着决定性的作用,尤其是对创新精神与创新能力培养有决定性的影响。CDIO 大纲是以工科教育模式为背景,由国际著名院校跨国合作经过多年的实践和探索才形成现行的教育模式。该模式对于系统教育和综合能力的培养有着自己独特的系统理论,很好地诠释了现代

工业产品从构思研发到运行改良乃至终结弃置的生命全过程,其能力培养目标明确,核心教育理念就是要以产品全过程为载体,来培养学生的工程能力,不仅包括学科知识,而且包括学生个体的终生学习与创新能力、团队交流能力和在企业和社会环境下的构思、设计、实施和运行能力。迄今为止,包括麻省理工学院在内已有近百所世界著名大学加入 CDIO 组织,这些学校的机械系和航空航天系已全面采用了 CDIO 工程教育理念和教学大纲,取得良好效果,按 CDIO 模式培养的学生尤其受社会与企业的欢迎(顾佩华,2008),证明该模式是一种行之有效的现代工程教育模式。2005 年,瑞典国家高教署(Swedish National Agency for Higher Education)采用 CDIO 12 条标准对本国 100 个工程学位计划进行评估,结果表明,新标准的适应面更宽,更有利于提高培养质量,最重要的是新标准为工程教育的系统化发展提供了基础(J. Malmqvist 等,2006)。

随着科学技术的迅猛发展,经济和社会的发展对工程技术的需求越来越大。20 世纪 90 年代以来,世界各国尤其是工业发达国家都在大力推进工程教育的改革与发展,力争培养出更高质量的人才,以保持在国际工业化竞争中的有利地位。实践证明,CDIO 工程教育模式是一个培养目标明确、体系完备、通用性与可操作性很强的模式,大纲对现代工程师必备的个体知识、人际交往能力和系统建构能力做了详尽的规定,不仅可以作为工程类高校的办学标准,还可以作为工程技术认证委员会的认证标准,适用于所有工科专业。

6.2.3 CDIO 工程教育模式的实践

当前工程教育中有两个亟须解决的问题:一是培养具备扎实技术基础知识的工程专业毕业生,二是培养具有广泛的个人能力、人际团队能力及工程系统能力的工程师,但是在当前的工程教育模式下,两者之间存在着不可调和的矛盾。为有效解决技术知识与能力之间的有效衔接，基于"工程问题解决范式"，历经充分调研，麻省理工学院（MIT）提出该校 MIT-CDIO 工程教育模式。模式不仅明确了现代工程师应该具备什么样的能力，还提出一种可以有效提高和学习这些能力的新方法，建立了一套与上述方法配套的教育评估体系，用以对教学过程加以评价。该模式不仅强调以科技为基础，而且关注实践；不仅注重培养学生掌握扎实的工程基础理论和专业知识，而且要求将教育过程置身于产品与系统生命周期的实际情境中，以培养符合工业需求的毕业生。

（1）一体化课程体系的创建

MIT 航空与航天工程系最早采用 CDIO 创新工程教育模式，其课程体系（如表 6-3 所示，数据检索时间 2015-12-22）严格遵循 CDIO 能力培养大纲所提出的四项一级指标要求，是目前最为著名的 CDIO 成功应用的典范。课程体系包括学校公共必修课（general institute requirements，GIRs）、系开设课程与非限制选修课程三个部分，系开设课程包括核心课程、专业领域课程（必修＋选修）和实验与顶石课程。课程计划采用学科知识构建为主、能力和项目交叉为辅的组织原理，实施了学科相互支撑、整合项目和实践经验一体化的课程计划（查建中等，2013）。除人文、社科类等学校公共必修课之外，设立了导论性课程、一体化课程、专业课程和顶石课程四类课程（Massachusetts Institute of Technology，2014）。在保证各项能力培养目标的基础上，课程体系做到了各学科之间的相互支撑，尤其是导论性课程、一体化课程及顶石课程的设计，跨学科、递进式及理论结合实际课程内容的设计是一种符合不同认知层次的教学实践。

表 6-3 麻省理工学院航空航天系本科课程计划

课程类别	课程名称	科目	学分	备注
学校公共必修课程（GIRs）	自然科学	6	72	包括化学、物理学、生物学、微积分学等6门课程，MIT认为社会受科学技术的影响非常大，毕业生应对物理、生物学等学科的方法和基础概念有清晰的理解和评价
	人文、艺术、社会科学	8	72	从18类百余门课程中选择8门课程，旨在发展学生广博的知识面
	科技类限选课	2	24	44门课程中必须选择2门课程，如材料结构、物理化学、遗传学和流体机械等，用于拓展学生的知识面与激发学生潜在的兴趣
	实验课	1	12	在40门实验课程中选择1门12学分或者2门6学分的实验课程。课程包括固体力学实验、大脑研究与认知科学实验、社会科学实验等，大部分课程需横跨3个学期
	交流课程	4	不计学分	2门用于加强人文、艺术和社会科学方面交流，2门用于加强专业领域主修课程的交流，贯穿于本科生4年学习中。课程为学生提供了大量的书面表达与口头表达及其交流的能力

续表 6-3

课程类别		课程名称	学分	备注
核心课程 108 学分		一体化工程 Ⅰ、Ⅱ、Ⅲ、Ⅳ	48	系内所有学生必选课，课程由多名教师教授
		计算机与工程问题求解导论	12	
		自动控制原理	12	
		动力学	12	
		统计与概率	12	
		微分方程	12	
系 设 开 课 程	专业 领域 课程 ≥48 学分	流体力学：空气动力学	12	流体力学，材料与结构，推进等 8 个专业领域共计 10 门课程。其中，航空与航天信息科学和航天工程专业要求从空气动力学，结构力学，推进系统导论和航天工程计算方法中必选 3 门
		材料与结构：结构力学	12	
		推进：推进系统导论	12	
		计算工具：航天工程计算方法	12	
		评估与控制：反馈与控制	12	
		计算机系统：数字系统实验与软件	12	
		实时系统与软件	12	
		通信系统：交互系统工程	12	
		人类系统工程	12	
		人与自动化：自主决策原理	12	
	实验 与顶 石课 程*	飞行器工程/空间系统工程	12	二选一
		主题 1：实验项目 Ⅰ、实验项目 Ⅱ	18	三选一
		主题 2：飞行器进展	18	
		主题 3：空间系统进展	18	
		专业课程与学院统一必修课重复 36 学分	(36)	
非限制选修课程			48	

* 顶石课程是 20 世纪 90 年代美国本科教育课程改革中出现的一种新型课程，该课程属于本科课程系列的顶（终）点，强调学术性学习与专业实践的有机融合，以增强学生知识综合能力为目的。

数据来源：http://catalog.mit.edu/degree-charts/aerospace-engineering-course-16/.

　　课程体系第一个特点是导论性课程的提出。导论性课程的目的是为了引导学生尽早入门工程实践,通过亲手设计和制造一些简单的东西来领略工程技术的精髓。如"航空航天工程与设计导论"(课程编号 16.00 Introduction to Aerospace and Design)主要讲述航空航天工程的基本概念和方法,积极地引导学生利用信息技术自主学习航空航天知识,课程重点在于让低年级学生运用已知的物理、数学与化学知识进入航空航天工程和设计领域,而不是接触新科学和数学。课程内容包括实验、项目设计和航天器或火箭设计相关资料的搜集与整理,要求学生以团队小组形式,亲自动手设计和制造一架无线电控制 LTA 飞行器,让学生在设计与实践的过程中加强理论与实践的联系,此类课程主要通过激发学习兴趣来加强学习主动性。

　　课程体系的第二个特点是一体化课程的设计。作为一门综合性的工程技术,航空航天工程广泛涵盖气体动力学、结构、材料、防热、控制、计算机、电子、测控、推进等多个领域,是一个复杂庞大的工程技术系统。一体化工程Ⅰ、Ⅱ、Ⅲ、Ⅳ是大学二年级开设的核心课程,课程所包括内容总量远超过 MIT 四个典型学期的课程量,课程十分注重学科之间的联系,共涵盖材料与结构(M)、计算机与程序设计(C)、流体力学(F)、热力学(T)、推进(P)、信号和系统(S),以及一体化概念(U)七个部分的内容,被认为是一体化课程的典范,最具特色。课程由不同教授分别讲授不同的学科内容。每个学科都是学期课程的一部分,各自包含一系列讲座,当一个学科讲授结束时,学生需通过测验才能够进入下一学科的学习中。"一体化工程"课程设计是对航空航天工程这种综合性特征的具体对应,通过对七个不同领域的专业基础内容的一并讲授,使原本相互孤立的学科内容互相联系与嵌套在一起,不仅有利于消除跨学科教育的壁垒,培养学生综合运用多学科知识进行思考和解决综合问题的能力,而且有利于培养学生的创新能力。

　　课程体系的第三个特点是顶石课程的开设。作为本科教育的顶点,顶石课程通常安排在大学第三和第四年,要求学生以团队形式承担更为复杂的实际任务,花费一个或多个学期的课时完成高级设计制造项目,期望学生能够将所学理论知识综合应用于实践过程,从而获得方案设计、产品制造和演示等顶石经验。例如,"实验项目Ⅰ"与"实验项目Ⅱ"(课程编号16.621与16.622)是两门连续的实验课程,各占一个学期。"实验项目Ⅰ"侧重于对学生进行构思与设计环节的训练(CDIO能力培养大纲所要求的能力之一),要求学生首先参与课堂讲授,组合团队;然后,通过所选专题与指导教师确定专题重点,并定期参与实验设计课程;最后形成实验设计方案。由于"实验项目Ⅰ"涵盖了相关主题的课程讲授,后续的"实验项目Ⅱ"主要以学生实践为主。在"实验项目Ⅰ"的基础上,"实验项目Ⅱ"要求学生完成项目的实施与运行环节的训练,包括构建与测试设备,进行系统的实验测量,分析数据,将实测结果与理论预期值加以比较分析。学期结束时,需要提交一份最终报告(包括他人能够重复进行的实验方法细节以及实验结论)和进行正式的口头汇报,并举行海报展示,公开展示小组工作成果。

(2)以项目为导向的实践训练

MIT-CDIO工程教育模式在构建一体化课程体系的基础上,以项目(典型工作任务或工作过程)为导向的实践训练是其又一特色。工程项目能将知识、能力与素质很好地关联在一起。在工程项目中,知识被有机地组织在一起,从基础知识到专业知识,不同学科理论彼此互补、关联,共同解决问题。以学院的实验项目Ⅰ与Ⅱ为例(图6-1),通过项目Ⅰ阶段的构思与设计环节的训练,使学生在实践中形成初级的实践经验并由此来引导学生,让学生认识到需要什么样的学科理论才能解决实际问题;同时专业领域课程的学习不仅为学生寻找什么样的学科理论才能解决实际问题找到了答案,而且通过部分专业课程作业单元所设置的设计试验模型和撰写实验报告等要求的训练为学生又一次提供了实践训练机会;最后,顶石课程中所规定的综合性设计和实验项目Ⅱ,则要求学生把先前所学的所有学科基础知识、专业理论知识应用到实践项目课程和毕业设计项目中,鼓励学生参加构思、设计、实施和运行环节的实践训练,培养学生主动思考、主动参与和自己动手解决实际问题的能力,使学生得到 CDIO 大纲所要求的四项一级指标的完整训练。所有项目均需提交实验报告,并进行汇报交流。汇报内容包括项目的设计与制作过程,技术支持,团队成员的合作与分工,产品的测试结果分析,对设计的进一步改进建议,与产品相关行业发展现状,市场价值等。

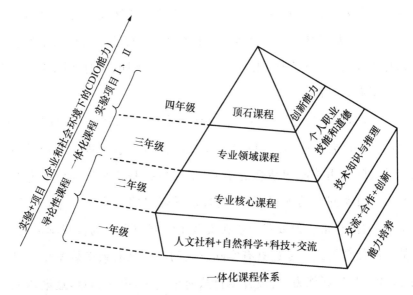

图 6-1 MIT-CDIO 工程教育模式

MIT-CDIO 工程教育模式的提出是建立在对学生、院校、企业、政府和专业协会等不同利益相关者的需求基础上的,不同利益相关者所关注的共同问题是如何培养工程专业人才,使之具备专业基础知识、个人综合能力、团队协作与交流能力及对企业、社会与环境系统的调控能力。一体化课程的构建及基于项目式的实践训练很好地回应了不同利益群体对人才培养目标的具体要求。内容详细、可操作性很强的工程教育模式为欧美国家工程教育的持续改进提供了重要的基础,该教育理念在欧美国家已经得到推广并获得了认可。CDIO 工程教育模式在欧美的成功发展对中国农业工程教育的改革提供了一定的启示:

一方面,在具体的课程构建与实现形式上,模式以实际现代工程为背景环境,以培养能够领导现代工业产品全过程或系统开发的现代工程师所需具备的知识、能力和素质为目标,采用理论联系实际和学科间相互联系、相互支撑的一体化课程体系培养学生,让学生在理论学习和实践环境中获得工程设计、制作与开发和主动学习的经验,促进学生知识、能力和素质的一体化成长。从基础知识到专业知识,不同学科理论彼此互补、关联,通过一体化课程体系(尤其是导论性课程与一体化课程)与基于项目的工程实践使得理论得以在实践中得到应用与验证,在巩固知识的同时实际应用与职业技能得到了有效提高。

另一方面,以项目为导向的实践训练可有效提升学生工程实践能力、创新能力以及团队合作能力。CDIO 模式比较注重对学生进行理论学习与实际操作及实际应用技能相结合的培养,不仅包括基于基础知识和专业技术知识来解决真实问题的项目训练,而且倡导通过团队合作甚至是不同学科背景学生的合作,是一种带着问题在实践中学习与交流的自我学习,是一种新型的工程教育模式。通过具有实际意义的项目来有效锻炼学生的动手能力、实践能力与创新能力,所设置项目从简单入手,由简到难,逐渐深入并增加难度。以真实且较为复杂的工程问题来引导学生,可有效提高学生对问题的探索和综合分析能力,激发与诱导学生创造性解决实际问题的工程实践能力。项目实训集"知识、能力与素质"三位一体,在培养学生专业基础理论的同时,个人实践能力、团队沟通协作能力和专业素质得到了有效锻炼。

工程专业人才的培养直接决定着工程技术的发展水平与速度,关系到是否能够落实党的十七大关于走中国特色新型工业化道路的精神。2005 年底,汕头大学工学院率先将 CDIO 理念引入中国。经过多年的探索,在综合考虑社会发展需求及总结国内工程教育改革经验基础上,参照 CDIO 工程教育模式,汕头大学提出了以强调职业道德与职业素养(道德 ethics、诚信 integrity、职业素养 professionalism,EIP)为重点的,全新的 EIP-CDIO 培养模式,并由此迎来了中国工程教育改革的浪潮。

6.3 中国特色卓越工程师教育培养计划

为贯彻落实《国家中长期教育改革和发展规划纲要(2010—2020 年)》提出的高等教育重大计划,2010 年 6 月 23 日,教育部召开"卓越工程师教育培养计划"启动会,联合有关部门和行业协(学)会,共同实施"卓越工程师教育培养计划"(简称"卓越计划"),中国新一轮的工程教育改革正式拉开帷幕。2011 年 1 月,教育部发布《教育部关于实施卓越工程师教育培养计划的若干意见》(以下简称《意见》)中明确提出,以实施"卓越计划"为突破口,促进工程教育改革和创新,全面提高中国工程教育人才培养质量,努力建设具有世界先进水平、中国特色的社会主义现代高等工程教育体系,促进中国从工程教育大国走向工程教育强国。

6.3.1 卓越工程师教育培养计划的特色与创新

(1)深化行/企业与高校合作机制,创新人才培养模式

《意见》明确提出,新的高等工程教育模式将遵循"行业指导、校企合作、分类实施、形式多样"的构建原则。在国家层面,通过联合有关部门和单位制定相关的配套支持政策,提出行业领域人才培养需求,实际指导高校和企业在本行业领域实施"卓越计划",充分发挥政府统筹主导、行业专业指导的宏观引领作用;在企业层面,支持企业与学校建立人才联合培养机制,全程参与人才培养目标制订,课程体系和教学内容建设,培养过程实施,培养质量评价,紧密结合行业实际需求,通过校企合作,采取多种方式联合培养工程师后备人才;在高校层面,鼓励不同院校积极参与"卓越计划",依据学校办学定位、服务面向

和办学优势与特色构建不同层次培养模式。"卓越计划"将高校与行业、企业之间的供需关系转变为合作关系,人才培养由"被动"变为"主动"。与以往工程教育模式不同,"卓越计划"彻底颠覆了传统意义上以学校为主的"一元"人才培养模式,创新性提出政府、行业、企业与高校协同参与的"多元主体"人才培养模式,创建了一条既符合中国工程学科人才成长规律又有中国特色的校企两阶段人才培养之路。"卓越计划"人才培养要求是建立在政府、专业协会、企业与学校等不同利益相关者的需求基础上的,不同利益相关者所关注的共同问题正是社会所需要的工程师培养的基本方向,《意见》的出台标志着中国工程教育正在迈向国际化,并逐步与国际接轨。

(2)全方位培养与强化学生工程实践能力和创新能力

以建设中国特色新型工业化道路为契机,"卓越计划"提出以社会需求为导向,以实际工程为背景,以工程技术为主线,着力提高学生的工程意识、工程素质和工程实践能力的指导思想。计划的创新之处在于对工程教育目标、培养模式与教学内容的综合创新,其核心工作主要围绕"夯实基础、强化综合、强调理论、重视实践"展开。2013 年 12 月,教育部、中国工程院联合印发《卓越工程师教育培养计划通用标准》(以下简称《通用标准》),该标准在深入调查研究基础上,充分借鉴和参考国际成功经验,包括 ABET"工程标准 2000"、CDIO 标准、FEANI 等标准,就人才培养应具备的知识、能力与素养要求提出具有中国特色的本科、硕士和博士三个不同层次工程人才培养标准,成为中国工程人才培养的质量控制与保障体系。以本科工程型人才培养通用标准为例,标准共计 11 项,全面涵盖了工程技术人才所需要达到的知识、能力及素质要求,工程教育理念贯穿整个培养环节,注重学生工程意识、现场解决实际问题和应用设计能力的培养。

①明确"知识+能力+素质"三位一体的培养目标。高等教育最根本的任务是培养人才,而人才培养的关键在于本科教育,其核心就是本科教学。如果没有高水平、高质量的本科教学,高等工程教育必将失去根基。在本科

工程型人才培养通用标准中,突出强调了人才知识、能力与素质的培养,尤其是基于社会与企业生产环境下的工程实践与工程创新能力的培养,在掌握扎实的工程基础知识和本专业基本理论知识的基础上,要求毕业生具有分析、提出方案并解决工程实际问题的能力,参与生产及运作系统设计、运行和维护的能力,较强的创新意识和进行产品开发和设计、技术改造与创新的专业能力。不仅如此,标准就拓宽学生知识结构,强化学生人文精神,全面提高学生综合素质也提出了具体要求,要求学生具备从事工程工作所需的相关数学、自然科学知识以及一定的经济管理等人文社会科学知识,并获得较好的组织管理能力,较强的交流沟通、环境适应和团队合作能力,信息获取和职业发展学习能力,一定的国际视野和跨文化环境下交流、竞争与合作的能力,应对危机与突发事件的能力[①]。标准以完善学科知识结构、强化综合能力和提高工程素质为核心,在突出知识与能力培养基础上,突出强调工程实践的重要性。

②强调理论与实践相结合,倡导校企分阶段培养。"卓越计划"以"走中国特色新型工业化道路"为战略目标,变被动为主动,积极服务行业与企业需求。"卓越计划"强调校企联合培养,人才培养分为校内学习和企业学习两个阶段。校内学习的培养要求和培养模式,学校可依据国家《通用标准》和《卓越工程师教育培养计划行业标准》自行制定。参加"卓越计划"的企业要求成立工程实践教育中心(实习基地),与高校共同拟定不同层次人才培养的"企业培养方案",包括现场工程师、设计开发工程师和研究型工程师,落实学生在企业学习期间的各项教学安排,提供实训、实习的场所与设备。不仅要求配备经验丰富的工程师担任学生在企业学习阶段的指导教师,而且要求高级工程师为学生开设相关专业课程,培养国家产业结构调整和发展战略性新兴产业所需的工程技术人才。本科培养要求累计有一年时间在

---

① 中华人民共和国教育部,中国工程院. 卓越工程师教育培养计划通用标准[S]. 2013-12-05.

企业学习(包括毕业设计),硕士培养要累计有一年时间在企业学习和工作,博士培养主要在企业开展研究工作。通过强化企业和社会环境下的综合工程实践训练,让学生亲身参与企业实际生产、项目开发和工程设计全过程,学习企业先进技术和先进文化,培养学生综合工程能力、团队合作能力以及良好的职业精神和职业道德。

中国《工程教育专业认证标准》与《卓越工程师教育培养计划通用标准》的制定充分借鉴了国外工程教育改革理念,标准内容基本与国际接轨,但在学生能力要求方面缺乏进一步的细化,CDIO能力培养大纲在能力要求的完备性及可操作性上具有可借鉴之处,但不能够全部照搬拿用,不同院校可以有选择性地学习。

6.3.2 卓越工程师教育培养计划的实践与不足

(1)学科专业覆盖范围较广,但农业工程学科参与度不够

自2011年7月教育部公布第一批实施"卓越计划"学科专业名单(含2010年开始的试点)以来,已连续公布三批。截至2013年10月,共有211所院校参加"卓越计划"。工学门类中除0831公安技术类之外,其余30个学科的160个本科专业(包括特设专业、试点专业、目录外专业与引导专业在内)共有119个专业参与计划,覆盖工科专业73.4%的范围。参与"卓越计划"的院校数量超过10所的共有38个专业(图6-2),其中,080202机械设计制造及其自动化专业参加院校数量最多,共有85所院校,排在第二位的是080901计算机科学与技术(74所),排在第三至六位的依次为080801自动化(68所)、081305T化学工程与工业生物工程(61所)、080601电气工程及其自动化(60所)与080902软件工程(52所)。单所院校参加专业数量最多的为武汉理工大学,共计有28个专业参加,其次为同济大学、天津大学与哈尔滨工业大学各21个,西北工业大学、清华大学与

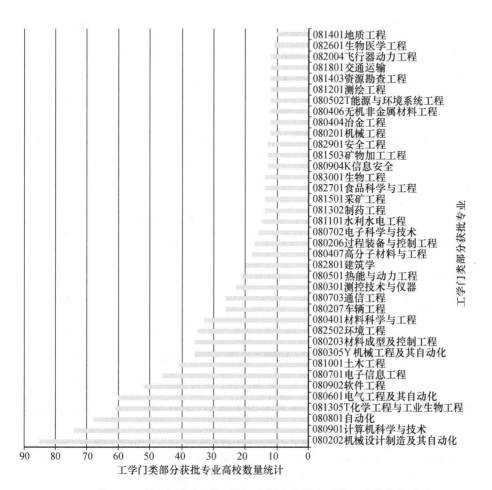

图6-2　第一至三批"卓越计划"工学门类部分获批本科专业高校数量统计

北京理工大学各18个专业。作为"卓越计划"重要组成部分的"985"院校,39所中已有29所参加了"卓越计划"。"卓越计划"改革启动不到三年,已经引起高等工程教育界的广泛关注,不仅吸引了大量院校参加,而且学科与专业的涉及面逐年增加。不仅如此,除工学门类下所属学科专业外,另有多所院校的0703应用化学、0708地球物理学、1007药学类、1201管理科学与工程类、1204公共管理类、1206物流工程和1207工业工程7个学科参加了该计划。

　　与其他院校相比,农业类院校无论是在学校数量上,还是学科专业领域的参与度上,都存在显著的差距。2010—2013年全国具备农业工程学科本科专业(包括农业工程、农业机械化及其电气化、农业水利工程、农业电气化与自动化、农业建筑环境与能源工程)招生资格的院校共计59所(包括综合类、理工类、师范类和农林类院校),而在连续公布的三批"卓越计划"高校学科专业名单中,涵盖农业工程类专业的院校共有5所,仅覆盖农业机械化及其自动化、农业水利工程两个专业(表6-4)。开设农业机械化及其自动化本科专业的院校全国共计44所,有4所院校参加"卓越计划"。其中,吉林大学的农业机械化及其自动化专业于2010年最早参与"卓越计划"试点,其余3所均为2013年参加。在29所开设农业水利工程本科专业的院校中,仅有石河子大学参与该计划。剩余的三个农业工程类本科专业均未参加该计划。从涉农院校参与"卓越计划"的专业选择来看,除上述两个农业工程类专业之外,华中农业大学、新疆农业大学、云南农业大学和河北农业大学4所院校分别以食品科学与工程、计算机科学与技术、水利水电工程、机械设计制造及其自动化等其他工程类专业入选"卓越计划",而非传统的农业工

表6-4　2010—2013年农业类院校参加"卓越计划"情况统计

学校名称	学科专业名称	年份
华中农业大学	82302 农业机械化及其自动化	2013
新疆农业大学	82302 农业机械化及其自动化	2013
云南农业大学	82302 农业机械化及其自动化	2013
吉林大学	81901 农业机械化及其自动化	2010
石河子大学	82305 农业水利工程	2013
华中农业大学	82701 食品科学与工程	2013
新疆农业大学	80901 计算机科学与技术	2013
云南农业大学	81101 水利水电工程	2013
河北农业大学	80202 机械设计制造及其自动化	2013

数据来源:整理自中华人民共和国教育部网站.

程类专业。由此看来,无论是从参与学校数量,还是学科专业的参与度,目前农业工程学科都显著滞后于其他工程学科。众所周知,社会与政府的积极引导与支持是工程教育改革的关键,但真正影响农业工程学科改革进程的是院校的重视程度与学科自身积极参与度,两者认识不到位学科很难做到真正的突破。

受招生与就业大环境影响,农业院校招生就业总体不被看好。一方面,从中国的产业大环境来看,受自然风险与市场风险影响,农业仍是弱质产业(不仅发展中国家如此,其实发达国家也不例外)。发展现代农业投资大、见效慢,不及其他行业效益高,整个涉农领域对人才的吸引力偏低。另一方面,与发达国家工程教育不同,中国基础教育缺乏对工程科技与创新的兴趣培养。学生对农业工程学科的认识是在大学入学以后才获知的,农业工程专业究竟学什么、可以做什么在进入高等教育之前全然不知,学生填报志愿时对未来专业的选择存在很大盲目性。此外,当前与"农业"相关联的专业远不及金融、管理与计算机等学科专业热门,加之传统观念滞后,毕业生工作环境艰苦、待遇低、社会地位不高等成为影响农业工程学科吸引学生与人才的重要因素,多重影响因素叠加,导致农业工程学科的社会认知度明显低于其他工程学科。

(2)试点学科专业通识课程设置薄弱,一体化课程设计不足

进入 21 世纪以来,中国高等教育提出"厚基础、宽口径、重能力、高素质"的人才培养目标,新的目标不仅注重坚实的专业知识与专业实践能力的培养,同时要求人才具有宽厚扎实的基础科学、基础理论知识以及必要的人文、社会科学知识,强调人才适应能力和创新能力的培养,建立一种基于通识教育基础上的专业教育新模式,这已成为中国高等教育人才培养模式的工程师教育培养主流发展方向。为进一步了解"卓越计划"的实施现状,研究选取第一批"卓越计划"所公布的四所"985"工程大学,就清华大学、上海交通大学与北京理工大学所试点的机械工程及其自动化本科专业课程体系

与吉林大学农业机械化及其自动化专业课程体系加以比较分析，探究当前"卓越计划"在农业工程学科专业实施过程中存在的问题与不足，以期为农业工程学科专业改进与创新提供借鉴。

四所院校课程设置类别名称各异，但总体上可以归为三大类：通识教育、专业教育与实践教育。通识教育可进一步细分为公共基础课程（包括思政、体育和外语）、文化素质课（主要包括人文与社会科学）、数学和自然科学基础（包括数学、物理、化学、生物学等）以及信息技术类课程（包括电工电子＋计算机）四个小类别；专业教育主要涵盖学科或专业大类课程（包括跨学科课程）、专业基础与专业课程（包括专业核心课程）；实践教育内容主要包括认识学习（如军训、入学指导、就业指导等）、课程设计、科研训练、金工实习、生产实习与毕业设计等，不同的院校设置内容略有差异。不同院校课程结构设置如图 6-3 所示，主要呈现以下特征：

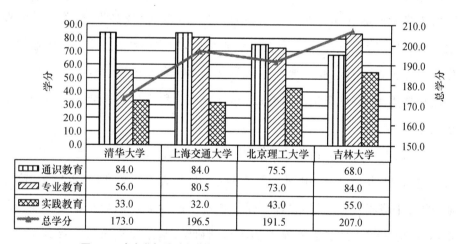

	清华大学	上海交通大学	北京理工大学	吉林大学
通识教育	84.0	84.0	75.5	68.0
专业教育	56.0	80.5	73.0	84.0
实践教育	33.0	32.0	43.0	55.0
总学分	173.0	196.5	191.5	207.0

图 6-3　参与"卓越计划"的不同院校本科专业课程结构比较

吉林大学农业机械化及其自动化专业通识教育环节相对薄弱，有待进一步加强。其他三所院校的机械工程及其自动化专业对通识教育重视程度都比较高，课程占比均接近 40%。其中，清华大学最为强调通识教育的重要性，学分 84，占比高达 48.55%。清华大学与上海交通大学的通识教育课程尤其注重数学与物理学等自然科学基础知识对学生逻辑思维的培养,在人文素质教育方面,清华大学与上海交通大学要求也是比较高的,大量人文社科类模块课程的设置不仅有利于培养学生较好的人文社会科学素养,而且更有助于培养学生较强的社会责任感和良好的工程职业道德。与其他三所院校的机械工程及其自动化专业相比,吉林大学的农业机械化及其电气化专业所设置的课程中通识教育最为薄弱,一方面是由数学与物理学等自然科学基础课程设置偏少导致的,另一方面,与清华大学相比,人文社科类课程设置数量偏低及课程类目相对不足也是主要影响因素,通识教育有待进一步加强。

吉林大学农业机械化及其自动化专业教育存在过度强化现象,课程内容有待调整。其他三所院校的机械工程及其自动化专业教育课程所占比重均超过30%,相对于其他两所院校,清华大学专业教育所占比重相对较低,但也接近课程总量的三分之一。上海交通大学与北京理工大学两所院校学科或专业大类课程设置显著高于专业基础与专业课程。按照学科或专业大类培养人才,不仅有利于真正意义上实现学生按照兴趣选择专业,使大众化教育更符合市场和社会发展潜在需求,而且有利于打破同一学科不同专业之间的界限,强化专业基础教育,解决传统专才教育模式所导致的学生专业知识面过窄的问题。与当前高等教育所倡导的人才培养"通专结合"发展趋势相吻合,在拓宽专业教育的基础上,加强通识教育,培养学生"先做人、后做事"。与其他三所院校相比,吉林大学农业机械化及其自动化专业则更强调专业教育,学分占比高达40.58%,高出通识教育8个百分点,其人才培养模式更接近于传统的专才教育,说明该专业"卓越计划"的改革步伐跨得还不是很大,专业教育课程有待进一步调整。

从实践教育角度来看,三所院校的机械工程及其自动化专业均选择"3+1"人才培养模式。在"卓越计划"所提出的改革和创新工程教育人才培养模式,创立高校与行业企业联合培养人才的新机制,着力提高学生服务国家和人民的社会责任感、勇于探索的创新精神和善于解决问题的实践能力思想的指导下,三所院校均明确要求学生校内外实践环节不得少于一年,实践教育学分占比北京理工大学较为突出,实践教育所占比重已突破 20%。机械工程及其自动化专业实践教育主要包括课程教学中的实验、课程设计、各种项目研究与竞赛、深入企业一线的生产实习及毕业设计等环节,着力提高学生的工程意识、工程素质和工程实践能力。与机械工程及其自动化专业相比,吉林大学农业机械化及其自动化专业所包含的实践教育不仅内容丰富,而且学分占比也最高。农业机械化及其自动化实践教育体系由实践课程与创新能力拓展项目组成。其中,除社会调查和军训之外,实践课程涵盖实验、实习、课程设计和工程设计多个领域。实验不仅包括常规的基础课程实验与专业课程实验,尤其是农学基础实验、农业物料学实验、农产品加工实验、汽车拖拉机学实验、农业设施与环境实验等农业工程学科领域的特色实验是传统机械工程及其自动化专业所没有的。但是,从国内现有各校课程设置总体情况来看,能够打破不同学科间樊篱,从系统角度统筹考虑农业工程技术,落实理论联系实际,实现学科间相互联系、相互支撑的一体化课程体系仍较为缺乏,学生尽管有大量的实践机会,但真正能够贯彻在理论学习和实践环境中获得工程设计、制作与开发创新提高的顶石课程几乎空白。

(3)实践教育实训经费严重不足与企业被动承担问题突出

加强实践教育是"卓越计划"的重要组成部分,实践教育不仅是学生步入社会的阶梯与桥梁,更是学生理论联系实际的纽带。通过实践,学生可以系统地验证、巩固与深化专业理论知识,培养学生工程实践能力和创新能力。但是,近年来实训经费不足已成为各高校普遍存在的问题,一直困扰农业工程学科的实践教育。21 世纪以来,学科科研经费得到了大幅度提高,但教学经费增长却非常有限。随着外出差旅费等各项费用的持续上涨,专业实习变得愈发困难。经费的困扰不仅影响到专业最佳实习地点的选择,而且对实践时间、质量和效果也有影响,实习时间越长,成本越高,有限的经费难以支持学生长时间或远距离的外出实践。

接收学生实习是企业应当履行的社会责任和义务。在欧美发达国家,企业作为人才雇佣方,是高等教育的受益者,对教育承担有一定的责任与义务,工程教育的实践教育主要依靠社会工厂和企业来有效地对学生进行工程实践培训。在英国,根据实践教学的要求,教师很容易联系到接待学生参加工程实践的企业,不但不需要交纳培训的费用,而且就餐都由企业免费提供(张学政,2000)。相对而言,中国企业对工程教育所承担的责任远不及欧美发达国家,主要呈现被动承担的角色。当前中国工程专业的实践教育较20世纪五六十年代,甚至80年代倒退许多。不少企业视接待学生实习为负担,一方面因为学生干不了什么活,还需要安排专人组织与管理;另一方面,企业担心学生近乎零经验参加生产,怕出问题影响企业自身生产活动。因此,多数企业不愿意接收大学生的实习。不仅如此,当前学生企业实践主要以参观、听企业人员作报告、生产线下操作为主,真正参与生产线上操作、工艺/程序设计、产品或结构设计的机会很少。

工程实训经费的不足加之企业对学生实践训练的被动接受,导致中国目前农业工程相关专业企业实践整体情况不是很好。缺乏足够学时的工程实践,农业工程教育是很难培养出高水平的工程技术人员的。如何促进高校与企业的有效互动,解决好人才培养与社会需求之间最后一公里的问题,值得深思。

"卓越计划"的核心目标在于改革工程教育,服务国家发展战略,搭建不同政府部门之间、行业主管部门与企业之间、高校和企业之间、高校和教育主管部门之间的沟通与协调平台。通过建立高校与行业企业联合培养机制,企业由单纯的雇佣单位变为人才联合培养单位,为学生工程实践能力、创新能力和国际竞争力的培养提供了切实可行的途径。近年来,以"卓越计划"为契机,农业工程教育改革与发展取得一定成绩,但实践中存在的实训经费不足、企业被动参与等导致学科人才培养与实际需求之间依旧存在一定的脱节,好的政策需要有制度配套才行。

6.4 中国农业工程高等教育的创新与变革

发达国家高等工程教育和工业发展经验表明,工程学科的人才培养必须面向工程实际。中国正处于工业化、城市化、现代化、全球化加速推进的发展阶段,这为中国农业工程教育的改革与发展提供了难得的机遇。

6.4.1 学科发展的机遇与方向

(1)"四化同步"对学科发展提出新的战略需求

党的十八大提出"坚持走中国特色新型工业化、信息化、城镇化、农业现代化道路,推动信息化和工业化深度融合、工业化和城镇化良性互动、城镇化和农业现代化相互协调,促进工业化、信息化、城镇化、农业现代化同步发展"。"四化同步"的提出,是中国自 1964 年正式提出"四个现代化"以来对农业现代化的一个重新定位,不仅明确了农业现代化与其他"三化"同等重要、不可替代的战略地位,而且明确了"四化"之间是相互依存、互相促进的关系。农业现代化如果跟不上工业化、信息化与城镇化的发展步伐,必然会影响整个现代化的发展进程。因此,实现农业现代化是新型工业化、信息化和城镇化发展的重要基础。相比其他产业,农业在中国当前仍然属于弱质产业。进入 21 世纪以来,中国工业化、信息化得到长足发展,城镇化也进入了快速发展时期,与快速推进的工业化、城镇化相比,农业现代化滞后的问题必须加以改变。

农业现代化是农业生产与社会经济发展到一定阶段的产物,是一个动态发展的概念。新中国成立之初,在国家重点进行工业化建设的基础上,农业现代化被认为是工业技术在农业中的应用,农业现代化的内涵被人们理解为是农业的机械化、水利化、电气化与化学化。改革开放之后,随着市场经营机制的开放,农业现代化不再局限于用现代的科学技术和生产手段装备农业,用先进的科学方法组织和管理农业的内容被纳入农业现代化的范畴。农业现代化被重新表述为农业生产技术的现代化、农业生产手段的现代化和农业经营管理现代化(娄源功等,2011)。进入 20 世纪 90 年代以后,随着市场经济体制改革的进一步深入,农业现代化的内涵变得更为丰富。2007 年发布的中央"一号文件"首次在政策层面上对农业现代化的内涵进行了界定,提出"用现代物质条件装备农业,用现代科学技术改造农业,用现代产业体系提升农业,用现代经营形式推进农业,用现代发展理念引领农业,用培养新型农民发展农业,提高农业水利化、机械化和信息化水平,提高土地产出率、资源利用率和农业劳动生产率,提高农业素质、效益和竞争力"。文件采用"六用、三提高"高度概括了农业现代化的核心内涵。实际上,不管是 20 世纪 50 年代提出的农业现代化,还是 21 世纪国家层面提出的农业现代化,均提出要用现代物质条件装备农业,以提高农业水利化、机械化与信息化(电气化)水平。农业水利化、机械化与信息化(电气化)都是农业工程学科所研究的内容。在此,我们可以将农业的机械化、水利化与信息化(电气化)概括为农业工程的现代化。

综上所述,国家从战略层面对"四化同步"的提出必将加快农业现代化建设工作的步伐。农业现代化的发展离不开先进农业工程技术的支持,而农业工程学科正是农业工程技术发展的助推器。"四化同步"的提出,为农业工程学科创新提供了新的发展需求与机遇,学科发展有了新的动力源泉。

(2)工程教育改革为学科创新与发展指明了方向

2006 年,工程教育认证试点工作启动,开启了 21 世纪中国高等工程教育改革的第一步。认证工作以实现国际工程教育专业间的实质性互认,推进国内注册工程师制度实施,提升国内培养工程师的国际竞争力和提高中国工程教育在国际上的地位与影响力为目的,是中国高等教育评估的重要组成部分。经过多年努力,2013年6月,中国被《华盛顿协议》接纳成为其第21个签约成员国(预备成员)。《华盛顿协议》所提出的工程专业教育标准和工程师职业能力标准,是当前国际工程界对工科毕业生和工程师职业能力公认的权威要求。成功加入该组织一定程度上表明中国工程教育的质量得到了国际社会的认可,也标志着中国工程教育及教育质量改革取得了重大突破。

2010年,中国新一轮高等工程教育改革拉开了帷幕。作为《国家中长期教育改革发展规划纲要》的重大计划之一,"卓越计划"从"三个面向"和服务国家战略的高度,以工程教育认证体系为基础,进一步拓展与细化了人才培养标准,创新提出校企联合培养机制,着力强化学生工程能力与创新能力的培养。作为国家层面的标准,通用标准对行业标准和学校标准的制定具有宏观指导性作用,为提升中国工程技术人才培养质量提供了新的制度保障。"卓越计划"最大的亮点是鼓励创建工程实践教育中心,强化校企联合培养新机制。鼓励高校主动联合有合作基础的企业参与"卓越计划",开展校企联合培养工作。支持参与联合培养计划的企业建立工程实践教育中心,承担学生到企业学习阶段的培养任务。教育部联合有关部门和单位对参与企业建立的工程实践教育中心实行择优资格认定,并鼓励省级人民政府择优认定一批省级工程实践教育中心,对联合培养企业在财税政策等方面给予一定的支持。工程实践教育中心的建立一方面弥补了中国高等工程教育主体的缺失,强化了企业在高等工程教育方面应承担的社会责任;另一方面为高等教育真正走出"学历"教育提供了适宜的土壤与环境,让加强学生实践与创新能力的培养真真落在了实处。

变而后通,通而后赢,赢而后久。社会对农业工程教育的需求在持续改变,在整个工程教育大环境做出改变的前提下,"卓越计划"的提出使教育主

体变高校单一支撑点为多元支撑点成为可能,农业工程学科变革势在必行,学科也需提前做好应对之策:

①积极参与工程教育认证与改革,确保学科发展不落后。社会对教育的需求是不断变化的,学科需要通过持续改进来适应环境的变化。21世纪以来,中国工程教育改革步伐日益加快。工程教育专业认证率先于2006年启动,一方面,专业认证工作的不断推进有利于促进中国工程教育质量监控体系的构建,并在提高工程教育质量方面发挥越来越重要的作用;另一方面,通过与注册工程师制度的有效衔接,工程教育专业认证体系为工程教育与企业界搭建了一个顺畅的对接机制,增强了人才培养对产业需求的适应性。"卓越计划"的出台,形成了由政府、行业、企业与学校共同参与的工程教育改革推手,"校+企"两阶段培养模式达成了共识,工程教育改革大环境为工程学科的变革提供了适宜的土壤,成为各高校促进专业建设、提高人才培养质量的契机。工程专业只有得到社会的充分认可,教育及其改革才能获得成功。与其他热门学科不同,农业工程学科的社会认知度还不是很高,因此,学科发展不应是被动的,变则通、通则达,积极主动参与到工程教育大变革中是学科适应社会发展的首选。通过积极参与工程教育专业认证与注册农业工程师制度(2010年9月启动),增强学科社会影响力,由此吸引更多优秀学生投入学科专业学习,从而形成学科发展的良性循环。

②重构学科队伍培养与激励机制,避免学科过度科学化。拥有一支高素质、稳定的师资队伍是学科创新发展的基础。培养农业工程师首先要求教师自身拥有一定的工程经历,但是目前国内教育评价体系过度强调学术理论研究,导致多数教师疲于争项目、发表论文,工程教育被学术化现象愈发严重。工程学科是实践性很强的学科,学科培养的是工程设计人才。针对目前学科师资队伍普遍缺乏工程经历,一定程度上影响人才质量的问题,学科可从两个方面出发,全面打造和建设工程型师资队伍的工程实践意识和能力:一是从身边做起,挖掘与培养现有师资队伍,引导和规范教师到企

业兼职或充电学习,不断强化学科专业教师的工程经历和实践能力。通过制定政策,引导新入职青年教师进入企业实地工作与交流学习,熟悉社会需求,增强工程实践经验与提高解决实际问题的能力。二是设立面向企业创新人才的客座教授和研究员岗位,创建校企师资共享机制,选聘实践经验丰富的行业或企业高级专家加入到工程教育师资队伍中来,扩大校内外师资队伍的合作交流,建立稳定的兼职教师队伍,为工程教育队伍建设注入新活力。此外,对于学科师资队伍的绩效评价不应过分强调学术要求,应不断完善适合工科教师的评价机制,由学术向注重评价工程项目设计、专利、产学合作和技术服务等方面倾斜,做到学术与实践评价兼顾。

③探索校企联合培养机制,实现培养与需求的无缝对接。在当前激烈的市场竞争大环境中,依靠企业积极主动参与联合培养,在师资、设备、场地及人员等更多方面为学生提供适宜的条件说起来容易做起来难。高校与企业属于不同的利益主体,高校以人才培养为目的,而企业毕竟是以营利为目的,人才培养的长期效应与经济利益的短期效应之间的矛盾是一个很现实的问题。校企联合培养机制的完善需要多方面的积极支持与配合:一是明确政府在校企联合培养机制中承当的宏观调控和管理责任,加大对工程教育政策倾斜,增加对工程教育财政投入,为工程教育创新发展创造一个良好的环境和秩序。用更加优惠的政策吸引企业与高校联合办学,形成政府、行业、企业与高校多元化联合办学途径,促进校企共同构建富有效率、互利共赢的人才培养模式。二是明确企业在人才培养中的主体地位,充分发挥企业在人才培养上的积极主动性。企业作为用人单位,对人才的知识、能力和素质有着明确的要求。因此,应积极鼓励企业参与人才培养的全过程:一方面,组织具有资深技术的专家或高级专门人才参与高校人才培养方案的制定,包括培养目标、专业设置、课程体系构建、教学计划安排,以及校内外实践教学和毕业设计等教育教学活动,以保证人才培养与社会实际需求的无缝对接;另一方面,作为人才培养的主体,企业有责任为教学培养提供各种

服务,包括提供实践场所、企业阶段教学所需专业课程教师以及实践指导师资,指导学生开展与企业生产相关的项目研究等。三是作为校企联合人才培养的实施主体,高校应与企业一道,组建由行/企业专家、技术人员和学校教师组成的专家指导委员会,结合社会需求确定学科、专业发展方向,制定人才培养方案,保证专业知识与技能更新与工业发展和时代发展相一致;与企业合作共同建立工程教育实践基地,合作进行项目研究和技术创新,共享师资、共享资源、共享科研成果,构建平等互利的利益共同体,共同实现人才培养。

6.4.2　学科教育改革与创新

为进一步贯彻落实国家倡导的创立高校与行业、企业联合培养人才新机制,健全教学质量保障体系,中国高等工程教育在工程专业教育认证及"卓越计划"工作的双重推动下,改革取得了一定的成功。农业工程学科作为工程门类的一个分支,相比机械、材料及计算机等工程学科,在整个高等工程教育改革中处于落后地位,学科改革势在必行。农业工程学科教育既有与其他工程学科相同之处,又有与其他学科人才培养相异之处。作为一个服务领域较为特殊的学科,应建立起与区域经济发展和现代农业建设互动的学科建设机制。

(1)学科人才培养框架体系的设计

高等教育是一个复杂的体系,改革必须遵循一定的规律。学科人才培养框架体系的提出要着眼于国家战略与行业发展对人才培养的需求。立足于"德育为先、能力为重、全面发展"的人才培养理念,依照《工程专业教育认证标准》的通用标准要求,结合"卓越计划"的相关规定,学科改革应从构建合理的人才培养框架体系着手(图 6-4),即制定具体、明确的人才培养目标体系,构建基于需求的课程体系,规范人才培养关键环节的管理。

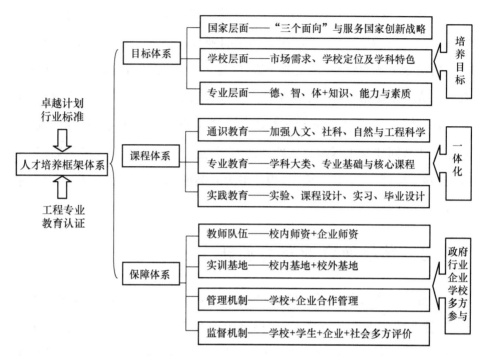

图 6-4　农业工程学科人才培养框架体系

　　培养目标是指依据国家教育方针和学校定位,对培养对象提出的特定要求,规定了人才培养方向与标准。不同学校、不同学科和不同层次人才培养的要求是不同的。人才培养目标体系指导整个学科教育改革活动的开展,决定着人才培养的方向。如何制定具体的、明确的人才培养目标体系,需要深入解析学科既有的人才培养现状,通过比较与国家创新发展战略及行业人才需求之间的若干差距,准确定位差距并结合学校自身学科发展要求确立学科人才培养体系所需目标。

　　培养目标体系包括国家、学校与学科专业目标三个层次,农业工程人才培养一级目标应服从于国家总的教育方针,体现工程教育的发展方向,该目标具有高度概括性与指向性,是学校层面目标制定的依据。"卓越计划"明确提出高等工程教育人才培养目标为:面向工业界、面向世界、面向未来,培养造就一大批创新能力强、适应经济社会发展需要的高质量各类型工程技术人才。学校培养目标是对国家目标的具体化,不同院校应结合学校性质、定位与特点制定,注意本科与研究生不同层次培养目标的分类制定,兼顾目标设置的必要性与可行性。以"卓越计划"为例,该计划建议的层次包括本科生、硕士与博士三个层次,分别以培养现场工程师、设计开发工程师和研究型工程师为目标。专业是依据学科分类需要建立的人才培养的基本单位。专业目标是人才培养目标的核心,是指在一定修业年限内,基于学校组织的各种教育教学活动,毕业生的德、智、体以及知识、能力与素质诸方面在培养规格与培养质量方面所应达到的标准。在专业培养目标方面,国内高等工程教育界已达成一定的共识。具体到农业工程师培养的行业标准国内还缺乏,专业目标的制定可参照中国《工程教育专业认证通用标准》或《卓越工程师教育培养计划通用标准》,量身打造适合学校自身发展的客观标准。

课程体系与教学内容是学科教育改革的核心工程。有了培养目标,就可以着手构建课程体系。课程体系的架构需紧密围绕"加强基础、培养能力、强化实践、注重素质和发展个性"的基本原则,以《卓越工程师教育培养计划通用标准》为基准,以强化学生工程创新意识和实践能力为目标,创新校企课程体系建设。课程体系架构要求与培养目标保持一致,做到通识课程不缺,基础理论课程够用,专业课程针对性和实用性强,构建通识、专业与实践教育各环节互为联动,本、硕、博不同层次纵向衔接,校企实质性参与,理论与实践紧密结合的新型人才课程体系。

人才培养是一项庞大的系统工作,人才培养质量的持续改进与提高需要建立一个与之匹配的长效保障与监督机制,《教育部关于实施卓越工程师教育培养计划的若干意见》对参与工程教育改革的政府、行业、企业与学校各方均提出具体的组织实施要求。学校与企业作为工程教育改革的核心,无论是教师队伍,还是实训基地的建设均需要校企双方的相互配合与深度合作。此外,人才培养是高等教育的基本职责,而企业毕竟是以营利为目的的一个机构,参与学校人才培养只是其社会责任的一部分,校企双方良性互动需要一个长效的管理机制来协调运行。教学质量是否得到保证并能够持续改进,教育改革成果是否奏效,不仅需要学校内部的自我监控,外部的监控也必不可少。工程教育认证和"卓越计划"对人才培养质量保障机制的监控均非常重视,有必要建立重心下移,以学生与行业/企业为主体,学校、社会与政府多方面参与的全方位、一体化教育质量监控机制,促进学科人才培养质量的持续提升。

(2)"一体两翼"人才培养模式的架构

建立校企合作联合培养机制是中国当前高等工程教育改革与发展的关键,也是新形势下工程教育改革的重要方向,是加快农业工程教育发展的根本出路。结合农业工程学科发展特点,构建了"一体两翼"学科人才培养模式(图 6-5)。

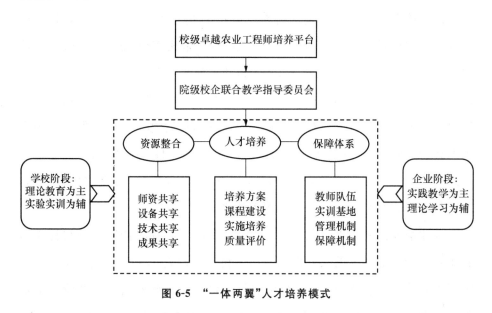

图 6-5 "一体两翼"人才培养模式

"一体"是指校企联合统筹学科整体发展与专业建设,统筹人才培养、资源整合及保障体系协调发展,深化教育教学改革,推进学科稳定、快速发展,提高人才培养质量。在人才培养、资源整合及保障体系建设上,学校与企业间的关系必须融为一体,而不是简单的合作。人才培养是校企双方合作的共同目标,需要双方共同制订培养目标、共同建设课程体系和教学内容、共同实施培养过程、共同评价培养质量,互为支持,使校内外教育得到有效衔接。资源整合是指双方人才、设备、技术与成果"四共享"机制的建立,该机制的建立有利于打造校企成为实质性利益共同体。所谓的人才共享,是指建立校企双方人员互派、职务互兼机制,促进师资专业能力与教学能力的协调发展。一方面,学院可聘请企业内具有丰富工程实践经验的工程技术人员和管理人员担任兼职教师,承担专业课程教学任务,或担任本科生、研究生的联合导师,承担培养学生、指导毕业设计等任务;另一方面,企业也可接受院系所选派的专业教师到企业工程岗位工作,开展科研活动、参与企业产品开发、提供技术服务,加快专业教师工程实践经验的积累。在设备共享方面,主要是指校企双方协商制定实验、生产设备购置计划,实现互通有无,避免重复建设造成资源浪费,设备使用可采用无偿开放形式,互惠互利。因涉及知识产权归属或经济利益问题,技术共享与成果共享是校企合作最为核心和敏感的领域,通过鼓励院系教师与企业技术人员共同组成技术开发团队,在新技术、新产品设计与开发等方面加强对企业的技术支持力度,校企强强联合,努力打造新型产学研一体化合作教育模式,减少院校科技成果转化环节,推动企业科技创新与进步。企业参与程度和人才培养质量是校企合作培养成败的关键。在联合培养机制的保障建设方面,一方面是硬环境的支持,即校企具有工程实践经历的高水平教师队伍与资源优势互补的校内外实训基地的建设;另一方面是软环境的建设,一个高效稳健的校企联合管理机制与校内外全方位(学校+学生+社会+企业)的教学质量评价、监控和管理制度,对于促进与保障学科教育质量具有重要的意义。

"两翼"是指学校与企业两个不同阶段的教育。两者既有明确的分工,又有密切的联系。校内学习阶段主要完成工程基础知识及专业理论教育的任务；企业学习阶段主要完成工程实践与创新教育的任务。校内学习阶段以理论教学为主，辅以基本的实验、课程设计与实习；企业学习阶段主要以实践教学为主，辅以必要的理论学习。本科及以上层次学生应有一年左右的时间在企业学习。以本科为例，本科可采用"3＋1"模式，即3年校内学习，1年企业学习。硕士培养要累计有1年时间在企业学习和工作，博士培养应主要在企业开展研究工作。企业学习不仅要求学生学习企业先进的技术和文化，深入开展工程实践活动，参与企业技术创新和工程开发，通过团队合作，可以进一步培养学生的职业精神和职业道德与团队合作能力。

"一体两翼"人才培养模式的关键是企业教育。校企合作培养的目标是让学生在真实的企业生产与研究与开发环境中得到锻炼，培养和提高学生的工程意识、工程素质、工程实践能力和创新精神。企业不仅需要配备经验丰富的工程师担任学生在企业学习阶段的指导教师，高级工程师为学生开设专业课程，而且需要根据校企联合培养方案，落实学生在企业学习期间的各项教学安排，提供实训、实习的场所与设备，安排学生实际动手操作。在条件允许的情况下，企业还有可能接收学生参与企业技术创新和工程开发。校企联合培养机制的建立，对于校企双方都是一种前所未有的深层次合作，是一种考验，需要双方在互信的基础上，打造工程教育利益共同体。

校企合作教育模式将会使更多的学生、高校与企业从中受益。一方面，高校可以获得工业界更多的支持，促进学科教育改革的新发展；另一方面，接近实际生产环境培养的学生其知识及能力更能符合工业的需要，学校所培养的人才更加满足行业需求，合作双方获得双赢。尽管校企发展目标各异，但合作所带来新的产学研合作模式，将为工科学生质量的提高带来新的契机，满足社会发展对人才培养质量的需求。

（3）"三位一体"课程体系模型的构想

人才培养模式与课程体系改革是学科专业教育改革的核心问题，是专业人才培养成功与否的关键。培养模式改革最终会落实到课程体系与教学内容的改革,而课程体系改革的前提则需相应的培养模式与之适应,两者有机统一、相辅相成。随着"卓越计划"改革的进一步深入,中国高等工程教育的发展进入了一个重要历史时期,农业工程学科需要探索新的课程体系构想。

所谓"三位一体"的课程体系是指融传授知识、培养能力与提高素质为一体的课程体系。"三位一体"课程体系强调在突破以往注重知识与能力培养基础上,加强学生素质的培养。建立以"知识"为基础,"能力"为中心,"素质"为目标的一体化课程体系。"三位一体"课程体系架构模型如图 6-6所示。

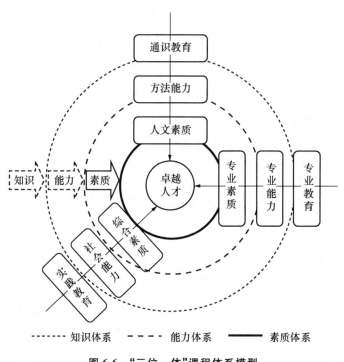

图 6-6 "三位一体"课程体系模型

一是加强通识教育,促进方法学习与人文素质培养。知识作为人才培养的基础,由通识教育、专业教育与实践教育三部分组成。

通识教育并不是纯粹的或简单的知识教育,而是教育"如何做人"的教育。通识教育的课程内容需广泛涵盖语言、文学、历史、哲学、艺术、道德、思想与政治等多个人文社科领域。课程核心价值主要体现在三个方面:其一是方法能力教育。通识教育不局限于让学生掌握某一学科的系统知识,而是通过跨学科知识学习,传授学生运用和分析知识的方式方法以及相应的科学思维方法,诸如发现、分析和解决问题的能力,批判性思考和创造性工作的能力,学习能力,自我管理能力等,实现学识、知识的互补,培养学生的学习能力与创新能力。其二是文化素质教育。通过教育使学生接受民族认可的基本世界观、价值观和行为模式,促进个体同社会之间的相互认同。通过道德观、价值观和共同的行为规范教育等内容,让每一个受教育者学会与他人和谐共处、学会合作交流,使人在满足自己的需要和平等发展前提下,增强相互理解与合作。其三是修养教育,包括思想修养、信仰与信念教育等内容。中国当前农业工程学科在通识教育方面还存在一定的短板,人文素质培养明显欠缺,通识教育亟须重点加强。除传统思想政治理论课、英语、自然科学与工程技术(包括数学、计算机、生物学等)、军训与体育等课程外,应充分拓展文史哲与艺术等学科的基础知识以及社会科学学科的研究方法。

二是拓宽专业教育口径,淡化专业界限,增强人才适应能力。专业教育是整个课程体系的中心工作,包括专业知识与专业技能两方面的学习。

专业知识包括专业基础与专业核心课程及专业方向模块三个部分。课程设计应按照学科大类构筑学科基础课程,即按照农业工程大类打通专业基础课教学,保证不同专业的学科大类课程在理论与实践教学上安排趋同,实现宽口径教育。在专业核心课程设计上,要着重一体化核心课程的梳理和建设。如麻省理工学院(MIT)的航空航天学科一样,农业工程也是一门综合性的工程技术，广泛涉及材料、控制、计算机、电子、农业、生物等多个领域，是一个复杂的工程技术系统，MIT 跨学科协同架构的"一体化课程"Ⅰ、Ⅱ、Ⅲ、Ⅳ系列课程十分注重学科之间的联系，课程内容涵盖材料与结构、计算机与程序设计等共计七个学科内容，充分包容了学科核心知识体系，是一体化课程设计的典范，值得我们借鉴。专业方向课程模块的设计则主要为了彰显共性与个性兼顾、统一与灵活相结合的因材施教原则。课程设计应重点体现各专业方向的核心知识体系以及该产业主流技术与最新研究成果。专业方向模块的设计可供学生根据自己的具体情况进行选课，充分发挥各自才智与潜力，鼓励学生个性化发展专业特长。围绕专业知识，专业技能应注重设计与解决问题技能、实验技能、工程技术集成能力等的培养等。除此之外，在专业知识与专业技能的传授中多角度渗透专业素质教育。

三是完善实践教育体系，强化"校＋企"两阶段培养模式。课程体系在重视基础理论教学的同时，应加强实践性课程的教学与实践环节的落实。实践教育包括课内实验、校内实践与校外实践三个部分。

课内实验是指课程教学内容中要求开设的相关实验以及含有一定的综合性和设计性的实验内容，包括实验、课程设计与顶石项目课程。课内实验与课程同步进行，采用"理论＋实践一体化"实践教学模式，其主要目的在于加强学生对基础知识与专业知识的了解和运用，提高学生的感性认识和实验技能，拓宽视野。校内实践是在一门或几门课程结束后，为了将知识系统化而进行的阶段性训练，一般为几周的时间，包括金工实习、工程训练、学科竞赛以及 URP 创新计划等各种项目式的实践训练，主要培养学生独立操作能力、应用和探索知识能力以及独立解决问题的能力。校内实践由指导教师组织学生在实验室或校内实践基地完成，通过将专业知识和专业技能的有机结合，为学生创建一个几乎贴近实际工作环境的仿真工作环境。校外实践也就是企业实践，要求结合农机产业背景和市场需求等特点,以完善知识结构、强化工程能力和提高综合素质为培养目标,实践内容包括工程认识与工程实践两个环节。通过基于企业和社会环境下的综合工程实践教育,进一步优化学生知识结构,强化学生专业素质,加强学生的工程综合能力(包括工程实践能力、工程设计能力和工程创新能力)、团队合作能力以及良好的职业素养等等。工程认识可采取轮岗培训方式,通过配备企业指导教师,接受企业课程培训,使学生全面了解企业生产、组织、管理与运行等流程,熟悉企业环境、企业文化,掌握与企业生产相关的职业健康、安全生产、法律法规和产品标准等方面的知识。工程实践是企业培养阶段的核心工作,要求学生在企业中结合实际工程问题完成本科毕业设计。在企业导师与学校导师共同指导下,要求学生结合工程项目,研究并解决一个具体的工程问题或生产实际问题。学生的毕业设计应来自企业或农业生产实践,而不是实验室里"室内生产加工"的产品。

"三位一体"课程体系的构建,重在加强通识教育的基础上,通过拓宽专业口径、优化知识结构、强化实践能力、提高综合素质,由以往强调培养高级专门技术人才的单一目标向集高素质、创新型和国际化的高层次复合型人才转变。课程体系是否能够将知识、能力与素质教育落到实处?是否能够达到预期效果?构建一个合理的教育质量保障体系必不可少。

(4)一体化教育质量保障与控制机制的建立

课程体系是培养学生实现教育目标的过程。培养目标、课程体系与课程教学设计、学生能力产出(培养标准)是一个系统工程,任何一个环节出现问题,不仅容易导致人才培养目标得不到全面落实,而且有可能出现专业培养标准与教学实践课程体系相互脱节的问题。课程体系是否合理?知识传授是否能够落实对学生知识、能力与素质的培养?制定教育质量控制机制意义重大。

　　教育的目标是培养合格人才,教育质量控制的一切应围绕学生能力产出展开。首先要明确培养什么样的人？人才应该具备哪些能力？即明确专业培养目标与学生能力产出究竟应该包含哪些内容。其次是解决怎样培养的问题,设计并构建与之配套的课程体系并建立课程与能力产出映射矩阵。培养目标是指毕业生所应达到的知识与技能水平及从事工作的能力,目标的制定应从需求角度定期广泛调研和征求用人机构(包括政府、高校、企业等)、校友、教师与学生各方意见,不能仅凭高校一家之言来制定。培养目标是对学生毕业后几年内(一般是 5 年之内)能力要求的高度概括,内容要求务实,能够在教育实践中得以贯彻执行。

　　学生能力产出是指学生在学期间通过知识学习和实践训练所获得的各种知识、能力与素质,不同院校可依据国家相关标准制定校级专业培养标准。如《中国工程教育认证通用标准》或《卓越工程师教育培养计划通用标准》。

　　培养目标与学生能力产出关系矩阵如表 6-5 所示,其实质就是培养目标细化与实现课程匹配的过程。培养目标为一级指标,是对毕业生知识与能力水平的宏观评价;二级目标要求与国家相关标准一一对应,由学生能力产出标准组成,是培养目标的具体化;三级指标是对能力产出标准的细化与落实,细分后的指标可以与具体的课程形成映射关系,这些指标通过选择不同的评价依据,如课程成绩、指导教师评价及研究报告等对其加以量化考核。

　　为了更客观地反映出不同课程的教学效果,还可以进一步构建课程与学生能力产出映射矩阵(表 6-6),由此来检验知识传授效果,落实对学生知识、能力与素质的全面培养要求。

表 6-5　培养目标与学生能力产出关系矩阵

培养目标 （一级指标）	学生能力产出 （二级指标）	绩效指标 （三级指标）	实现课程	评价依据
1 应用所学专业知识设计分析和解决工程问题的能力	1.1 应用数学、自然科学和工程知识的能力	1.1.1 能够熟练应用微积分、线性代数、微分方程及统计学知识解决工程问题	微积分、线性代数、概率论与数理统计等	(1) 课程考核成绩； (2) 指导教师评价； (3) 研究报告对知识应用的熟练程度
		1.1.2 应用自然科学与工程学理论解决工程问题	理论力学、材料力学、大学物理、生物学、机械工程设计等	
	1.2 设计和进行实验操作，并分析和处理数据的能力	1.2.1 明确实验所需采集的数据、确定流程并采集数据，能够分析、解释并陈述实验结果	物理学实验、材料力学实验、机械设计课程设计等	(1) 指导教师评价； (2) 正确使用实验仪器材料，对实验结果进行很好分析并得出结论
...	...	...	...	...

续表 6-5

培养目标 （一级指标）	学生能力产出 （二级指标）	绩效指标 （三级指标）	实现课程	评价依据
	2.1 在多学科团队开展工作的能力	2.1.1 与其他学科成员合作完成工程项目，能够应用跨学科知识综合分析与设计项目 2.1.2 良好的团队协调、冲突解决及团队交流	生产实习，社会实践，机械设计课程设计	(1)指导教师评价； (2)课程考核； (3)民意测验
2 人际交流与团队合作能力	2.2 对职业道德和责任感的理解能力	2.2.1 课程学习中了解熟悉工程师职业道德规范	思想道德修养，生产实习与社会实践等	(1)指导教师评价； (2)课程考核
	2.3 有效的交流能力	2.3.1 熟练应用口头或书面形式陈述研究内容，结论及相关技术信息	生产实习，社会实践等	(1)指导教师评价； (2)研究报告汇报
……	……	……	……	……

表 6-6 课程与学生能力产出映射矩阵

课程类别	课程名称	学分	毕业生应获得的知识、能力与素养*									
			a	b	c	d	e	f	g	h	…	k
通识教育	马克思主义基本原理	4	3									
	文献检索与利用	2							3			
	…	…										
专业教育	农业机械学	3		2		3	3			1		
	汽车拖拉机设计	3		2			3	3	2			
	…	…										
实践教育	物理实验	1.5	1	3	2	3	2					
	机械工程课程设计	3	2	2		3	3	3	2	1		
	…	…										

　　* 1. 学校依据国家相应人才培养标准结合实际情况制定;2. 能力标准可采用分级制,如 1=了解,2=熟悉,3=掌握,也可采用分级形式予以打分,以供后续数据分析使用;3. 以《卓越工程师教育培养计划通用标准(本科)》为例:

　　a. 具有良好的工程职业道德、追求卓越的态度、爱国敬业和艰苦奋斗精神、较强的社会责任感和较好的人文素养;

　　b. 具有从事工程工作所需的相关数学、自然科学知识以及一定的经济管理等人文社会科学知识;

　　c. 具有良好的质量、安全、效益、环境、职业健康和服务意识;

　　d. 掌握扎实的工程基础知识和本专业的基本理论知识,了解生产工艺、设备与制造系统,了解本专业的发展现状和趋势;

　　e. 具有分析、提出方案并解决工程实际问题的能力,能够参与生产及运作系统的设计,并具有运行和维护能力;

　　f. 具有较强的创新意识和进行产品开发和设计、技术改造与创新的初步能力;

　　g. 具有信息获取和职业发展学习能力;

　　h. 了解本专业领域技术标准,相关行业的政策、法律和法规;

　　i. 具有较好的组织管理能力,较强的交流沟通、环境适应和团队合作的能力;

　　j. 应对危机与突发事件的初步能力;

　　k. 具有一定的国际视野和跨文化环境下的交流、竞争与合作的初步能力。

6.5　本章小结

　　1. CDIO 工程教育模式在欧美工程教育领域的成功发展对中国农业工程教育的改革提供了一定的启示:一是在具体的课程构建与实现形式上,模式以实际现代工程为背景环境,采用理论联系实际、学科间相互支撑的一体化课程体系培养学生,让学生在理论学习和实践环境中获得工程设计、制作与开发和主动学习的经验,促进学生知识、能力和素质的一体化成长;二是以项目为导向的实践训练可有效提升学生工程实践能力、创新能力以及团队合作能力。

2. 中国"卓越计划"与CDIO模式指导思想一致,提出以社会需求为导向,以实际工程为背景,以工程技术为主线,提高学生工程意识、工程素质和工程实践能力,要求深化企业与高校合作机制,创新人才培养模式。在人才培养标准方面,《卓越工程师教育培养计划通用标准》内容也与国际接轨,但在学生能力要求方面不及CDIO大纲详细,需要进一步的细化。农业工程教育积极参加"卓越计划"改革,也取得一定成绩,但实践中存在的实训经费不足、企业被动参与等导致学科人才培养与实际需求之间依旧存在一定的脱节等问题。

3. 当前中国农业工程学科发展存在社会认知度偏低、实践教育环境受到困扰以及学科"被学术化"等问题。国内外工程教育模式的变革为农业工程学科创新与发展提供了方向。学科创新可沿着四条路径实现:构建完善的学科人才培养框架体系、架构"一体两翼"人才培养模式、创新"三位一体"课程体系及建立系统化教育质量控制机制。

第7章

结论与展望

本研究以农业工程学科为对象,综合应用积累与变革规范、内生型外生型发展理论,探讨了中外学科发展模式及演进规律,利用科学计量方法和可视化视图技术定性分析与定量分析相结合对中外农业工程学科研究热点及研究主题进行了分析与比较,运用文献研究与实证分析方法对中外学科人才培养模式与课程体系进行了研究,并探讨了中外高等工程教育变革环境下农业工程学科的创新与发展。主要研究结论如下:

第一,中外学科遵循相同的发展规律,学科发展呈现出周期性波浪式前进的态势,是一个量变到质变的过程。欧美发达国家相继经历前科学时期、常规科学时期、危机时期与革命时期,现已进入新一轮常规科学时期。中国农业工程学科经历前科学时期后,现进入常规科学时期;工业化与农业机械化即将实现,对传统农业工程学科需求与关注度的降低将引发学科进入危机时期;而即将兴起的第四次工业革命必将推动不同学科的交叉融合并衍生出诸多新的领域,学科与新领域的融合推动学科进入革命时期。

第二,欧美发达国家属于先发内生型学科发展模式,学科由民间自发推动为主,政府角色极为有限,在社会需求与科技发展双重带动下学科呈现先发、渐进和自下而上型发展特征。中国属于后发创新型发展模式,学科早期是在欧美发达国家成功经验刺激下做出的积极回应,在政府行政干预下,社会需求与行政手段联手推动学科发展;改革开放以后,在社会力量积极推动下学科得以创建与发展,学科逐步从引进模仿转向内部自主创新。

第三,利用科学计量学方法与可视化知识图谱技术,从科学研究视角可视化揭示并比较分析了中外学科知识结构及其演化过程。研究表明,中外农业结构不同造就学科研究各有侧重;动力与机械等学科传统研究领域中外出现关注度相对下降现象;中国追赶国际学科前沿的步伐明显加快,但智能农业等新兴研究主题与发达国家相比仍存在一定差距,中国学科创新动力虽明显加强,仍需在原始创新方面进行重点突破;从学科发展理论与方法上看,多学科交叉与融合已成为国内外学科发展的强劲推动力。

第四,通才教育与专才教育两种模式的有机融合已成为必然趋势,中国高等教育已具备一定的通才教育基础条件,农业工程学科应立足地域需求,创建多元化人才培养模式。国外通识教育几经变革,现今更加强调知识的广度,课程内容更趋多元化,国内则更强调思想政治理论方面的教育。通识教育在提供学生多元化的认知视野及培养批判性思维能力方面具有重要的作用,中国农业工程学科应通过强化基础理论教学,实施文理并重,探索一条适合本土化的通识教育。

第五,中国"卓越计划"与欧美CDIO工程教育模式变革理念高度一致,二者为农业工程学科创新发展提供了方向。中国农业工程学科的创新应遵循以社会需求为导向,以实际工程为背景,以工程技术为主线,提高学生工程意识、工程素质和工程实践能力,通过深化企业与高校合作机制,创新人才培养模式。学科应从四个方面加以考虑:一是立足"德育为先、能力为重、全面发展"的人才培养理念,构建合理的人才培养框架体系;二是落实校企联合培养机制,创新"一体两翼"学科人才培养模式;三是注重知识与能力培养,加强学生素质培养,创建以"知识"为基础,"能力"为中心,"素质"为目标的"三位一体"课程体系;四是搭建基于学习效果评价的一体化教育质量保障机制。

农业工程学科作为工学门类下的一级学科，涵盖的内容较为广泛。受时间与作者水平限制，对学科有关理论与方法方面的研究仍存在一定的不足，需要今后进一步完善与改进。

一是关于数据源选择问题。基于文献分析学科发展需要有大量的数据支撑，本研究选择的国内外重要学术期刊在收录内容、数据源涵盖度方面还是有限的，这些局限性对分析结果无疑会有一定的影响。如果能将更多的相关期刊纳入文献源的话，分析结论将更可靠和全面。这一文献方面的缺憾将在以后的学科分析中加以弥补。

二是学科发展影响因素分析。影响学科创新与发展的因素有很多，包括政策环境、经济发展水平、文化环境，以及学科定位、学科方向、学科队伍、学科基地、管理机制等。书中尽管有提及，但论述不是很充分、很详细，这也是本人在将来的学习和研究中需要重点关注的问题。

 **附录**

科学计量分析来源刊

序号	期刊名称	期刊简介	栏目内容	影响因子
1	*Transactions of the ASABE*	美国农业与生物系统工程师学会会刊,原 *Transactions of the ASAE*,创刊于 1958 年,2006 年更名,为国际农业工程界顶尖期刊。同时被 SCI 与 EI 工程索引数据库收录	动力与机械、水土工程、食品加工工程、农用建筑与环境、信息与电子技术、生物工程及新兴领域	影响因子 0.405,5 年平均影响因子为 0.644
2	*Applied Engineering in Agriculture*	美国农业与生物系统工程师学会同行评议期刊,1985 年创刊。同时被 SCI 与 EI 工程索引数据库收录	动力与机械、水土工程、食品加工工程、农用建筑与环境、信息与电子技术、农业工程教育	影响因子 0.895,5 年平均影响因子为 1.173
3	*Biosystems Engineering*	原 *Journal of Agricultural Engineering Research*,1956 年创刊,2002 年更名。由全球最大的科技与医学文献出版发行商荷兰爱思唯尔(Elsevier Science)出版集团出版发行的同行评议期刊。同时被 SCI 与 EI 工程索引数据库收录	动力与机械、水土工程、收获后技术、农用建筑与环境、信息技术与人机交互、自动化与新兴技术、精准农业、动物生产技术	影响因子 1.619,5 年平均影响因子为 1.960

续表

序号	期刊名称	期刊简介	栏目内容	影响因子
4	《农业工程学报》	中国农业工程学会主办的全国性学术期刊,1985年创刊,为全国中文核心期刊,被EI工程索引数据库收录	技术基础理论、农业装备工程与机械化、农业水土与土地整理工程、农业信息技术与电气化、农业生物环境与能源工程、农产品加工与生物工程、综述及论坛	复合影响因子2.540
5	《农业机械学报》	中国农业机械学会和中国农业机械化科学研究院主办的综合性学术期刊,1957年创刊,1961年停刊一年,1962—1966年6月复刊,后停刊直至1978年,1979年再次复刊,农业工程类中文核心期刊,被EI工程索引数据库收录	技术基础理论、农业装备与机械化工程、农业自动化与环境控制、能源动力与车辆工程、农产品加工工程、综述短文与论坛	复合影响因子1.183

参考文献

[1] 罗锡文. 凝炼研究方向、加强团队建设、提升学科水平、创新培养模式，推动农业工程学科又好又快发展[N]. 中国农机化导报，2010-08-16，第6版.

[2] 国家知识产权局规划发展司. 2010 年 PCT 国际专利世界发展态势及中国特点分析[N]. 专利统计简报，2011-03-01.

[3] 赵建国. 中国 PCT 国际专利申请增速连续 3 年世界居首[N]. 知识产权报，2012-03-14，第 1 版.

[4] 中国科学技术协会，中国农业工程学会. 2010—2011 农业工程学科发展报告[M]. 北京：中国科学技术出版社，2011.

[5] Tao B Y, Allen D K, Okos M R. The evolution of biological engineering [J]. International Journal of Engineering Education，2006，22（1）：45-52.

[6] ERABEE-TN. Education and research in biosystems engineering in Europe. A Thematic Network [R]. 2010.

[7] 薛天祥. 高等教育学[M]. 桂林：广西师范大学出版社，2001：29.

[8] 王友强. 985 高校管理学科投入产出效率评价研究[D]. 大连：大连理工大学，2008.

[9] 鲍嵘. 学科制度的起源及其走向初探[J]. 高等教育研究，2002，7（4）：32-33.

[10] 汪懋华. 农业工程农业现代化的桥梁[M]. 济南：山东科学技术出版社，2001：198.

[11] 应义斌,王剑平,赵文波. 从北美农业工程学科的发展谈中国设立生物系统工程二级学科的必要性[J]. 农业工程学报,2003,19(Z):226-233.

[12] American Society of Agricultural and Biological Engineers. Agricultural and Biological Engineering Within ASABE-Definition[EB/OL]. [2012-08-04]. http://www.asabe.org/.

[13] Kushwaha R L. Agricultural engineering in changing times[C]//Proceedings of the International Agricultural Engineering Conference, 2007:3-6.

[14] 张季高. 第七讲 农业工程学概论(一)[J]. 中国水土保持,1984(6):49-54.

[15] 中国科学技术协会,中国农业工程学会. 2006—2007 农业工程学科发展报告[M]. 北京:中国科学技术出版社,2007.

[16] Olver E F. Agricultural Engineering Education in Developing Countries[R]. 1970.

[17] Opara L U. Outlook for agricultural engineering education and research and prospects for developing countries[J]. Outlook on Agriculture, 2004, 33(2):101-111.

[18] Briassoulis D,Papadiamandopoulou H,Bennedsen B S. Towards a European standard for agricultural engineering curricula[R]. 2001.

[19] Briassoulis D,Panagakis P. Towards a European standard for agricultural engineering curricula[R]. 2003.

[20] Briassoulis D, Panagakis P, Nikopoulos E. Education and research in biosystems engineering in Europe[R]. 2008.

[21] Briassoulis D. Education and research in biosystems engineering in Europe,A Thematic Network[R]. 2002.

[22] Briassoulis D. Education and research in biosystems engineering in Eu-

rope,A Thematic Network[R]. 2010.

[23] USAEE-TN. Proceedings of the 1st USAEE Workshop[R]. 2003.

[24] USAEE-TN. Proceedings of the 4th USAEE Workshop[R]. 2004.

[25] USAEE-TN. Proceedings of the 8th USAEE Workshop[R]. 2006.

[26] ERABEE-TN. Definition of the emerging biosystems engineering discipline in Europe [R]. 2008.

[27] ERABEE-TN. Update and expand the scope of Biosystems Engineering programs of studies,placing emphasis on the areas of bio-fuels,bio-materials and quality of products[R]. 2008.

[28] ERABEE-TN. Third Cycle University studies in Europe:Current schemes and possible structured programs of studies in Agricultural Engineering and in the emerging discipline of Biosystems Engineering [R]. 2009.

[29] RABEE-TN. Enhancing the attractiveness of European Study Programs in Biosystems Engineering[R]. 2010.

[30] 汪懋华. 农业工程学科和专业建设问题的探讨[J]. 北京农业工程学报,1986(3)：113-119.

[31] 谭豫之,张文立. 农业工程专业本科人才培养方案的研究与实践[J]. 高等农业教育,2003,(4)4:54-57.

[32] 宫元娟,王强,田素博. 农业工程类专业产学研结合人才培养模式研究[J]. 沈阳农业大学学报(社会科学版),2005,9(3):328-330.

[33] ERABEE-TN. Proceedings of the 1st ERABEE Workshop on"Definition of the Emerging Biosystems Engineering Discipline in Europe"[R]. 2008.

[34] Kanwar R. 21st Century Challenges and Opportunities in Agricultural Engineering [C] // Bulgarian National Society of Agricultural Engineers. International Conference on Energy Efficiency and Agricultural Engineering,2009.

[35] The European Community. Agricultural Engineering and Technologies：Vision：2020 and Strategic Research Agenda［R］，2006.

[36] 曾德超．面向 21 世纪的中国农业工程议程探讨[J]．农业工程学报，2000,16(4)：1-3.

[37] 冯炳元．农业机械学科的发展动向[J]．农业机械学报，2003,34（1）：127-129.

[38] 魏秀菊,王应宽,王柳,等．跟踪学科前沿,引导学科发展——《农业工程学报》的发展探索[J]．农业工程学报,2006,22(3)：171-177.

[39] 栾早春．科技管理基础［M］．哈尔滨：黑龙江科学技术出版社，1983：16.

[40] 马克思,恩格斯．马克思恩格斯全集(第一卷)[M]．中共中央马克思恩格斯列宁斯大林著作编译局,译．北京：人民出版社,1956：621.

[41] 刘波．人类科学技术史与自然科学发展规律[Z]．1982：77,80.

[42] 库恩 T S．科学革命的结构[M]．李宝恒,纪树立,译．上海：上海科学技术出版社,1980：1-7.

[43] 吴明瑜．科研工作管理手册［M］．北京：科学技术文献出版社，1986：25.

[44] 孙立平．全球性现代化进程的阶段性及其特征[J]．社会学研究,1991(1)：9-21.

[45] 孙立平．后发外生型现代化模式剖析[J]．中国社会科学,1991(2)：213-223.

[46] 邱均平,文庭孝,等．评价学 理论 方法 实践[M]．北京：科学出版社,2010：66-67.

[47] 邱均平．文献计量学[M]．北京：科学技术文献出版社,1988.

[48] Booth A D. A Law of Low Frequency，Information of occurrences for Words and Control［J］. Information and Control, 1967, 10（4）：

386-393.

[49] Donohue J C. Understanding scientific Literalure:A Bibliographic Approach[M]. Cambridge:The MIT press,1973.

[50] 王崇德,来玲. 汉语文集的齐夫分布[J]. 情报科学,1989(2):1-10.

[51] Callon M,Law J,Rip A. Mapping the Dynamics of Science and Technology:Sociology of Science in the Real World[M]. London:The Macmillan Press Ltd,1986.

[52] 冯璐,冷伏海. 共词分析方法理论进展[J]. 中国图书馆学报,2006(2):88-92.

[53] 王斌会. 多元统计分析及 R 语言建模[M]. 汕头:暨南大学出版社,2011:4.

[54] 钟伟金. 共词分析法应用的规范化研究——主题词和关键词的聚类效果对比分析[J]. 图书情报工作,2011(6):114-118.

[55] 吴凤慧,成颖,郑彦宁,等. 一种基于引用上下文和引文网络的相关反馈算法[J]. 情报学报,2012(10):1052-1061.

[56] 朱庆华,李亮. 社会网络分析法及其在情报学中的应用[J]. 情报理论与实践,2008 (2):179-183,174.

[57] 李晓辉,徐跃权.复杂网络理论的情报学应用研究[J]. 情报资料工作,2007(3):9-13.

[58] 沈志忠. 近代中美农机具事业交流与合作探析(1898—1948 年)[J]. 南京农业大学学报(社会科学版),2010,10(4):128-134.

[59] 陶鼎来. 农业工程[M]//中国科协干部培训办公室. 科协干部学习材料汇编,1982:157.

[60] Carl W H. Timelines in the Development of Agricultural and Biological Engineering [EB/M]. [2013-07-12]. http://www.asabe.org/media/129835/timelinesfront.pdf.

[61] 施莱贝克尔．美国农业史 1607—1972 年——我们是怎样兴旺起来的[M]．高田，等译．北京：农业出版社，1981．

[62] Stewart R E. 7 decades that changed America (a history of the American Society of Agricultural Engineers，1907—1977)[M]. The American Society of Agricultural Engineers，1979.

[63] Iowa State University. History of Iowa State：Time Line，1900—1924[EB/OL]．[2013-05-21]．http：//www. add. lib. iastate. edu/.

[64] 应义斌．农业工程学科应尽快转向基于科学的工程教育[N]．科学时报，2009-02-17(B4)．

[65] The International Commission of Agricultural Engineering. CIGR Newsletters No71 [N]. 2005-07-01.

[66] 陶鼎来．论农业的工程建设[M]．北京：中国农业出版社，1997：86．

[67] Carl W H. Timelines in the Development of Agricultural and Biological Engineering[R]，2011：23.

[68] 张蕙．国外农业机械化[M]．北京：中国社会出版社，2006：76．

[69] Irwin R W. Engineering at Guelph：A History 1874—1987[R]，1988.

[70] 李成华，石宏，张淑玲．美国农业工程学科发展及人才培养模式分析[J]．高等农业教育，2005(5)：89-91．

[71] Aguado P，Ayuga F，Briassouli S D，et al. The transition from Agricultural to Biosystems Engineering University Studies in Europe[EB/OL]．[2013-03-21]．http：//www. iiis. org/.

[72] 程序．发展变革中的美国农业工程学科[J]．农业工程学报，1994(1)：64．

[73] Henry Z A，Dixon J E，Turnquist P K，et al. Status of Agricultural Engineering Educational Programs in the USA [C]// Agricultural Engineering International：the CIGR Journal of Scientific Research and De-

velopment,2000.

[74] 仇鸿伟,王报平.美国公立研究型高校学科专业设置与认证探析[J].
继续教育研究,2011(7):156-158.

[75] 张国昌,林伟连,许为民,等.英国高等教育学科专业设置及其启示[J].
学位与研究生教育,2007,173(6):68-73.

[76] 胡春春,李兰,萧蕴诗,等.德国高等学校学位制度及学科专业设
置——传统、现状和启示[J].同济大学学报(社会科学版),2007,18
(1):112-124.

[77] 高良润.美国农业工程高等教育剖析(之二)[J].农业工程,1980(6):
1-4.

[78]《当代中国的农业机械化》编辑委员会.当代中国的农业机械化[M].
北京:当代中国出版社,香港:香港祖国出版社,2009:5.

[79] 唐志强,肖克之.西方近代农学对清末社会的影响[J].农业考古,2007
(4):77-85.

[80] 王天伟.中国产业发展史纲[M].北京:社会科学文献出版社,
2012:288.

[81] 蹇先达.农业工程学研究之必要[J].中华农学会报,1927(45):9.

[82] 颜纶泽.中等农具学[M].上海:上海中华书局,1928.

[83] 杨蔚.采用农业机械的合理化[J].农村经济.1934,1(10):51-60.

[84] 汪阴元.中国农业机械化之可能贡献.新经济[J].1940,3(5):
117-120.

[85] 沈宗瀚.中国农业机械化之可能.重庆大公报[N].1945-01-21.

[86] Hansen E L,McColly H F,Stone A A,et al. A Report on Agriculture
and Agricultural Engineering in China[R].1949:119-120.

[87] 鲍嵘.学问与治理:中国大学知识现代性状况报告1949—1954[M].
上海:学林出版社,2008:2.

[88] 汪懋华. 农业机械化保障体系卷. 农机装备工业发展战略与农业机械化发展保障体系研究[M]. 北京:中国农业出版社,2008:180.

[89] 王守实,蔡莉. 吉林大学校史[M]. 长春:吉林大学出版社,2006:130.

[90] 中国科学技术协会编. 中国科学技术专家传略(农学编)[M]. 北京:中国农业科学技术出版社,1996:504.

[91] 朱荣. 朱荣同志在国家科委农业工程学学科组和中国农业工程学会成立大会开幕式上的讲话[J]. 农业工程,1980(1):2-6.

[92] 方舒. 最新高校系主任工作实务全书(第一卷)[M]. 北京:科学技术出版社,2006:8.

[93] 王洪泉. 美国高校教师队伍建设及对中国的启示[J]. 教育与职业,2013(23):85-86.

[94] 陈志. 农机制造 2025 的思考[EB/OL]. (2015-09-07)[2016-04-22]. http://www.caamm.org.cn.

[95] 赵勇,李晨英,韩明杰. 基于 VOS 方法的农业经济学研究主题的可视化分析[J]. 中国农业大学学报(社会科学版),2012,29(3):118-125.

[96] 李大量. 共词聚类分析方法的技术路径[D]. 北京:中国农业大学,2014.

[97] 张松,刘成新,苌雨. 基于词频指数的共词聚类关键词选取研究——以教育技术学硕士学位论文为例[J]. 现代教育技术,2013,23(10):53-57.

[98] 李运景. 基于引文分析可视化的知识图谱构建研究[M]. 南京:东南大学出版社,2009:1-2.

[99] Guyer D E,Miles G E,Schreiber M M,et al. Machine Vision and Image Processing For Plant Identification[J]. Transactions of the American Society of Agricultural Engineers,1986,29(6):1500-1507.

[100] US EPA. Storm Water Management Model[M]. Vol. I-Final Report,

Vol. II-Verification and Testing, Vol. III-User's Manual, Vol. IV-Program Listing. 1971.

[101] Gillespie B A, Liang T, Myers A L. Multiple Spectral Analysis for Tree Shaker Parameter Optimization [J]. Transactions of the American Society of Agricultural Engineers, 1975, 1(2): 227-230.

[102] Liu L, Maier A, Klocke N, et al. Impact of deficit irrigation on sorghum physical and chemical properties and ethanol yield[J]. Transactions of the ASABE, 2013, 56(4): 1541-1549.

[103] Bonazzi C, Dumoulin E, Raoult-Wack A L, et al. Food drying and dewatering[J]. Drying Technology, 1996, 14(9): 2135-2170.

[104] Kandala Chari V K, Nelson Stuart O, Leffler Richard G, et al. Instrument for single-kernel nondestructive moisture measurement[J]. Transactions of the American Society of Agricultural Engineers, 1993, 36(3): 849-854.

[105] Parker D B, Schulte D D, Eisenhauer D E. Seepage from earthen animal waste ponds and lagoons-An overview of research results and state regulations[J]. Transactions of the American Society of Agricultural Engineers, 1999, 42(2): 485-493.

[106] Rosenthal W D, Srinivasan R, Arnold J G. Alternative river management using a linked GIS-hydrology model[J]. Transactions of the American Society of Agricultural Engineers, 1995, 38(3): 783-790.

[107] Giles D K, Slaughter D C. Precision band spraying with machine-vision guidance and adjustable yaw nozzles [J]. Transactions of the American Society of Agricultural Engineers, 1997, 40(1): 29-36.

[108] Smith D B, Willcutt M H, Spencer T T. Spreadsheet for droplet size and calibration decisions for agricultural aircraft[J]. Applied Engineering in Agriculture, 1994, 10(2): 209-215.

[109] Chung S O,Ward A D,Schalk C W. Evaluation of the hydrologic component of the ADAPT water table management model[J].Transactions of the American Society of Agricultural Engineers,1992,35 (2):571-579.

[110] Kerdpiboon S,Kerr W L,Devahastin S. Neural network prediction of physical property changes of dried carrot as a function of fractal dimension and moisture content[J]. Food Research International,2006, 39(10):1110-1118.

[111] Scotforda I M,Cumbya T R,Whitea R P,et al. Estimation of the Nutrient Value of Agricultural Slurries by Measurement of Physical and Chemical Properties [J] .Journal of Agricultural Engineering Research,1998,71(3):291-305.

[112] Carina J L,Jens B H N,Piotr O P,et al. Near infrared and acoustic chemometrics monitoring of volatile fatty acids and dry matter during co-digestion of manure and maize silage[J]. Bioresource Technology, 2009,100(5):1711-1719.

[113] Darapuneni M,Stewart B A,Parker D B. Agronomic Evaluation of Ashes Produced From Combusting Beef Cattle Manure for an Energy Source at an Ethanol Production Facility[J]. Applied Engineering in Agriculture,2009,25(6):895-904.

[114] Yuan Y,Bingner R L,Theurer F D,et al. Water quality simulation of rice/crawfish field ponds within annualized AGNPS[J]. Applied Engineering in Agriculture,2007,23(5):585-595.

[115] Guyer D E,Miles G E,Schreiber M M,et al. Machine Vision and Image Processing for Plant Identification[J]. Transactions of the American Society of Agricultural Engineers,1986,29(6):1500-1507.

[116] Woebbecke D M, Meyer G E, Von Bargen K, et al. Shape features for identifying young weeds using image analysis[J]. Transactions of the American Society of Agricultural Engineers, 1995, 38(1): 271-281.

[117] Jiménez A R, Ceres R, Pons J L. A survey of computer vision methods for locating fruit on trees[J]. Transactions of the American Society of Agricultural Engineers, 2000, 43(6): 1911-1920.

[118] Fahsi A, Tsegaye T, Boggs J, et al. Precision agriculture with hyper-spectral remotely-sensed data, GIS, and GPS technology: A step toward an environmentally responsible farming[C]// Proceedings of SPIE-The International Society for Optical Engineering, 1988: 270-276.

[119] Vellidis G, Tucker M, Perry C, et al. A real-time wireless smart sensor array for scheduling irrigation[J]. Computers and Electronics in Agriculture, 2008, 61(1): 44-50.

[120] Zaman Q U, Schumann A W, Perciva D C, et al. Estimation of wild blueberry fruit yield using digital color photography[J]. Transactions of the ASABE, 2008, 51(5): 1539-1544.

[121] Chung S O, Sudduth K A, Plouffe C, et al. Soil bin and field tests of an on-the-go soil strength profile sensor[J]. Transactions of the AS-ABE, 2008, 51(1): 5-18.

[122] Hunsaker D J, Fitzgerald G J, French A N, et al. Wheat irrigation management using multispectral crop coefficients: I. Crop evapotrans-piration prediction[J]. Transactions of the ASABE, 2007, 50(6): 2017-2033.

[123] Lan Y B, Hoffmann W C, Fritz B K, et al. Spray drift mitigation with spray mix adjuvants[J]. Applied Engineering in Agriculture, 2008, 24

(1):5-10.

[124] Panneton B, Thériault R, Lacasse B. Efficacy evalution of a new spray-recovery spayer for orchards[J]. Transactions of the American Society of Agricultural Engineers,2001,44(3):473-479.

[125] Lamm R D,Slaughter D C,Giles D K. Precision weed control system for cotton[J]. Transactions of the American Society of Agricultural Engineers,2002,45(1):231-238.

[126] Yen H,Jeong J,Fen Q Y,et al. Assessment of Input Uncertainty in SWAT Using Latent Variables[J]. Water Resources Management, 2015,29(4):1137-1153.

[127] Tuppad P,Douglas-Mankin K R,Lee T,et al. Soil and water assessment tool (SWAT)hydrologic/water quality model:Extended capability and wider adoption[J]. Transactions of the ASABE,2011,54 (5):1677-1684.

[128] Wu H J, Hanna M A,Jones D D. Fluidized-bed gasification of dairy manure by Box-Behnken design [J]. Waste Management and Research,2012,30(5):506-511.

[129] Bochtis D D,Srensen C G,Green O,et al. Feasibility of a modelling suite for the optimised biomass harvest scheduling[J]. Biosystems Engineering,2010,107(4):283-293.

[130] Busato P. A simulation model for a rice-harvesting chain[J]. Biosystems Engineering,2015,129:149-159.

[131] Tawegoum R,Leroy F,Sintes G,et al. Forecasting hourly evapotranspiration for triggering irrigation in nurseries[J]. Biosystems Engineering,2015,129:237-247.

[132] Marek G W,Evett S R,Gowda P H,et al. Post-processing techniques for reducing errors in weighing lysimeter evapotranspiration (ET) datasets[J]. Transactions of the ASABE,2014,57(2):499-515.

[133] Osorno F L,Hensel O. Aerodynamic properties of components of forage for hay production[J]. Transactions of the ASABE,2014,57(1):111-120.

[134] Siles J A,Gonzlez-Tello P,Martn M A,et al. Kinetics of alfalfa drying:Simultaneous modelling of moisture content and temperature[J]. Biosystems Engineering,2015,129:185-196.

[135] Lewis Micah A,Trabelsi Samir,Nelson Stuart O. Assessment of real-time,in-shell kernel moisture content monitoring with a microwave moisture meter during peanut drying[J]. Applied Engineering in Agriculture,2014,30(4):649-656.

[136] Bern Carl J,Pate M B,Shivvers S. Operating characteristics of a high-efficiency pilot scale corn distillers grains dryer[J]. Applied Engineering in Agriculture,2011,27(6):993-996.

[137] Chen Y,Zhu H,Ozkan H E,et al. Spray drift and off-target loss reductions with a precision air-assisted sprayer[J]. Transactions of the ASABE,2013,56(6):1273-1281.

[138] Liu H,Zhu H,Shen Y,et al. Development of digital flow control system for multi-channel variable-rate sprayers[J]. Transactions of the ASABE,2014,57(1):273-281.

[139] Luck J D,Zandonadi R S,Luck B D,et al. Reducing pesticide over-application with map- based automatic boom section control on agricultural sprayers[J]. Transactions of the ASABE,2010,53(3):685-690.

[140] Murakami Yukikazu, Utomo Slamet Kristanto Tirto, Hosono Keita, et al. Farm: Development of cloud-based system of cultivation management for precision agriculture[C] // 2013 IEEE 2nd Global Conference on Consumer Electronics:233-234.

[141] 薛霈云,吴起亚. 农业、农业机械化主要战略目标决策试验及预测的数学模型研究[J]. 农业工程学报,1987(4):19-25.

[142]《土壤参数与行走机构关系》研究课题组. 水田土壤参数与履带下陷、驱动力间的关系[J]. 农业机械学报,1979(4):1-22.

[143] 陆则坚,钱焱樵,潘君拯. 中国水田土壤流变特性研究(第1报)——中国水田土壤的流变模型和流变参数分析[J]. 农业机械学报,1982(2):43-54.

[144] 钱焱樵,陆则坚,潘君拯. 中国水田土壤流变特性研究(第2报)——粘质水田土壤的触变特性研究[J]. 农业机械学报,1982(3):9-15.

[145] 方昌林,吴建华. 拖拉机悬挂系统电液控制的理论和实验研究[J]. 农业机械学报,1994(3):6-11.

[146] 曾德超. 在旱作沙壤土上铧犁犁体曲面性能的分析[J]. 农业机械学报,1962(1):37-60.

[147] 李振宇,李守仁. 铧犁犁体翻土性能分析[J]. 农业机械学报,1966(2):168.

[148] 钱浩声,马光忠,陈国范,等. 南2604远程喷雾机试验研究[J]. 农业机械学报,1965(4):416-422.

[149] 王士钫. 135柴油机开式燃烧室的改进[J]. 农业机械学报,1965(1):1-14.

[150] 史绍熙,赵奎翰,黄伟汉. 柴油机复合式燃烧系统的研究[J]. 农业机械学报,1965(5):459-466.

[151] 中国农业科学院农业机械化研究所. 麦类收获的机械化[J]. 农业机

械学报,1960(3):153-160.

[152] 中国农业机械化科学研究院中型脱粒机课题组 . TB-700 中型脱粒机的研究设计[J]. 农业机械学报,1966(2):133-136.

[153] 柴油机改燃沼气课题组 . 柴油发动机改燃沼气的试验研究初报[J]. 沈阳农学院学报,1984(2):47-50.

[154] 李英能 . 20 世纪 90 年代中国农田水利科学技术的新进展[J]. 水利水电科技进展,1999(5):11-15,68.

[155] 任露泉,佟金,李建桥,等 . 生物脱附与机械仿生——多学科交叉新技术领域[J]. 中国机械工程,1999(9):32-34.

[156] 师照峰,阎楚良,韩秀兰 . 中国农业机械疲劳寿命可靠性基础技术发展研究浅谈[J]. 农业机械学报,1993(1):108-110.

[157] 李洪文 . 保护性耕作的发展[EB/OL]. (2009-04-16)[2014-11-06]. http://www.amic.agri.gov.cn.

[158] 许建中,李英能,李远华 . 农田水利科技新进展及其展望[J]. 中国水利,2004(1):35-38.

[159] 中国科学技术协会 . 水利学科发展报告 2007—2008[M]. 北京:中国科学技术出版社,2008:77.

[160] 杨为民,李天石,贾鸿社 . 农业机械机器视觉导航研究[J]. 拖拉机与农用运输车,2004(1):13-18.

[161] 罗锡文,张智刚,赵祚喜,等 . 东方红 X-804 拖拉机的 DGPS 自动导航控制系统[J]. 农业工程学报,2009(11):139-145.

[162] 中国科学技术协会,中国农业工程学会 . 2008—2009 农业工程学科发展报告[M]. 北京:中国科学技术出版社,2009:147.

[163] 潘世强,曲桂宝,孙振中,等 . 2BFJ-6 型变量施肥精密播种机的研制[J]. 中国农机化,2009(6):66-69,76.

[164] 赵燕东,章军富,尹伟伦,等 . 按植物需求精准节水灌溉自动调控系统

的研究[J]. 节水灌溉,2009(1):11-14.

[165] 王熙,王新忠,王智敏,等. 基于 GPS 的收获机产量监视仪试验研究
[J]. 农机科技推广,2002(1):26-27.

[166] 申广荣,田国良. 作物缺水指数监测旱情方法研究[J]. 干旱地区农
业研究,1998(31):126-131.

[167] 庞秀明,康绍忠,王密侠. 作物调亏灌溉理论与技术研究动态及其展
望[J]. 西北农林科技大学学报(自然科学版),2005(6):141-146.

[168] 季杰. 太阳能光热低温利用发展与研究[J]. 新能源进展,2013(1):
7-31.

[169] 李新成,李民赞,王锡九,等. 谷物联合收割机远程测产系统开发及降
噪试验[J]. 农业工程学报,2014(2):1-8.

[170] 赵娟,彭彦昆,郭辉,等. 农产品品质检测系统的高光谱成像控制软件
设计[J]. 农业机械学报,2014(2):210-215.

[171] 钱晓雍,沈根祥,郭春霞,等. 基于水环境功能区划的农业面源污染源
解析及其空间异质性[J]. 农业工程学报,2011(2):103-108.

[172] 吴炳方,张峰,刘成林,等. 农作物长势综合遥感监测方法[J]. 遥感学
报,2004(6):498-514.

[173] Conant J B. General education in a free society:Report of the Harvard
Committee[M]. Cambridge:Harvard University Press,1945:64-73.

[174] 徐毅鹏,袁韶莹. 21 世纪初叶的中国高等教育[M]. 北京:高等教育出
版社,2000:112.

[175] University of California. General Catalogs1996-1997[M]. DAVIS:U-
niversity of California,1996:76.

[176] 李兴业. 七国高等教育人才培养:法、英、德、美、中、日、新加坡模式比
较[M]. 武汉:武汉大学出版社,2004:122.

[177] 湖北省高等教育学会秘书处. 高等教育创新问题研究[M]. 武汉:武

汉理工大学出版社,2001:201.

[178] 蔡克勇.对于"通才教育"和"专才教育"的思考[J].高教探索,1987
(1):14-16.

[179] 迟恩连.苏联高等教育五十年代以来的变化[Z]//南京工学院高等工
程教育研究室,高等教育学术论文集.1986:83.

[180] 吴式颖.外国现代教育史[M].北京:人民教育出版社,1999:388.

[181] Bauwens J,Hourcade J J,Friend M. Cooperative teaching a model for
general and special education integration[J]. Remedial And Special
Education,1989,10(2):17-22.

[182] 柯进.高校人才培养口径是要宽还是要专[N].中国教育报,2011-01-
04(2).

[183] 李翰如.对专才教育与通才教育的再认识[J].高等工程教育研究,
1990(1):35-38.

[184] 林健.卓越工程师培养:工程教育系统性改革研究.北京:清华大学
出版社,2013:158.

[185] American Society For Engineering Education. The Grinter Report[J].
Journal of Engineering Education,1994(1):74-94.

[186] 农林部科教局.国外农业教育参考资料[Z].1978:9.

[187] Tao B Y. Biological engineering:a new discipline for the next century
[J]. Journal of Natural Resources and Life Sciences Education,1993,
22(1):34-37.

[188] Febo P A,Comparett A. Biosystems Engineering Curricula in Europe
[C]// XVIIth World Congress of the International Commission of
Agricultural and Biosystems Engineering. Québec,2010.

[189] USAEE-TN. Core Curricula of Agricultural/Biosystems Engineering
for the First Cycle Pivot Point Degrees of the Integrated M. Sc. or

Long Cycle Academic Orientation[R]. Greece,2005.

[190] Briassoulis D,Mostaghimi S,Panagakis P,et al. Develop a Uniform Structure (framework) for Compatible Programs of the Biosystems Engineering Discipline [C]//Develop policy measures to enhance the quality and the linkage of Education and Research in Biosystems Engineering,promote bilateral research cooperation and establish common recognition procedures for the EU and the US relevant programs of studies. Greece,2008:5-17.

[191] University of California. General Catalogs2012-2014[M]. DAVIS:University of California,2012:97.

[192] Krueger D,Kumar K B. Skill-specific rather than General Education:A Reason for US-Europe Growth Differences? [EB/OL]. (2002-04) [2015-04-06]. http://economics. sas. upenn. edu/.

[193] Todd R H,Magleby S P,Sorensen C D,et al. A Survey of Capstone Engineering Courses in North America[J]. Journal of Engineering Education,1995,84(4):165-174.

[194] 张璞,苏润之. 河北农业大学校志（1902—1988）[M]. 北京:社会科学文献出版社,1992:159.

[195] 熊明安. 中国近现代教学改革史[M]. 重庆:重庆出版社,1999:445.

[196] 骆少明,刘淼. 2009 中国大学通识教育报告[M]. 广州:暨南大学出版社,2010:65.

[197] 张文立,谭豫之,毛志怀,等. 农业工程大类本科人才培养的研究与实践[M]//江树人. 探索教育教学规律培育创新人才. 北京:中国农业大学出版社,2006:1-9.

[198] Accreditation Board for Engineering and Technology. Engineering Criteria 2000 [EB/OL]. [2014-11-20]. http://w3. gel. ulaval. ca/-poussart/

design/abet. html.

[199] 雷庆.工程教育:改革与发展[M].北京:北京航空航天大学出版社,
2010:190.

[200] 熊光晶,陆小华,康全礼,等.基于 CDIO 能力培养大纲的土木工程课
程体系[C]//中国土木工程学会教育工作委员会.高等学校土木工
程专业建设的研究与实践——第九届全国高校土木工程学院(系)院
长(主任)工作研讨会论文集.中国土木工程学会教育工作委员会,
2008:430-434.

[201] Brodeur D R,Crawley E F,Ingemarsson I,et al. International Collab-
oration in the Reform of Engineering Education[C]//Proceedings of
the 2002 American Society for Engineering Education Annual Conference
& Exposition,American Society for Engineering Education,2002.

[202] CDIO. The CDIO™ Standards[R/OL]. CDIO, 2004[2014-01-28].
http://www. cdio. org/files/standards/cdio_standards_1. 0. pdf.

[203] Crawley E F,Malmqvist J,Lucas W A,et al. The CDIO Syllabus v2. 0
An Updated Statement of Goals for Engineering Education[C]//Pro-
ceedings of the 7th International CDIO Conference,Copenhagen,2011.

[204] CDIO. CDIO 12 条标准[R/OL]. CDIO,2011[2014-01-28]. http://
chinacdio. com/.

[205] Bankela J,Berggren K F,Blom K,et al. The CDIO syllabus:a com-
parative study of expected student proficiency[J]. European Journal
of Engineering Education,2003,28(3):297-315.

[206] 顾佩华.EIP-CDIO 创新人才培养模式与实践[C]//2008 年广东省高
等学校本科教学工作会议材料选编,2008.

[207] Malmqvist J,Edström K,Gunnarsson S,et al. The application of
CDIO standards in the evaluation of Swedish engineering degree pro-

grammes[J]. World Transactions on Engineering and Technology Education,2006,5(2):361-364.

[208] 查建中,徐文胜,顾学雍,等. 从能力大纲到集成化课程体系设计的 CDIO 模式——北京交通大学创新教育实验区系列报告之一[J]. 高等工程教育研究,2013(2):10-23.

[209] Massachusetts Institute of Technology. Bachelor of Science in Aerospace Engineering /Course 16[EB/OL]. [2014-01-20]. http：// web. mit. edu/catalog/degre. engin. ch16. html.

[210] Massachusetts Institute of Technology. Curriculum & Requirements [EB/OL]. [2014-01-20]. http：// aeroastro. mit. edu/academics/undergraduate-program/curriculum-requirements.

[211] 张学政. 傅水根教育教学研究论文集[Z]. 2000:265.

[212] 娄源功,耿明斋. 中原经济区建设总览[M]. 北京:中国经济出版社,2011:173.